Hans-Joachim Unrau

Der Einfluss der Fahrbahnoberflächenkrümmung auf den Rollwiderstand, die Cornering Stiffness und die Aligning Stiffness von Pkw-Reifen

Karlsruher Schriftenreihe Fahrzeugsystemtechnik
Band 16

Herausgeber
FAST   Institut für Fahrzeugsystemtechnik
         Prof. Dr. rer. nat. Frank Gauterin
         Prof. Dr.-Ing. Marcus Geimer
         Prof. Dr.-Ing. Peter Gratzfeld
         Prof. Dr.-Ing. Frank Henning

Das Institut für Fahrzeugsystemtechnik besteht aus den eigen-
ständigen Lehrstühlen für Bahnsystemtechnik, Fahrzeugtechnik,
Leichtbautechnologie und Mobile Arbeitsmaschinen

Eine Übersicht über alle bisher in dieser Schriftenreihe erschienenen Bände
finden Sie am Ende des Buchs.

Der Einfluss der Fahrbahnoberflächenkrümmung auf den Rollwiderstand, die Cornering Stiffness und die Aligning Stiffness von Pkw-Reifen

von
Hans-Joachim Unrau

Dissertation, Karlsruher Institut für Technologie (KIT)
Fakultät für Maschinenbau, 2012

Impressum

Karlsruher Institut für Technologie (KIT)
KIT Scientific Publishing
Straße am Forum 2
D-76131 Karlsruhe
www.ksp.kit.edu

KIT – Universität des Landes Baden-Württemberg und
nationales Forschungszentrum in der Helmholtz-Gemeinschaft

KIT Scientific Publishing 2013
Print on Demand

ISSN 1869-6058
ISBN 978-3-86644-983-1

Vorwort des Herausgebers

Die Fahrzeugtechnik ist gegenwärtig großen Veränderungen unterworfen. Klimawandel, die Verknappung einiger für Fahrzeugbau und –betrieb benötigter Rohstoffe, globaler Wettbewerb und das rapide Wachstum großer Städte erfordern neue Mobilitätslösungen, die vielfach eine Neudefinition des Fahrzeugs erforderlich machen. Die Forderungen nach Steigerung der Energieeffizienz, Emissionsreduktion, erhöhter Fahr- und Arbeitssicherheit, Benutzerfreundlichkeit und angemessenen Kosten finden ihre Antworten nicht aus der singulären Verbesserung einzelner technischer Elemente, sondern benötigen Systemverständnis und eine domänenübergreifende Optimierung der Lösungen.

Hierzu will die Karlsruher Schriftenreihe für Fahrzeugsystemtechnik einen Beitrag leisten. Für die Fahrzeuggattungen Pkw, Nfz, Mobile Arbeitsmaschinen und Bahnfahrzeuge werden Forschungsarbeiten vorgestellt, die Fahrzeugsystemtechnik auf vier Ebenen beleuchten: das Fahrzeug als komplexes mechatronisches System, die Fahrer-Fahrzeug-Interaktion, das Fahrzeug in Verkehr und Infrastruktur sowie das Fahrzeug in Gesellschaft und Umwelt.

Der Reifen hat einen erheblichen Einfluss auf viele Gebrauchseigenschaften des Fahrzeugs, etwa auf den Energieverbrauch und die Fahrdynamik. Die Kenntnis der Reifeneigenschaften ist daher für die Entwicklung von Kraftfahrzeugen von großer Bedeutung. Zur Vermessung von Reifeneigenschaften finden oftmals Trommelprüfstände Verwendung. Diese erlauben das Abrollen des Reifens und das Beaufschlagen mit Antriebs-, Brems- und Seitenkräften unter klar definierten Randbedingungen und mit guter Reproduzierbarkeit. Sie entfernen sich jedoch u. a. durch die Trommelkrümmung von der realen Situation auf der Straße, bei der im Wesentlichen eine ebene Bodenaufstandsfläche des Reifens gegeben ist.

Der vorliegende Band untersucht den Einfluss der Trommelkrümmung auf die Ergebnisse von Rollwiderstands-, Schräglaufsteifigkeits- und Rückstellsteifigkeitsmessungen. Es werden durch die Verwendung unterschiedlicher Außentrommeln sowie einer Flachbahn positive und verschwindende Krümmungen in die Versuche einbezogen. Einflüsse von Rollgeschwindigkeit, Temperatur, Radlast, Reifenfülldruck und Reifenbauart werden untersucht. Daraus werden einerseits effiziente Versuchsabläufe abgeleitet, die zu genauen Ergebnissen führen, andererseits Korrekturformeln ermittelt, die basierend auf Trommelmessungen eine Prädiktion der Reifeneigenschaften auf ebener Abrollfläche erlauben.

Karlsruhe,
im Februar 2013

Prof. Dr. rer. nat. F. Gauterin
Karlsruher Institut für Technologie (KIT)

Der Einfluss der Fahrbahnoberflächenkrümmung auf den Rollwiderstand, die Cornering Stiffness und die Aligning Stiffness von Pkw-Reifen

Zur Erlangung des akademischen Grades

Doktor der Ingenieurwissenschaften

der Fakultät für Maschinenbau des

Karlsruher Instituts für Technologie (KIT)

genehmigte

Dissertation

von

Dipl.-Ing. Hans-Joachim Unrau

Tag der mündlichen Prüfung: 29.06.2012

Hauptreferent: Prof. Dr. rer.nat. Frank Gauterin

Korreferent: Prof. Dr.-Ing. habil. Dr. h.c. R. Gnadler

Kurzfassung

Der Einfluss der Fahrbahnoberflächenkrümmung auf den Rollwiderstand, die Cornering Stiffness und die Aligning Stiffness von Pkw-Reifen

In der Industrie und in den verschiedenen Forschungsinstitutionen werden die unterschiedlichsten Prüfstandskonzepte eingesetzt, um die Reifeneigenschaften messtechnisch zu erfassen. Hierbei werden Unterschiede in den Messergebnissen festgestellt, die unter anderem durch die unterschiedliche Fahrbahnoberflächenkrümmung der eingesetzten Prüfstände verursacht wird.

Ziel der Forschungsarbeit war es daher, den Einfluss der Fahrbahnoberflächenkrümmung auf Rollwiderstandsmessergebnisse sowie auf die Ergebnisse von Cornering-Stiffness- und Aligning-Stiffness-Messungen genau zu erfassen und die Wirkung unterschiedlicher Versuchsparameter, wie z.B. Radlast und Reifenluftdruck, auf den Fahrbahnkrümmungseinfluss aufzuzeigen.

Um die erforderlichen Messungen durchführen zu können, wurde der kombinierte Flachbahn-Außentrommel-Prüfstand des Karlsruher Instituts für Technologie (vormals Universität Karlsruhe (TH)) weiter ausgebaut. Damit war die Durchführung der geplanten Messungen auf unterschiedlich gekrümmten Fahrbahnen mit der gleichen Radaufhängung möglich, so dass Differenzen zwischen den Messergebnissen nur noch durch den Einsatz der unterschiedlich gekrümmten Fahrbahnen entstehen konnten.

Bei der Durchführung des umfangreichen Messprogramms zeigte sich schließlich, wie zu erwarten war, dass die Reifen auf der ebenen Fahrbahn kleinere Rollwiderstandswerte hervorbringen als auf den Außentrommeln. Außerdem bestätigte sich, dass die Cornering-Stiffness- und Aligning-Stiffness-Werte, die auf der Ebene gemessen werden, größer sind als die entsprechenden Trommel-Werte. Mit zunehmender Radlast, aber auch bei abnehmendem Luftdruck wird der Krümmungseinfluss allerdings kleiner, so dass sich die Rollwiderstandswerte sowie die Cornering-Stiffness- und Aligning-Stiffness-Werte der Trommel, zumindest prozentual gesehen, den Ergebnissen der Ebene annähern.

Abstract

Influence of Track Surface Curvature on Rolling Resistance, Cornering Stiffness and Aligning Stiffness of Passenger Car Tires

In industry and in several research institutes very different testing machine concepts are implemented to measure tire characteristics. During the measurements differences in the results are found, which, besides other reasons, are due to the different curvatures of the track surface.

Therefore the target of the research work was to determine exactly the influence of the track surface curvature on rolling resistance measurement results and cornering stiffness and aligning stiffness values and to show the effect of different test parameters as p.ex. vertical force and inflation pressure on the influence of the track surface curvature.

To be able to perform the needed measurements the combined flat track/external drum test bench of the Karlsruhe Institute of Technology (formerly Universität Karlsruhe (TH)) has been improved. Therefore the performance of the planned measurements on different track surface curvatures with the same wheel suspension became possible. Now differences in the measurement results could only derive from the implementation of different surface curvatures.

Performing the extensive measurement program the results showed, as expected, that tires on a flat track surface have smaller rolling resistances than on external drums. Furthermore it was confirmed that the cornering stiffness and the aligning stiffness values measured on the flat track surface are greater than the relevant drum values. With increasing vertical force but also with decreasing inflation pressure the curvature influence becomes smaller, however, so that the rolling resistance values, the cornering stiffness and aligning stiffness values of the drum, at least percentally seen, converge to the results of the flat track surface.

Danksagung

Die vorliegende Arbeit entstand während meiner Tätigkeit als akademischer Mitarbeiter zunächst an der Abteilung Kraftfahrzeugbau des Instituts für Maschinenkonstruktionslehre und Kraftfahrzeugbau und anschließend am Institut für Fahrzeugsystemtechnik des Karlsruher Instituts für Technologie (KIT), vormals Universität Karlsruhe (TH). Herrn Prof. Dr. rer. nat. Frank Gauterin danke ich besonders für die Betreuung der Arbeit, die konstruktiven Anregungen, die kritische Durchsicht des Manuskriptes und die Übernahme des Hauptreferates.

Für die freundliche Übernahme des Korreferates gebührt mein ganz besonderer Dank Herrn Prof. Dr.-Ing. habil. Dr. h.c. Rolf Gnadler, der stets wertvolle Diskussionsbeiträge lieferte, zahlreiche kompetente Hinweise gab und die Arbeit wissenschaftlich gefördert hat. Dem Vorsitzenden des Prüfungsausschusses, Herrn Prof. Dr.-Ing. Ulrich Spicher, gilt ebenfalls mein Dank für das Interesse an der Arbeit.

Außerdem möchte ich meinen Kollegen danken, die mich bei der Arbeit unterstützten, insbesondere Herrn Dr.-Ing. Michael Frey, der durch seine Fachkompetenz und Erfahrung wertvolle Anregungen zur Durchführung der Arbeit gab. Ebenso richtet sich mein besonderer Dank an meine Kollegen Herrn Dipl.-Wi.-Ing. Mohanad El-Haji sowie Herrn Dipl.-Wi.-Ing. Thomas Freudenmann, die stellvertretend für diejenigen Studierenden genannt sein sollen, die im Rahmen von Studien- und Diplomarbeiten wichtige Beiträge zum Gelingen der Arbeit lieferten. Meinen Dank aussprechen möchte ich auch Herrn Günter Wildemann, der mit praktischen Ratschlägen und präzisen Fertigungsarbeiten den Fortgang des Projektes unterstützte.

Abschließend danke ich sehr herzlich meiner Frau Ursula für die Geduld und ihr Verständnis, das sie mir während der Durchführung der Arbeit entgegenbrachte.

Karlsruhe,   *Hans-Joachim Unrau*
im Juni 2012

Inhalt

1 Einleitung

Die Ermittlung der Reifeneigenschaften mit Hilfe von Prüfständen wird auch in der Zukunft eine wichtige Rolle spielen. Durch die Fortschritte in der Simulationstechnik kann das Fahrverhalten von Kraftfahrzeugen zwar immer genauer nachgebildet bzw. vorausgesagt werden, dies ist aber nur möglich, wenn exakte Reifenmessdaten für die Parametrierung der eingesetzten Reifenmodelle zur Verfügung stehen. Aber auch unabhängig von der Simulationstechnik werden Prüfstandsmessungen immer unverzichtbar sein, wenn es darum geht, die Eigenschaften eines neu entwickelten Reifens zu überprüfen, indem z.B. seine Rollwiderstandswerte ermittelt werden. Die genauesten Messdaten liefern hierzu Reifenversuche im Labor, da dort konstante und reproduzierbare Umgebungsbedingungen vorliegen, was sowohl die Witterung als auch den Fahrbahnzustand betrifft.

In der Industrie und bei den verschiedenen Forschungsinstitutionen werden die unterschiedlichsten Prüfstandskonzepte eingesetzt, wobei grundsätzlich Außentrommelprüfstände, Flachbahnprüfstände und Innentrommelprüfstände zu unterscheiden sind [Pac1]. Da Außentrommelprüfstände als Lauffläche in der Regel relativ kleine Trommeln mit z.B. 2,0 m Außendurchmesser haben, weisen sie als wesentlichen Nachteil eine große Krümmung der Fahrbahnoberfläche auf. Aufgrund ihres günstigen Preises sind sie aber dennoch am weitesten verbreitet. Bei Flachbahnprüfständen wird die ebene Fahrbahn durch ein Stahlband in Verbindung mit einem Flächenlager dargestellt. Somit liegt hier zwar keine Fahrbahnkrümmung vor, aber dafür sind deutliche Unterschiede in der Oberflächenstruktur im Vergleich zu realen Asphalt- oder Betonfahrbahnen nicht zu vermeiden. Aufgrund des hohen Preises sind diese Prüfstände weniger verbreitet als die Außentrommelprüfstände. Die dritte Prüfstandsbauart stellen die Innentrommelprüfstände dar. Sie weisen große Trommeln auf, bei denen die Reifen auf der Innenseite ablaufen. Hier können problemlos reale Fahrbahnen montiert werden [Fis1, Fis2], so dass als Nachteil lediglich die Fahrbahnkrümmung genannt werden muss. Diese Fahrbahnkrümmung fällt allerdings wegen des großen Trommeldurchmessers deutlich geringer aus als bei üblichen Außentrommelprüfständen. Aufgrund des großen Platzbedarfs und der hohen Kosten ist diese Bauart aber wenig verbreitet.

Der Einsatz unterschiedlicher Prüfstände bringt nun das Problem mit sich, dass die gemessenen Reifendaten nicht einfach zwischen den Firmen bzw. Forschungsinstitutionen ausgetauscht werden können. Für einen problemlosen Datenaustausch sind die gemessenen Reifeneigenschaften durch das eingesetzte Prüfstandskonzept, aber auch durch die verwendeten Messprozeduren zu sehr beeinflusst. Die Unterschiede in den Messergebnissen sind in der Regel so groß, dass die Daten von Reifen, die auf unterschiedlichen Prüfständen gewonnen wurden, nicht für vergleichende Fahrdynamiksimulationen herangezogen werden können [Oos1, Zam1]. Aus der Tatsache, dass die Messdaten unterschiedlicher Prüfstände nicht direkt vergleichbar sind, lässt sich auch ableiten, dass die Prüfstandsergebnisse nicht ohne Einschränkung auf den realen Fahrbetrieb auf der Straße übertragen werden dürfen.

Die Ursachen für diese unterschiedlichen Ergebnisse sind vielschichtig. Eine Einflussgröße ist die Art der verwendeten Fahrbahnoberfläche, die in weiten Grenzen, z.B. von einer geschliffenen Stahloberfläche bis zu einer sehr rauen Asphalt- oder Betonfahrbahn, variieren kann.

Der Einfluss der Fahrbahntextur auf den Rollwiderstand wurde bereits untersucht. Ullrich [Ull1] setzte hierfür vier verschiedene Prüfreifen ein, die er am „Prüfstand Fahrzeug/Fahrbahn" (PFF) der Bundesanstalt für Straßenwesen hinsichtlich des Rollwiderstandes auf 11 verschiedenen Fahrbahnbelägen untersuchte. Dabei ergaben sich Unterschiede in den Absolutwerten der Rollwiderstände, jedoch stellte sich hinsichtlich des Textureinflusses unabhängig von Reifentyp und -größe ein vergleichbares Verhalten in Abhängigkeit der Textureigenschaften ein. Glaeser [Gla1] schließt aus den Ergebnissen, dass zur Aussage über den Einfluss der Textur auf den Rollwiderstand ein Reifentyp ausreichend ist, da bei allen Reifen mit wachsendem Größtkorndurchmesser der Fahrbahn eine weitgehend proportionale Zunahme des Rollwiderstandes festgestellt wurde. Da außerdem für die Entstehung des Rollwiderstandes in erster Linie das Walken des Reifens verantwortlich ist [Gna4, Gün1], erscheint es daher zulässig, den Rollwiderstand von Reifen auf Stahloberflächen zu ermitteln, wie es auch in DIN ISO 8767, ISO 18164 und ISO 28580 [Din1, Iso1, Iso2] angegeben ist. Diese Prüfbedingung weist den Vorteil auf, dass in diesem Fall bei den verschiedenen Prüfstandsbetreibern auch wirklich die gleiche Fahrbahn verwendet wird, da eine Stahloberfläche sehr gut reproduzierbar herstellbar ist. Allerdings muss bei einer derartigen Prüffahrbahn beachtet werden, dass der Rollwiderstand auf einer realen Fahrbahnoberfläche deutlich höher sein kann. So stellte Günter [Gün1] bei seinen

Messungen am Innentrommelprüfstand des Karlsruher Instituts für Technologie KIT (damals Universität Karlsruhe (TH)) fest, dass der Rollwiderstand beim Übergang von einer Safety-Walk-Fahrbahn auf eine reale Asphalt-Fahrbahn um etwa 20 % ansteigt, abhängig von der Fahrbahn kann der Anstieg aber auch bis zu 30 % betragen. Er führt diesen Effekt in erster Linie auf die zusätzlichen Deformationen aufgrund der wesentlich höheren Makrorauigkeit zurück. Glaeser [Gla1] ermittelte bei Messungen auf der Straße im Extremfall sogar einen Anstieg um bis zu 45 %, wenn von einer hinsichtlich Rollwiderstand optimalen Fahrbahn auf eine sehr schlechte Fahrbahn übergegangen wird. Wenn davon ausgegangen wird, dass der Fahrbahnoberflächeneinfluss auf den Rollwiderstand verschiedener Reifen weitgehend vergleichbar ist, wie es Glaeser aufgrund von Messungen feststellte [Gla1], kann dieser Einfluss allerdings relativ einfach korrigiert werden. Außerdem kann unter diesen Voraussetzungen angenommen werden, dass sich das Ranking der Reifen bezogen auf den Rollwiderstand nicht abhängig von der Fahrbahnoberfläche verändert.

Wenn dagegen nicht der Rollwiderstand, sondern die Ermittlung der maximalen Kraftschlussbeiwerte zwischen Reifen und Fahrbahn von Interesse ist, kommt der verwendeten Fahrbahnoberfläche unter bestimmten Versuchsbedingungen noch größere Bedeutung zu. Besonders signifikant ist der Einfluss, wenn Untersuchungen auf feuchter und nasser Fahrbahn durchgeführt werden [Fis1], so dass in diesem Fall bei der Datenanalyse die Fahrbahneigenschaften besonders berücksichtigt werden müssen.

Der zweite Grund für differierende Messdaten ist die Verwendung unterschiedlicher Messprozeduren. Während für Rollwiderstandsmessungen Prüfnormen existieren [Din1, Iso1, Iso2, Sae1], sind die Entwicklungsarbeiten bei den Messprozeduren für Kraftschlussuntersuchungen noch nicht endgültig abgeschlossen. Allerdings wurden in den letzten Jahren vermehrt entsprechende Projekte durchgeführt und auch verschiedene Messprozeduren vorgestellt [Aug2, Kasp1, Lei1, Schm1]. Relativ konkret spezifiziert wurde die TIME-Prozedur (TIME = <u>Ti</u>re <u>Me</u>asurement) [Kla1, Oos3, Oos4, Oos5] und die TMPT-Messprozedur (TMPT = <u>T</u>ire <u>M</u>odel <u>P</u>erformance <u>T</u>est) [Lug1, Mun1]. Mit Hilfe der TIME-Prozedur können Daten für Reifenmodelle ermittelt werden, die für quasistationäre Handling-Analysen geeignet sind. Die TMPT-Messprozedur liefert darüber hinaus Daten für Reifenmodelle, mit denen nicht nur Handling-Analysen durchgeführt werden können, sondern auch das Schwingungsverhalten der Reifen bis zu Frequenzen von etwa 250 Hz simuliert werden kann. Bei allen Entwicklungsarbeiten ist aber auch zukünftig darauf zu achten, dass die Übertragbarkeit der Prüfstandsmessungen auf die Verhältnisse des realen Fahrbetriebs auf der Straße stets im Vordergrund stehen muss [Nüs1].

Mit der dritten wesentlichen Ursache für die Unterschiede bei den Messergebnissen verschiedener Prüfeinrichtungen beschäftigt sich die vorliegende Arbeit. Es handelt sich hierbei um die unterschiedliche Fahrbahnoberflächenkrümmung der eingesetzten Prüfstände, die bei Außentrommelprüfständen positive und bei Innentrommelprüfständen negative Werte annimmt, während Flachbahnprüfstände keine Fahrbahnkrümmung aufweisen. Durch diese unterschiedliche Krümmung wird zum einen bei gleicher Radlast die Größe des Einfederweges, zum anderen aber auch die Länge der Kontaktfläche zwischen Reifen und Prüffahrbahn beeinflusst. Diese unterschiedlichen Kontaktbedingungen führen sowohl zu Differenzen bei Rollwiderstandsuntersuchungen [Cla1, Luc1] als auch zu Abweichungen bei Reifenkraftschlusskennlinien (z.B. Seitenkraft-Schräglaufwinkel-Messkurven) [Gna3, Lei2, Hüs1, Hüs2]. Um nicht nur vergleichbare sondern auch realitätsnahe Reifendaten zu erhalten, ist es daher notwendig, die Ergebnisse beim Einsatz von Trommelprüfständen von der gekrümmten auf die ebene Fahrbahn umrechnen zu können, was dem tatsächlichen Fahrbetrieb auf der Straße entspricht.

1.1 Stand der Forschung

1.1.1 Fahrbahnkrümmungseinfluss auf den Rollwiderstand

Gerade in den letzten Jahren ist dem Rollwiderstand viel Beachtung geschenkt worden, da sich eine Rollwiderstandminimierung direkt auf die Ressourcenschonung und die Senkung des Schadstoffausstoßes von Fahrzeugen auswirkt. Es wird verstärkt daran gearbeitet, den Rollwiderstand durch neue Gummimischungen zu verringern, ohne dadurch Nachteile in den sonstigen Reifeneigenschaften hervorzurufen [Ber1, Brau1, Frö1, Ger1, Klo1]. Um die Auswirkungen der Rollwiderstandsverbesserungen genau abschätzen zu können, ist eine Übertragung der Ergebnisse von Trommelprüfständen auf die reale ebene Fahrbahn notwendig. Prinzipiell besteht die Möglichkeit, den Fahrbahnkrümmungseinfluss auf den Rollwiderstand durch Simulationsrechnungen oder durch Prüfstandsversuche zu ermitteln. In der Vergangenheit wurden auch bereits simulationstechnische Verfahren angewandt, um Rollwiderstände und die zugehörige Temperaturverteilung im Reifen zu berechnen. Allerdings wurde hierbei nicht speziell der Fahrbahnkrümmungseinfluss beachtet [Ebb1, Luc2, Mars1, Shi1, Wei1]. Im Gegensatz zu den simulationstechnischen Untersuchungen existieren aber bereits Rollwiderstandsmessungen auf unterschiedlich gekrümmten Fahrbahnoberflächen. Aber dennoch konnte bisher kein abgesichertes Verfahren entwickelt werden, mit dem die Ergebnisse von Trommelprüfständen auf die ebene Fahrbahn übertragen werden können. Bevor die Gründe hierfür erläutert werden, sollen kurz die verschiedenen Messmethoden für die Rollwiderstandsermittlung vorgestellt werden.

Die Erfassung des Rollwiderstandes auf der Ebene erfolgt üblicherweise entweder mit Hilfe von Fahrzeugmessungen [Burges1, Cru1, Gle1, Ive1, Kre1, Kre2, Kuh1, Sho1] oder mit speziellen Messanhängern [Cru1, Cru2, Gla1, Gle1, Kuh1] direkt auf der realen Straße. Des Weiteren wurden in der Vergangenheit auch Messungen auf Flachbahnprüfständen durchgeführt [Bog1, Ive1, Jen1, Schu1]. Am weitesten verbreitet sind allerdings Messungen auf Außentrommeln, bei denen spezielle Prüfstandsradaufhängungen eingesetzt werden [Burk1, Cla2, Cla3, Jan1, Pil1, Schu1, Schu2, Schu3, Schu4].

Bei Straßenmessungen besteht der Nachteil, dass eine exakte Ausrichtung des Messsystems nicht gewährleistet ist. Aufgrund von Nickbewegungen des Messfahrzeugs bzw. des Messanhängers (z.B. durch den Luftwiderstand oder durch asymmetrischen Gewichtsverlust infolge des Kraftstoffverbrauchs) aber auch durch eine Fahrbahnneigung kann es zu einem Kippen des Mess-Koordinatensystems kommen. Bereits eine Neigung von 0,057° kann ein Übersprechen der Radlast in die Umfangskraft von 0,1 % bewirken. Dieser auf den ersten Blick kleine Wert muss allerdings vor dem Hintergrund betrachtet werden, dass der Reifenrollwiderstand, wie bereits erwähnt, in den letzten Jahren immer weiter gesenkt wurde, um den Kraftstoffverbrauch der Fahrzeuge zu minimieren [Cru2, Gla1, Gle1, Kre2, Schu5]. So beträgt der Rollwiderstand moderner Reifen heute nur noch etwa 1 % der Radlast [Ton1]. Dies hat wiederum zur Folge, dass die oben genannte Neigung des Messkoordinatensystems um 0,057° einen Messfehler von 10 %, bezogen auf den gemessenen Rollwiderstand, verursacht.

Prinzipiell weisen die Labormessungen gegenüber den Straßenmessungen den Vorteil auf, dass sie aufgrund der konstanten Umgebungsbedingungen genauer und reproduzierbarer sind, was insbesondere die Witterung und auch den Zustand der Fahrbahnoberfläche betrifft. Außerdem sind sie weniger zeit- und kostenintensiv

[Ive1]. Die Übertragung von Messergebnissen, die im Labor an einem Flachbahnprüf-stand ermittelt wurden, auf die Verhältnisse an einem Fahrzeug auf der realen Straße wurde von Ivens [Ive1] bereits durchgeführt. Es existiert aber bisher keine zuverläs-sige Methode, um Außentrommelmessergebnisse auf die reale Ebene zu übertragen [Jen1], da aufgrund der oben genannten Untersuchungen bisher lediglich Tendenzen zum Krümmungseinfluss der Fahrbahnoberfläche angegeben werden konnten. Dies liegt unter anderem daran, dass die vorhandenen Untersuchungen nicht mit der glei-chen Radaufhängung, sondern mit verschiedenen Messeinrichtungen auf den unter-schiedlich gekrümmten Fahrbahnoberflächen durchgeführt wurden. Da es aber auf-grund ungeeigneter Messmethoden viele falsche Rollwiderstandsdaten gibt [Leh1] und auch etablierte Prüfverfahren Schwierigkeiten bei der Ermittlung absoluter Roll-widerstände haben [Kre1], liegen dadurch zu großen Streuungen in den Messergeb-nissen vor. Der Einfluss der Versuchseinrichtung kann gegenüber dem Einfluss der Trommelkrümmung sogar überwiegen, was aus dem Bericht von Clark und Schuring [Cla3] geschlossen werden kann.

In *Abb. 1.1.1/1* sind Rollwiderstands-Messergebnisse dargestellt, die mit einem Pkw-Reifen bei unterschiedlichen Fahrgeschwindigkeiten auf verschiedenen Prüf-ständen durchgeführt wurden, wobei der Reifenluftdruck variiert wurde. Da für die Versuche verschiedene Prüfstände mit unterschiedlichen Trommeldurchmessern, des Weiteren ein Flachbahnprüfstand und auch ein Messanhänger eingesetzt wurden, konnten die Ergebnisse über dem Verhältnis Reifenradius/Prüftrommelradius aufge-tragen werden.

Ergänzend sind im dargestellten Diagramm zwei Geraden abgebildet, die von Clark ermittelt wurden, um eine Aussage über den Einfluss der Trommelkrümmung auf den Rollwiderstand zu machen. Die zugehörige *Gleichung 1.1* zum Einfluss der Trom-melkrümmung wurde unter der Voraussetzung hergeleitet, dass die Latschflächen eines Reifens auf der Ebene und auf der Trommel gleich groß sind, wenn auf beiden Fahrbahnen die identische Radlast und der identische Reifenluftdruck eingestellt wer-den [Cla1].

$$\frac{F_{RT}}{F_{RE}} = \left(1 + \frac{r_R}{R_T}\right)^{1/2} \qquad\qquad [1.1]$$

worin $\quad F_{RT}$ = Rollwiderstand auf der Trommel

$\qquad\qquad F_{RE}$ = Rollwiderstand auf der Ebene

r_R = Reifenradius des unbelasteten Reifens

R_T = Radius der Trommel

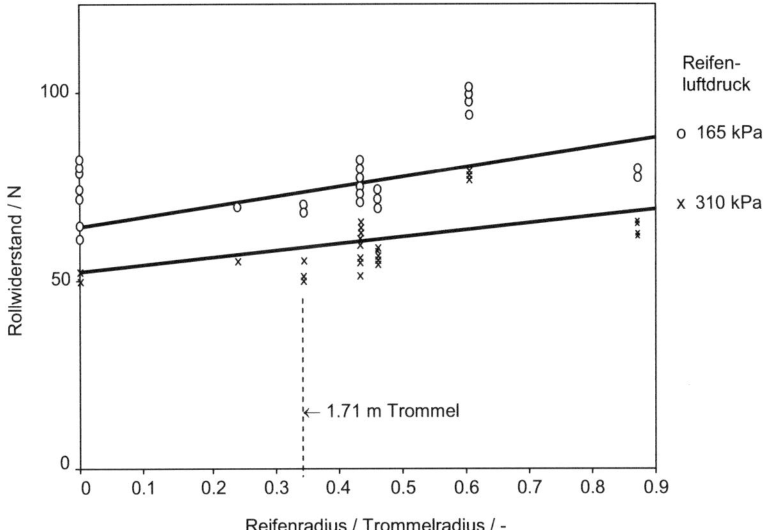

Abb. 1.1.1/1:   Rollwiderstand eines Pkw-Reifens auf unterschiedlich gekrümmten Fahrbahnoberflächen, gemessen an verschieden Prüfständen, variiert wurde der Reifenluftdruck [Cla3].

Der Ansatz der gleichen Latschfläche, den auch Bekker und Semonin [Bek1] für Ihre Betrachtungen machen, ist nicht korrekt, da sich auf Außentrommeln infolge der Eigensteifigkeit des Reifens (Gürtelsteifigkeit, Seitenwandsteifigkeit usw.) eine kürzere Aufstandsfläche ergibt als auf einer ebenen Fahrbahn. Die Lage der zwei Geraden in *Abb. 1.1.1/1* zeigt aber, dass der Einfluss der Trommelkrümmung durch *Gleichung 1.1* zumindest in der Tendenz richtig wiedergegeben wird. Des Weiteren bestätigt Luchini [Luc1], dass diese Formel auch anwendbar ist, um eine Abschätzung des Krümmungseinflusses auf den Rollwiderstand von Lkw-Reifen vorzunehmen. Da allerdings als Eingangsgröße lediglich die Größenverhältnisse zwischen Rad und Trommel berücksichtigt werden, ist eine genaue Umrechnung des Rollwiderstandes von der Trommel auf die Ebene nicht durchführbar, da weitere Einflussparameter, wie z.B. Radlast- oder Luftdruck, unberücksichtigt bleiben. Aufgrund der Streuung der Messpunkte in *Abb. 1.1.1/1* erkennt man auch, dass es unmöglich ist, auf Grundlage dieser Ergebnisse detaillierte Angaben zum Krümmungseinfluss zu machen. Hierfür weisen die an verschiedenen Prüfständen gemessenen Werte zu große Schwankungen auf. So wurden gemäß [Cla3] beispielsweise mit dem gleichen Reifen an einem Prüfstand mit einer 1,71-m-Trommel deutlich größere Rollwiderstände gemessen als an einem anderen Prüfstand mit einer 1,60-m-Trommel, was aber aufgrund der geringeren Reifendeformation auf der größeren Trommel nicht plausibel ist. Die Ergebnisse des Prüfstandes mit der 1,60-m-Trommel waren wiederum praktisch identisch mit den Werten, die mit einer weiteren Versuchseinrichtung auf der ebenen Fahrbahn ermittelt wurden.

Auch in einer später durchgeführten Untersuchung zur Vergleichbarkeit von Messergebnissen unterschiedlicher Prüfstände wurde diese Problematik wieder aufgezeigt. Im Rahmen dieser Untersuchung wurden an zwölf amerikanischen Versuchseinrichtungen Rollwiderstandsmessungen auf annähernd gleich großen Trommeln (Durchmesser 1,71 m bzw. 1,59 m) durchgeführt und miteinander verglichen. Brunot und Schuring [Bru1, Schu3] stellten hierbei fest, dass die einzelnen Prüfstände mit ±0,5 N eine sehr gute Reproduzierbarkeit der Messergebnisse aufwiesen, dass die absolute Genauigkeit aber wesentlich ungünstiger ausfiel. So wurde an einem Prüfstand als Mittelwert über alle Messungen ein durchschnittlicher Rollwiderstand von 51,3 N bestimmt, an einem anderen Prüfstand dagegen nur 41,0 N. Dieser große Unterschied im Ergebnis bei Messungen an unterschiedlichen Prüfständen bei ansonsten gleichen Randbedingungen macht nochmals deutlich, dass für eine Untersuchung zum Trommelkrümmungseinfluss keine verschiedenen Versuchseinrichtungen verwendet werden dürfen. In diesem Fall würde der Einfluss der unterschiedlichen Prüfstände die Auswertungen zum Trommelkrümmungseinfluss zu stark verfälschen.

Da bisher zur Wirkung der Fahrbahnkrümmung auf den Rollwiderstand keine genaueren Angaben verfügbar waren, wurde die oben genannte *Gleichung 1.1* in die entsprechende DIN-ISO-Norm „Verfahren zur Messung des Rollwiderstandes" bzw. ISO-Norm „Passenger car, truck, bus and motorcycle tyres – Methods of measuring rolling resistance" übernommen [Din1, Iso1, Iso2, Schu4]. Dort wurde sie auch derart umgerechnet, dass der Krümmungseinfluss nicht nur beim Übergang von der Trommel auf die Ebene, sondern auch beim Übergang von einem auf einen anderen Trommeldurchmesser abgeschätzt werden kann. Auch in den SAE-Standards J1269 und

J2452 [Sae1, Sae3] wird diese Formel angegeben, jedoch mit dem Hinweis, dass sie lediglich den momentanen Stand der Technik repräsentiert und dass sie noch nicht auf ihre universelle Anwendbarkeit hin überprüft wurde.

Die genannte Problematik zum Einfluss unterschiedlicher Messeinrichtungen bei Vergleichsmessungen wurde von Eckel [Eck1] umgangen, indem er einen Reifenprüfstand mit zwei unterschiedlich großen Trommeln, aber nur einer Radaufhängung aufbaute. Dieser Prüfstand stellte auch die Grundlage für die im Rahmen der vorliegenden Arbeit durchgeführten Erweiterungen und Weiterentwicklungen der Versuchseinrichtung dar. Durch Verschieben der Radaufhängung über eine 2,0-m- bzw. 1,71-m-Außentrommel konnte Eckel mit dem gleichen Messsystem Rollwiderstandsmessungen auf zwei unterschiedlich gekrümmten Fahrbahnoberflächen durchführen. Als Fazit seiner Untersuchungen schlägt er vor, die Reifeneinfederung auf unterschiedlich gekrümmten Fahrbahnen derart anzupassen, dass sich jeweils die gleiche thermische Belastung am Reifen einstellt. Er kommt zu dem Ergebnis, dass die Reifen auf einer Außentrommel nicht, wie es Clark vorschlägt [Cla1], auf den gleichen Wert wie auf der Ebene eingefedert werden müssen, wenn auf beiden Fahrbahnen gleiche Rollwiderstände ermittelt werden sollen. Gemäß Eckel ist auf der Trommel sogar eine geringere Einfederung als auf der Ebene vorzunehmen, wenn die Ebene als Bezugsfahrbahn gewählt wird. Da ihm allerdings eine ebene Fahrbahn für die Versuche nicht zur Verfügung stand, mussten die unterschiedlichen Einfederungswerte, die zu den gleichen Belastungen wie auf der Ebene führen sollen, auf einem anderen Weg bestimmt werden. Diese gesuchten Vorgabewerte für die Einfederung leitete Eckel durch Extrapolation der Ergebnisse ab, die er auf der 2,0-m- und der 1,71-m-Trommel ermittelte. Da aber die beiden Trommeldurchmesser und folglich auch die Trommelkrümmungen mit 1,0 m^{-1} und 1,17 m^{-1} sehr nah beieinander liegen, des weiteren der Abstand zur Krümmung 0,0 m^{-1} der Ebene groß ist, muss diese Extrapolation als problematisch angesehen werden. Zur Überprüfung seines Verfahrens führte Eckel Messungen an einer Innentrommel durch, die allerdings mit einer anderen Radaufhängung und einem anderen Messsystem ausgerüstet war. Die Messdaten zeigten Abweichungen zu den vorausgesagten Werten von bis zu 5 %. Daraus kann abgeleitet werden, dass ein genauerer Algorithmus für die Übertragung von Rollwiderstandsmessergebnissen von der Trommel auf die Ebene nur dann zu ermitteln ist, wenn auch Flachbahnmessungen zur Verfügung stehen. Diese müssen dann aber auch mit der gleichen Messeinrichtung ermittelt werden, um Differenzen unterschiedlicher Messsysteme auszuschließen.

1.1.2   Fahrbahnkrümmungseinfluss auf die Cornering und Aligning Stiffness

Wie bereits erwähnt, spielt die Krümmung der Fahrbahnoberfläche nicht nur bei Rollwiderstandsmessungen, sondern auch bei Kraftschlussmessungen eine Rolle. Die Fahrbahnkrümmung verändert nämlich wesentlich die Verläufe der Seitenkraft-Schräglaufwinkel- und Rückstellmoment-Schräglaufwinkel-Kurven. Insbesondere der Anstieg dieser Kurven mit steigendem Schräglaufwinkel α, ausgehend von $\alpha = 0°$, wird deutlich beeinflusst.

Der Anstieg der Seitenkraft-Schräglaufwinkel-Kurven wird gemäß SAE J2047 [Sae2] und DIN 70000 [Din2] durch die Cornering Stiffness (Seitenkraft-Schräglauf-winkel-Gradient) C_α charakterisiert:

$$C_\alpha = -\frac{dF_Y}{d\alpha} \qquad [1.2]$$

worin bedeuten:
$$F_Y = \text{Seitenkraft}$$
$$\alpha = \text{Schräglaufwinkel}$$

Das negative Vorzeichen in *Gleichung 1.2* ergibt sich aufgrund der Definition, dass ein positiver Schräglaufwinkel α eine negative Seitenkraft F_Y erzeugt (siehe [Din2] und [Iso3] sowie *Abschnitt 4.2.2*). In der Literatur findet man für C_α teilweise auch die Bezeichnungen Schräglaufsteifigkeit, Seitensteifigkeit oder Quersteifigkeit. Da sich in der Fachwelt aber die englische Bezeichnung Cornering Stiffness [Iso3, Sae2] durch-gesetzt hat, wird im Folgenden nur noch diese Bezeichnung verwendet.

In entsprechender Weise wird der Anstieg der Rückstellmoment-Schräglaufwinkel-Kurven gemäß SAE J2047 [Sae2] durch die Aligning Stiffness A_α charakterisiert. Eine genormte deutsche Bezeichnung existiert für diese Größe nicht:

$$A_\alpha = \frac{dM_Z}{d\alpha} \qquad [1.3]$$

worin bedeuten:
$$M_Z = \text{Rückstellmoment}$$
$$\alpha = \text{Schräglaufwinkel}$$

In diesem Fall ergibt sich aufgrund der Definition, dass ein positiver Schräglauf-winkel α ein positives Rückstellmoment M_Z erzeugt (siehe [Din2] und [Iso3] sowie

Abschnitt 4.2.2), ein positives Vorzeichen in *Gleichung 1.3*. In der Literatur findet man für M_α teilweise auch die nicht genormte Bezeichnung Rückstellmomentsteifigkeit. Da sich in der Fachwelt aber ebenso hier die englische Bezeichnung durchgesetzt hat und des Weiteren keine genormte deutsche Bezeichnung existiert, wird im Folgenden nur noch die englische Bezeichnung Aligning Stiffness [Sae2] verwendet.

Um die in *Abschnitt 1* angesprochenen Differenzen bei den Kennlinien, die an unterschiedlichen Prüfständen gemessen wurden, genauer analysieren zu können, wurden innerhalb des EU-Forschungsprojekts TIME [Kla1, Oos2, Oos3, Oos4] Messergebnisse von 11 verschiedenen europäischen Reifenprüfeinrichtungen miteinander verglichen. Als eine wesentliche Einflussgröße konnte hierbei die Trommelkrümmung bestätigt werden, die den Verlauf von Cornering-Stiffness- und Aligning-Stiffness-Kennlinien deutlich verändert. Die Ermittlung korrekter Cornering-Stiffness-Werte ist aber von entscheidender Bedeutung für die Durchführung von exakten Fahrdynamik-Simulationsrechnungen, da die Cornering Stiffness für fast alle Aspekte des Fahrverhaltens eine maßgebliche Rolle spielt [Brae1, Gna5].

Diese Aussage kann durch *Abb. 1.1.2/1* bestätigt werden, in der der Einfluss von differierenden Reifenkennlinien auf die Simulationsergebnisse der stationären Kreisfahrt dargestellt ist [Sag1]. Die betreffenden Reifenkennlinien wurden mit dem gleichen Reifentyp auf acht unterschiedlichen Reifenprüfeinrichtungen ermittelt, so dass auch acht unterschiedliche Datensätze für das verwendete Reifenmodell zur Verfügung standen. Es wurde aber für die durchgeführten Fahrdynamik-Simulations-Rechnungen jeweils das gleiche Fahrzeugmodell eingesetzt.

Es ist deutlich zu erkennen, dass sich die Unterschiede in den Reifenkennlinien in signifikanten Abweichungen der simulierten Lenkwinkelbedarfskurven äußern. Ergänzend ist die gemessene Lenkwinkelkurve, die mit dem zugrundegelegten Versuchsfahrzeug auf der Teststrecke ermittelt wurde, eingetragen. Wie bereits in *Abschnitt 1* erläutert, können mehrere Ursachen für diese Abweichungen verantwortlich sein. Es kann aber davon ausgegangen werden, dass im Bereich der kleineren Querbeschleunigungen die Cornering Stiffness eine wichtige Rolle spielt, dass dagegen im Bereich der größeren Querbeschleunigungen die Griffigkeitseigenschaften des Fahrbahnbelags von größerer Bedeutung sind. Allerdings korrespondieren die abgebildeten Lenkwinkelbedarfskurven nicht immer mit den Trommelkrümmungen des jeweiligen Prüfstandes, was darauf hindeutet, dass sich auch andere Einflussgrößen auf den Kurvenverlauf auswirken.

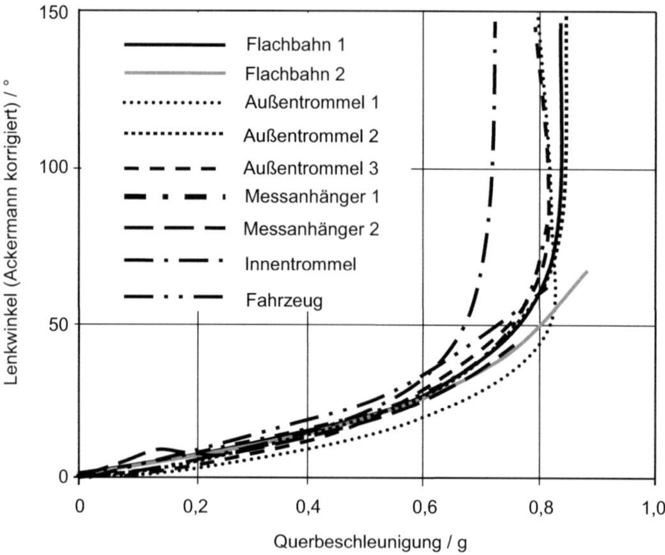

Abb. 1.1.2/1: Einfluss unterschiedlicher Reifenkennlinien auf die Ergebnisse der stationären Kreisfahrt [Sag1].

Auch Hüsemann untersuchte, wie sich abweichende Reifenkennlinien, die auf unterschiedlichen Prüfeinrichtungen ermittelt wurden, auf Simulationsergebnisse auswirken und wie groß die Abweichungen der Ergebnisse zum realen Fahrversuch sind [Hüs1, Hüs2]. Er stellte fest, dass die größten Unterschiede im nichtlinearen Bereich bei großen Querbeschleunigungen zu finden sind. Als Hauptursache identifiziert er die verschiedenen Griffigkeitseigenschaften der an den Prüfständen und den Teststrecken eingesetzten Fahrbahnen.

Allerdings stellt auch Hüsemann fest, dass sich unterschiedliche Fahrbahnoberflächenkrümmungen deutlich auf die gemessenen Cornering-Stiffness-Werte auswirken. Somit kann festgehalten werden, dass der Einfluss der Fahrbahnkrümmung auf die Reifenkennlinien immer dann besonders berücksichtigt werden muss, wenn eine hohe Genauigkeit der Simulationsergebnisse im Bereich geringer und mittlerer Querbeschleunigungen gefordert wird.

Um einen ersten Eindruck zu vermitteln, in welcher Größenordnung der Einfluss der Fahrbahnoberflächenkrümmung liegt, sind in *Abb. 1.1.2/2* die Cornering-Stiffness-Werte eines Reifentyps aufgetragen, die an 11 verschiedenen Prüfeinrichtungen mit unterschiedlich gekrümmten Fahrbahnen unter sonst weitgehend gleichen Randbedingungen ermittelt wurden [Aug1, Gna3]. Bei den Messungen wurden die Radlast, die Schräglaufwinkelamplitude und der Sturzwinkel variiert.

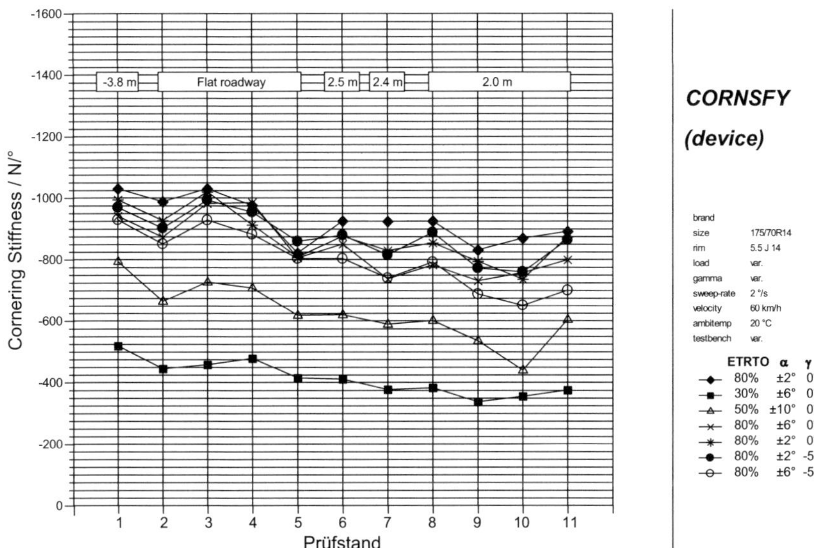

Abb. 1.1.2/2:   Cornering-Stiffness-Werte eines Reifentyps, der an 11 verschiedenen Prüfständen mit unterschiedlich gekrümmten Fahrbahnen untersucht wurde. Variiert wurden die Radlast (in Prozent der nach ETRTO [Etr1] vorgesehenen Maximallast), die Schräglaufwinkelamplitude α und der Sturzwinkel γ [Aug1].

Dargestellt ist die Cornering Stiffness über der Nummer des jeweiligen Prüfstandes, wobei die Prüfstände entsprechend ihrer Trommelkrümmung sortiert wurden. Prüfstand Nr. 1 ist der Innentrommelprüfstand des Karlsruher Instituts für Technologie KIT [Fis2, Gna1, Gna2] mit einem Innendurchmesser von 3,8 m bzw. einer (negativen) Fahrbahnkrümmung von -0,526 m^{-1}. Die in *Abb. 1.1.2/2* folgenden Prüfeinrichtungen 2 bis 5 weisen eine ebene Fahrbahn auf. Auf der rechten Seite sind die

Ergebnisse der sechs Außentrommeln eingetragen, die Außendurchmesser von 2,5 m bis 2,0 m bzw. (positive) Krümmungen von +0,8 m^{-1} bis +1,0 m^{-1} aufweisen.

Es ist deutlich zu erkennen, dass die Cornering Stiffness tendenzmäßig mit zunehmender Trommelkrümmung abnimmt. Aufgrund der vorliegenden Daten wurde ermittelt, dass die Cornering-Stiffness-Werte auf der 3,8-m-Innentrommel im Durchschnitt 8 % zu hoch und auf den 2,0-m-Außentrommeln 18 % zu gering gemessen wurden. Da es naheliegend ist, den Einfluss der Trommelkrümmung auch mit einem Reifensimulationsmodell, wie z.B. in [Dar1, Gip1] beschrieben, zu bestimmen, führte Leister [Lei2] eine derartige Rechnung mit DNS-Tire durch. Er kommt zu dem Ergebnis, dass die Cornering-Stiffness-Daten einer 2,0-m-Trommel mit dem Faktor $(0,854)^{-1}$ multipliziert werden müssen, um die Werte auf die ebene Fahrbahn übertragen zu können. Diese Skalierungsvorschrift ist gleichbedeutend mit der Aussage, dass die Cornering-Stiffness-Werte auf der 2,0-m-Trommel 17,1 % zu niedrig gemessen werden, was gut mit der weiter oben genannten Prozent-Angabe zum Krümmungseinfluss der 2,0-m-Trommel übereinstimmt. Der Einfluss variierender Parameter, wie unterschiedliche Reifengrößen, Radlasten oder Luftdrücke, wurde von Leister aber nicht untersucht.

Aufgrund einer weitergehenden Analyse der im Forschungsprojekt TIME ermittelten Daten wurde am Karlsruher Institut für Technologie KIT (damals Universität Karlsruhe (TH)) eine umfangreichere Korrekturformel hergeleitet, mit der die Cornering-Stiffness-Werte von Trommelprüfständen reifenradius- und radlastabhängig zu korrigieren sind (siehe *Abschnitt 4.5.1.1*) [Aug1]. Aus der großen Streuung der Messergebnisse in *Abb. 1.1.2/2* lässt sich aber ableiten, dass mit dieser Formel lediglich tendenzmäßige Korrekturen vorgenommen werden können und dass die Ermittlung einer exakten Korrekturformel auf Grundlage dieser Messungen nicht möglich ist. Für eine genaue Untersuchung zum Krümmungseinfluss müssen die Randbedingungen für die Messungen, abgesehen von den Trommeldurchmessern, nicht nur weitgehend, sondern absolut gleich sein. Daher ist es ideal, wenn auf den unterschiedlichen Fahrbahnen die gleiche Radaufhängung mit dem gleichen Messsystem zum Einsatz kommt, wie es im Rahmen der vorliegenden Arbeit vorgesehen war. Werden Messungen zum Trommelkrümmungseinfluss auf unterschiedlichen Prüfständen durchgeführt, werden sich sonstige Prüfstandsunterschiede dem Fahrbahnkrümmungseinfluss stets überlagern, so dass immer Unsicherheiten beim Vergleich der Messdaten bestehen bleiben. Diese Unsicherheiten korrespondieren letztendlich mit den teilweise unplausiblen Kurvenverläufen in *Abb. 1.1.2/2*.

Bei den Aligning-Stiffness-Werten wurden bei der Durchführung des TIME-Projektes ähnliche Einflüsse festgestellt, wobei die Streuung der Messwerte in diesem Fall aber noch größer war als bei den Cornering-Stiffness-Werten [Aug1]. Dies ist unter anderem darauf zurückzuführen, dass Rückstellmoment-Messeinrichtungen im Allgemeinen störungsempfindlicher reagieren als Seitenkraft-Messeinrichtungen. Beispielsweise muss ein Übersprechen des wesentlich größeren Kippmomentes sehr sorgfältig kompensiert werden, um eine Verfälschung der Rückstellmoment-Messdaten zu verhindern. Diese Übersprechkompensation ist aber an manchen Prüfständen aufgrund einer fehlenden Kippmoment-Messstelle gar nicht möglich.

Obwohl eine erhebliche Streuung bei den Aligning-Stiffness-Messergebnissen vorlag, konnte dennoch abgeschätzt werden, dass der Einfluss der Fahrbahnkrümmung hier größer ist als bei den Cornering-Stiffness-Werten. Auch für die Aligning-Stiffness-Werte konnte bereits eine Formel zur tendenzmäßigen Korrektur bestimmt werden, bei der der Reifenradius und die Radlast eingehen (siehe *Abschnitt 4.5.2.1*). Aber auch hier gilt, dass eine exakte Korrekturformel nur dann entwickelt werden kann, wenn die Randbedingungen bei den erforderlichen Vergleichsmessungen auf unterschiedlich gekrümmten Fahrbahnoberflächen absolut identisch sind.

1.2   Ziel der Arbeit

Ziel der Arbeit war es daher, den Einfluss der Fahrbahnoberflächenkrümmung auf Rollwiderstandsmessergebnisse sowie auf Cornering-Stiffness- und Aligning-Stiffness-Werte genau zu erfassen und die Wirkung unterschiedlicher Versuchsparameter, wie z.B. Radlast und Reifenluftdruck, auf den Fahrbahnkrümmungseinfluss aufzuzeigen. Auf der Grundlage dieser Ergebnisse sollten schließlich Algorithmen hergeleitet werden, mit denen der Krümmungseinfluss kompensiert werden kann, so dass zukünftig Messergebnisse von Trommelprüfständen, genauer als bisher möglich, auf die ebene Fahrbahn „umgerechnet" werden können.

Um die erforderlichen Messungen durchführen zu können, sollte zunächst der vorhandene Reifen-Außentrommelprüfstand des Karlsruher Instituts für Technologie KIT (damals Universität Karlsruhe (TH)) erweitert und verbessert werden (*Abschnitt 2*).

Dazu gehörten der Aufbau einer Schräglaufwinkel-Verstelleinrichtung und eines geeigneten Kraft- und Momenten-Messsystems, sowie die Entwicklung einer Flachbahn, auf der die Reifen bis zu hohen Geschwindigkeiten untersucht werden können. Mit dem Messsystem sollte es möglich sein, Rollwiderstände zu erfassen, aber auch Seitenkraft-Schräglaufwinkel-Untersuchungen in einem Messbereich durchzuführen, der für die Ermittlung von Cornering-Stiffness- und Aligning-Stiffness-Werten geeignet ist. Der Aufbau der Flachbahn war erforderlich, um neben den Trommelmessungen auch Messungen auf der ebenen, ungekrümmten Fahrbahn mit der gleichen Radaufhängung zu ermöglichen.

Nach Fertigstellung der Versuchseinrichtung waren im nächsten Schritt Rollwiderstandsmessungen auf unterschiedlich gekrümmten Fahrbahnen durchzuführen, wobei Reifenparameter (wie z.B. Reifengröße) und Versuchsparameter (wie z.B. Fahrgeschwindigkeit, Radlast und Reifenluftdruck) zu variieren waren (*Abschnitt 3*). Auf dieser Grundlage sollten die Korrekturformeln zur Übertragung der Trommelergebnisse auf die ebene Fahrbahn ermittelt werden.

In einem weiteren Schritt waren dann Seitenkraft-Schräglaufwinkel- bzw. Rückstellmoment-Schräglaufwinkel-Messungen auf unterschiedlich gekrümmten Fahrbahnen durchzuführen, um die zugehörigen Cornering-Stiffness- und Aligning-Stiffness-Werte ermitteln zu können (*Abschnitt 4*). Auch hier galt es, sowohl Reifen- als auch Versuchsparameter zu variieren, um schließlich Korrekturalgorithmen für die Umrechnung von Trommelmessungen auf die ebene Fahrbahn herleiten zu können.

2 Aufbau der Prüfeinrichtung

Ein Grundproblem bei bisherigen Untersuchungen zum Fahrbahnkrümmungseinfluss auf die Reifeneigenschaften war die große Streuung der zur Verfügung stehenden Messergebnisse, da die Untersuchungen auf verschiedenen Prüfständen durchgeführt werden mussten. Dieses Problem resultiert aus der Tatsache, dass bisher keine Prüfeinrichtung existierte, mit der die Reifeneigenschaften unter identischen Randbedingungen mit der gleichen Radaufhängung auf verschiedenen Fahrbahnkrümmungen erfasst werden konnten. Durch den am Karlsruher Institut für Technologie KIT (vormals Universität Karlsruhe (TH)) vorhandenen Reifen-Außentrommelprüfstand für Rollwiderstandsmessungen war die Grundlage gegeben, um die gestellte Aufgabe bearbeiten zu können. Im Rahmen der vorliegenden Arbeit musste die Versuchseinrichtung allerdings modifiziert und erweitert werden, um die Durchführung der erforderlichen Messungen zu ermöglichen. Im Folgenden werden die eingesetzten Komponenten des erweiterten Prüfstandes beschrieben.

2.1 Radaufhängung

Die Radaufhängung hat bei der gestellten Aufgabe eine besondere Bedeutung, da in ihr die wichtigsten messtechnischen Komponenten integriert sind. Um den Fahrbahnkrümmungseinfluss genau erfassen zu können, sollte daher an den verschiedenen Fahrbahnen jeweils die gleiche Radaufhängung eingesetzt werden.

2.1.1 Gesamtaufbau

Der mechanische Aufbau der Radaufhängung geht auf die Arbeiten von Eckel [Eck1] zurück, der bereits den Reifenrollwiderstand auf zwei Außentrommeln mit unterschiedlichen Durchmessern untersuchte. Im Rahmen der vorliegenden Arbeit wurden neue mess- und regeltechnische Komponenten entwickelt, um eine Erweiterung der Messmöglichkeiten und eine höhere Messgenauigkeit zu realisieren. Außerdem wurde eine hydraulische Verstelleinrichtung aufgebaut, um den Schräglaufwinkel während der Messung stufenlos verstellen zu können, was für die Durchführung der Cornering-

Stiffness- und Aligning-Stiffness-Messungen Voraussetzung war. Eine prinzipielle Darstellung der Radaufhängung ist in *Abb. 2.1.1/1* gezeigt.

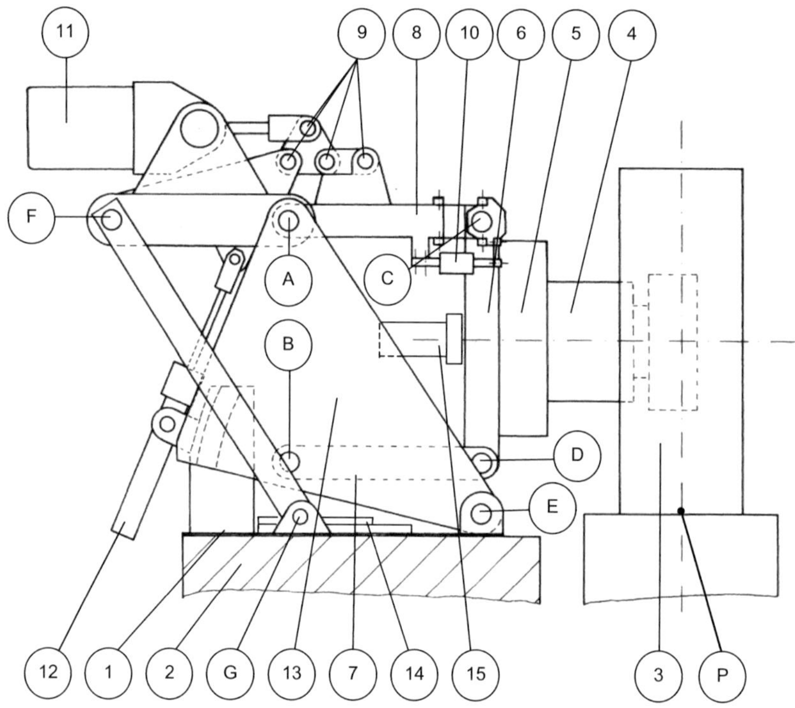

Abb. 2.1.1/1:   Prinzipielle Darstellung der eingesetzten Radaufhängung.

Die gesamte Radaufhängung ist auf einer Grundplatte (1) aufgebaut, die am Portal (2) des Flachbahn-Außentrommel-Prüfstandes (siehe *Abschnitt 2.2*) montiert ist. Das zu prüfende Rad (3) ist über eine Wälzlagerung im Radlagergehäuse (4) gelagert, das wiederum am Lagerschild (5) befestigt ist. Dort sind die Messstellen für Umfangskraft, Seitenkraft, Kippmoment und Rückstellmoment angeordnet (siehe *Abschnitt 2.1.2*). Zur Radlasteinstellung kann das Lagergehäuse (4) mit dem Lagerschild (5) über eine Linearführung und einen Spindelantrieb gegenüber dem Rahmen (6) vertikal verstellt werden. Der Rahmen (6) ist über die Parallel-Lenker (7) und

(8) geführt, die im Betrieb über eine Kniehebelkonstruktion (9) fixiert sind. Im oberen Lenker (8) ist die Radlastmessstelle (10) integriert, die die zwischen Drehlager (C) und Lenker (8) übertragenen Kräfte in Radlastrichtung erfasst (siehe *Abschnitt 2.1.2*). In Gefahrensituationen kann das Rad (3) über einen Federspeicherzylinder (11) sehr schnell abgehoben werden, indem die Parallellenker (7) und (8) über die Kniehebelkonstruktion (9) schräg nach oben gezogen werden. Die Sturzeinstellung erfolgt über zwei Hydraulikzylinder (12), indem der Sturzrahmen (13) um den Punkt (E) geschwenkt wird. Durch die Formänderung der beiden Parallelogramme (A-E-G-F) und (A-C-D-B) wird erreicht, dass das Rad (3) um den Mittelpunkt (P) der Reifenaufstandsfläche gekippt wird. Details zur Schnellabhebevorrichtung und zur Sturzverstellung sind in [Eck1] beschrieben.

Wie bereits erwähnt, war es für die Durchführung von Cornering- und Aligning-Stiffness-Messungen erforderlich, eine kontinuierlich arbeitende Schräglaufwinkelverstelleinrichtung zu installieren. Die Führung der Radaufhängung erfolgt bei der Schräglaufwinkelverstellung über ein Kreissegment (14), das als Gleitlager ausgebildet ist. Der Mittelpunkt dieses Kreissegments befindet sich genau in der Mitte der Reifenaufstandsfläche (P) (siehe *Abb. 2.1.1/1* und *2.1.1/2*), so dass bei einer Schräglaufwinkelverstellung eine Schwenkbewegung um diesen Punkt ausgeführt wird.

Die Verstellung des Schräglaufwinkels wird über einen Hydraulikzylinder realisiert, dessen Zylindergehäuse an der Radaufhängung und dessen Kolbenstange am feststehenden Prüfstandsportal angelenkt sind. Angesteuert wird der Zylinder über ein Wegeventil, das vom Bedienpult des Prüfstands aus elektrisch betätigt wird.

Die Messung des Schräglaufwinkels erfolgt über ein Seilzugpotentiometer [Asm1], dessen Gehäuse mit der Radaufhängung mitschwenkt. Das Ende des Mess-Seils ist wiederum an dem feststehenden Teil des Bogensegments befestigt, das mit dem Prüfstandsportal verbunden ist.

Das Mess-Seil ist derart geführt, dass es sich beim Verstellen des Schräglaufwinkels an der Außenkontur des Bogensegments abwälzt. Dadurch wird genau die Bogenlänge gemessen, die beim Schwenken der Radaufhängung zurückgelegt wird. Da die Bogenlänge proportional zum Schräglaufwinkel ist, wird über eine entsprechende Kalibrierung der Schräglaufwinkel erfasst und angezeigt.

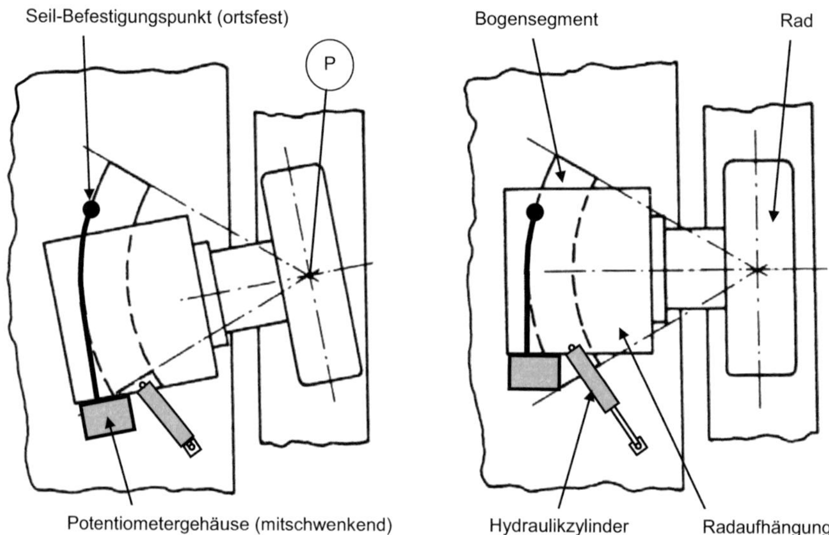

Abb. 2.1.1/2:   Führung der Radaufhängung bei Schräglaufverstellung und Messung des Winkels mittels Seilzugpotentiometer.

Auch wenn die geplanten Messungen mit freirollenden Rädern durchgeführt werden sollten, ist auf der Rückseite der Radlagerung (4) dennoch ein hydrostatischer Antrieb (15) installiert, mit dem das Rad angetrieben oder auch gebremst werden kann. Dieser Radantrieb ist für die Durchführung von hochgenauen Rollwiderstandsmessungen von großem Vorteil, da mit Ihm störende Reibmomente kompensiert werden können. Da jede Radlagerung mit ihren Wälzlagern und Dichtelementen Reibung verursacht, würde es zu einer Verfälschung der Rollwiderstandsmessergebnisse kommen, wenn diese Reibmomente nicht ausgeglichen werden würden. Selbst bei einem Reibmoment von lediglich 0,3 Nm würde eine Rollwiderstandsmessung um 1,0 N verfälscht werden (bei einem dynamischen Rollhalbmesser von 0,3 m), was bei einem Rollwiderstand von 50 N einem Fehler von 2 % entspricht. Bei einem Prüfstand ohne Radantrieb ist auch eine nachträgliche Korrektur der Messung nur bedingt möglich, da das Reibmoment keine Konstante darstellt, sondern sich radlast-, drehzahl- und temperaturabhängig verändert. Um diese Reibmomente genau kompensieren zu können, ist daher ein hydrostatischer Radantrieb mit 6 kW Leistung installiert, der entsprechend fein geregelt werden kann. Zur automatischen Kompensation dieses störenden Reibmomentes wurde eine Antriebsmomentregelung aufgebaut, die als Eingangssignal das an der Felge anliegende Antriebsmoment erhält (siehe *Abb. 2.1.1/3*). Die für diese Regelung erforderliche Drehmomentmessstelle ist direkt zwischen Rad und Lagerung angeordnet, wodurch die Antriebsmomentmessung in keiner Weise durch die Lagerreibung verfälscht wird. Für Rollwiderstandsmessungen am freirollenden Rad wird über den Radantrieb genau dasjenige Drehmoment eingespeist, dass für die Kompensation des Reibmoments erforderlich ist, so dass schließlich an der Felge ein Drehmoment $M_Y = 0$ Nm anliegt.

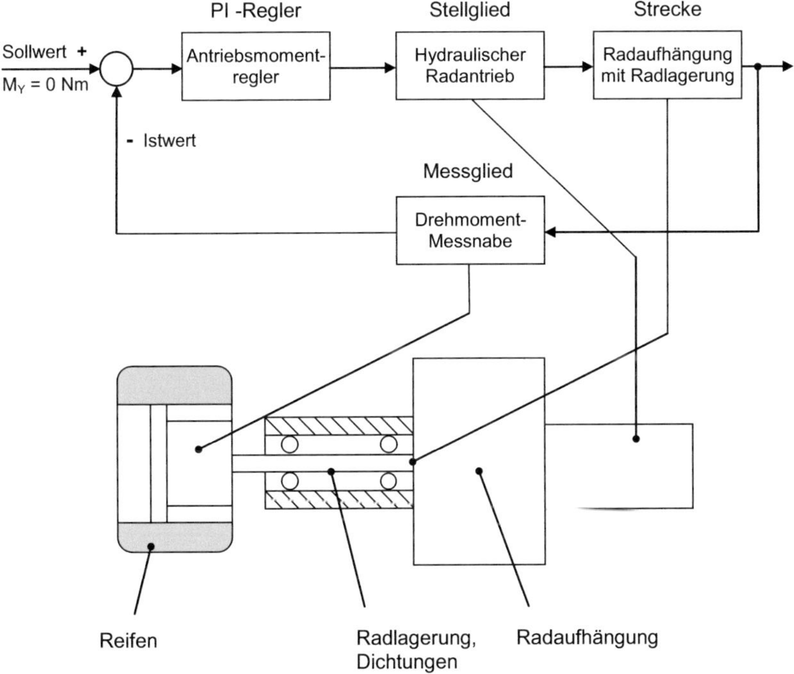

Abb. 2.1.1/3:   Wirkungsweise der Antriebsmomentregelung bei Rollwiderstandsmessungen.

Ein weiterer Vorteil dieses Antriebs ergibt sich daraus, dass der Lüfterwiderstand des rotierenden Rades getrennt vom Rollwiderstand erfasst werden kann. Bei der Durchführung einer solchen Messung wird die Raddrehzahl stufenweise erhöht, ohne dass das Rad Kontakt zur Fahrbahn hat, wobei das Antriebsmoment bei jeweils konstanter Raddrehzahl gemessen wird. Auch in diesem Fall werden die Messergebnisse nicht durch die Lagerreibung verfälscht, da nur das Drehmoment erfasst wird, welches antriebsseitig in die Felge eingeleitet wird und zur Überwindung des Lüfterwiderstandes benötigt wird. Eine genaue Erläuterung zum Aufbau der Drehmoment-Messstelle wird in *Abschnitt 2.1.2* gegeben.

Die wichtigsten technischen Daten der Radaufhängung sind in *Tab. 2.1.1/1* zusammengefasst.

Tab. 2.1.1/1:   Technische Daten der Radaufhängung.

Fest einstellbarer Sturzwinkel	±9°
Kontinuierlich verstellbarer Schräglaufwinkel	±5°
Felgendurchmesser der Prüfräder	13 ... 20"
Radantriebsleistung	6 kW

2.1.2 6-Komponenten-Messsystem

In der ersten Ausbaustufe war der Flachbahn-Außentrommel-Prüfstand ausschließlich für Rollwiderstandsmessungen konzipiert und lediglich mit einem 3-Komponenten-Messsystem für die Erfassung der Umfangskraft, der Radlast und des Drehmoments ausgerüstet. Im Betrieb hatte sich aber herausgestellt, dass Rollwiderstandsmessungen zu ungenauen Ergebnissen führen können, wenn die zu untersuchenden Reifen große Nullseitenkräfte aufweisen. Die Ursache hierfür war ein Übersprechen der Seitenkraft und des Sturzmomentes in die Umfangskraft, obwohl zur Minimierung dieses Effektes mechanische Vorkehrungen getroffen wurden. Falls ein Reifen beispielsweise eine Nullseitenkraft von 400 N aufweist und ein Übersprechfaktor von 0,5 % zugrunde gelegt wird, würde bei einem gemessenen Rollwiderstand von 50 N eine Verfälschung des Ergebnisses um 2 N bzw. 4 % auftreten. Da diese Werte für genaue Rollwiderstandsmessungen nicht akzeptiert werden sollten, wurde für den Prüfstand im Rahmen der vorliegenden Arbeit ein neues 6-Komponenten-Messsystem aufgebaut, bei dem lediglich die bereits vorhandene Radlastmessstelle beibehalten wurde. Bei der Konzeption wurde bewusst nicht auf die am Institut vorhandenen und bewährten 6-Komponenten-Messnaben mit rotierendem Messsystem [Gna6] zurückgegriffen, da diese, bedingt durch das rotierende Messprinzip, in Radlast- und Umfangskraftrichtung den gleichen Messbereich aufweisen. Um aber zur genauen Erfassung des Rollwiderstandes eine höhere Messempfindlichkeit in Umfangsrichtung zu erreichen, werden die Radlast und die Umfangskraft sowie die Komponenten Seitenkraft, Rückstellmoment und Sturzmoment bei der neu aufgebauten Messeinrichtung mit einem feststehenden System gemessen. Bei diesem Messsystem unterscheiden sich die Messbereiche von Radlast und Umfangskraft um den Faktor 10. Lediglich das Antriebsmoment wird im rotierenden System erfasst, da diese Größe direkt zwischen Felge und Radlagerung gemessen werden sollte. Alle Messstellen arbeiten auf der Basis von Vollbrückenschaltungen mit Dehnmessstreifen. Die Messbereiche sind in *Tab. 2.1.2/1* zusammengestellt.

Tab. 2.1.2/1:   Messbereiche des 6-Komponenten-Messsystems.

Messkomponente	Messbereich	Messgenauigkeit (Linearität und Übersprechen)
Umfangskraft F_X	1000 N	$\pm 0{,}5$ N (bis 100 N) $\pm 5{,}0$ N (bis 1000 N)
Seitenkraft F_Y	2000 N	± 10 N
Radlast F_Z	10000 N	± 15 N
Kippmoment M_X	1200 Nm	± 6 Nm
Antriebsmoment M_Y	30 Nm	$\pm 0{,}15$ Nm
Rückstellmoment M_Z	300 Nm	$\pm 1{,}5$ Nm

Die bereits vorhandene Radlastmessstelle besteht aus zwei Kraftmessaufnehmern (10), die beide am oberen Querlenker (8) in *Abb. 2.1.1/1* angeordnet sind. Es ist jeweils eine Messstelle, in Fahrtrichtung gesehen, vor und hinter der Radnabe eingebaut. Da der untere Lenker (7) mit Wälzlagern frei drehbar in den Punkten B und D gelagert ist, wird die gesamte Radlast über den oberen Lenker abgestützt, da dieser durch die Kniehebelkonstruktion (9) fixiert ist. Dadurch kann die Radlast als Lenkerkraft in vertikaler Richtung zwischen dem Punkt C und dem Lenker (8) gemessen werden. Einzelheiten zur Radlastmessstelle sind in [Eck1] beschrieben.

Die Komponenten Umfangskraft, Seitenkraft, Kippmoment und Rückstellmoment werden mit dem neuen Messsystem erfasst, das im Lagerschild (5) (siehe *Abb. 2.1.1/1*) integriert wurde und nachfolgend in *Abb. 2.1.2/1* detaillierter dargestellt ist. Vom Prinzip her ist die Messstelle derart aufgebaut, dass das Lagerschild aus zwei getrennten Platten besteht, einem vorderen (5a) und einem hinteren (5b) Lagerschild. Beide Platten sind nur über vier Kraftaufnehmer verbunden, mit denen die Kräfte und Momente erfasst werden.

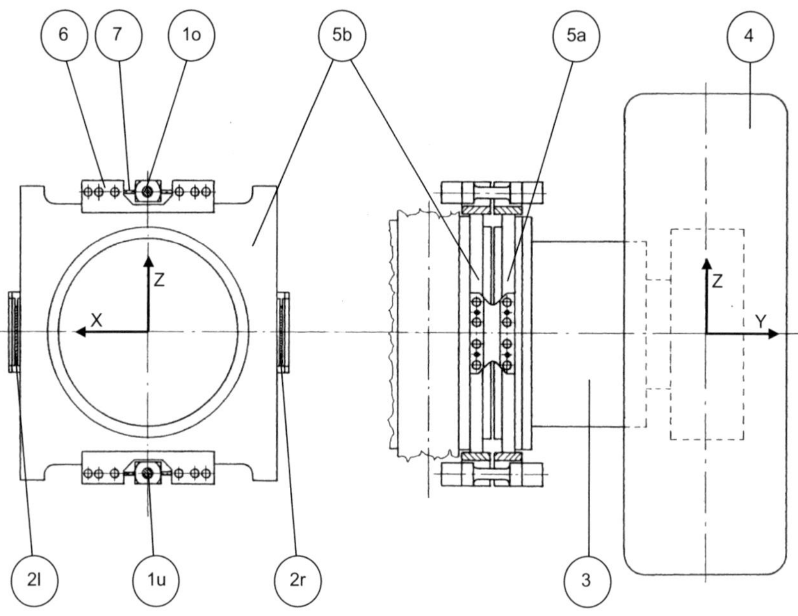

Abb. 2.1.2/1:   Prinzipieller Aufbau des Messsystems für Umfangskraft, Seitenkraft, Kippmoment und Rückstellmoment.

Das vordere Lagerschild ist mit der Radlagerung (3) verbunden, das hintere Lagerschild mit der restlichen Radaufhängung. Bis auf das Antriebsmoment werden alle Kräfte und Momente, die auf das Rad (4) einwirken, über die Radlagerung in das vordere Lagerschild eingeleitet und von dort über die vier Kraftaufnehmer in das hintere Lagerschild weitergeführt. Da die Antriebswelle eine relativ große Länge (ca. 400 mm) und infolge des nur geringen Drehmomentes ($M_Y = 30$ Nm) einen kleinen Durchmesser (20 mm) aufweist, überträgt sie lediglich einen sehr kleinen Anteil dieser Kräfte und Momente. Da die Welle bei der Kalibrierung des Messsystems eingebaut ist, wird dieser kleine Anteil nicht vernachlässigt, sondern bei der Kalibrierung berücksichtigt.

Die besondere Anforderung an dieses Messsystem besteht darin, dass über die Messaufnehmer Kräfte und Momente sehr unterschiedlicher Größe geleitet werden, dass aber auch die kleinen Kräfte und Momente sehr genau aufgelöst werden müssen. Beispielsweise sind Rollwiderstände zu erfassen, die weniger als 1 % der eingeleiteten Radlast F_Z betragen [Ton1, Mic1], und Rückstellmomente M_Z, die um den Faktor 10 kleiner sind als die anliegenden Kippmomente M_X. Aus diesem Grund sind diese vier Kraftaufnehmer von der Form her nicht alle gleich ausgebildet. In der Prinzipdarstellung in *Abb. 2.1.2/1* ist im rechten Bereich die Seitenansicht auf das Messsystem und im linken Bereich die Draufsicht auf das hintere Lagerschild (5b) zu erkennen, wobei die vier Kraftaufnehmer, die das vordere mit dem hinteren Lagerschild verbinden, geschnitten dargestellt sind. Die Aufnehmer (1o und 1u) sind von der Form her als Messbolzen ausgebildet und liefern Signale für die Kräfte in Längs- (X) und Querrichtung (Y), wobei sich „Längsrichtung" auf die Fahrtrichtung bezieht. Die Kräfte in Längsrichtung beanspruchen die Bolzen auf Biegung, die in Querrichtung auf Zug/Druck. Die seitlichen Aufnehmer (2l und 2r) sind vom Querschnitt her sehr dünn und relativ hoch ausgeführt, so dass sie mit der Bezeichnung „Messfedern" treffend beschrieben werden können. Sie liefern ausschließlich Signale für die Kräfte in Querrichtung (Y), die eine Beanspruchung der Messfedern auf Zug/Druck bewirken.

Die Messbolzen (1o und 1u) im oberen und unteren Bereich des Lagerschilds sind an ihren Enden biegefest eingespannt und mit jeweils zwei DMS-Vollbrücken bestückt. In der Mitte der Bolzen sind zwei Streifen, die die Dehnung bzw. Stauchung in Y-Richtung erfassen, und zwei zugehörige Querkontraktionsstreifen appliziert. Außermittig, jeweils in der Nähe der linken und rechten Einspannstelle, sind die vier

Streifen zu Erfassung der s-förmigen Biegung angebracht, die bei Krafteinwirkung in X-Richtung (Umfangskraftrichtung) auftritt.

Besonders zu erwähnen ist die Verbindung der Messbolzeneinspannung mit den an den Lagerschildern angebrachten Befestigungsflanschen (6). Diese Verbindung erfolgt über kleine Blattfedern (7), die in X- und Y-Richtung sehr steif, in Z-Richtung aber relativ weich ausgebildet sind. Damit wird verhindert, dass sich große Kräfte in Radlastrichtung über die empfindlichen Messstellen abstützen können. Diese Kräfte in Z-Richtung werden somit praktisch ausschließlich über die seitlichen Messfedern geleitet.

An die Umfangskraftmessstelle werden besonders hohe Anforderungen gestellt, da hier zum einen eine hohe Messempfindlichkeit verlangt wird, woraus die Forderung nach großen Dehnungen ε resultiert. Auf der anderen Seite dürfen aber diese gewünschten großen Dehnungen nicht dazu führen, dass die Messstelle derart weich wird, dass die Eigenfrequenz des Systems unzulässig niedrige Werte annimmt. Daher soll an dieser Stelle auf die Konzeption der Umfangskraftmessstelle näher eingegangen werden, bei der die Forderung nach hoher Dehnung bei gleichzeitig hoher Steifigkeit zu beachten war.

Geht man aufgrund einfacher Herstellbarkeit von einem runden Messbolzen aus, ist die Dehnung ε gemäß der Formel

$$\varepsilon = \frac{M_b \cdot 4}{\pi \cdot r_B^3 \cdot E} \qquad [2.1]$$

proportional zum einwirkenden Biegemoment M_b, das durch die Kraft in Längsrichtung (X) hervorgerufen wird. Des Weiteren ist die Dehnung ε umgekehrt proportional zum Bolzenradius r_B in der dritten Potenz und zum Elastizitätsmodul E.

Die Eigenfrequenz des Messsystems ν_e ist abhängig von der Federkonstanten der Messbolzen c_B (bei i Stück ergibt sich $i \cdot c_B$) und der Masse der Radnabe (einschließlich Rad) m_N:

$$\nu_e = \frac{1}{2\pi} \cdot \sqrt{\frac{i \cdot c_B}{m_N}} \qquad [2.2]$$

Die Federkonstante c_B eines Bolzens ist wiederum gemäß

$$c_B \sim \frac{3 \cdot E \cdot \pi \cdot r_B^4}{4 \cdot l_B^3} \qquad\qquad [2.3]$$

proportional zum Elastizitätsmodul E und zum Bolzenradius r_B in der vierten Potenz. Außerdem ist sie umgekehrt proportional zur Bolzenlänge l_B in der dritten Potenz, die nicht zu klein gewählt werden darf, da insgesamt 8 Dehnmessstreifen untergebracht werden müssen. Bei der beschriebenen Konzeption werden für die Umfangskraft-übertragung und -messung lediglich zwei (1o, 1u) der insgesamt vier Messstellen (1o, 1u, 2l, 2r) eingesetzt. Daher ist die Biegemomentbelastung M_b, die durch die Umfangskraft auf einen Bolzen wirkt, gegenüber einem System mit vier Umfangs-kraft-Messbolzen verdoppelt. Um die gleiche Dehnung ε und somit die gleiche Mess-empfindlichkeit wie bei vier Bolzen zu erhalten, muss gemäß *Gleichung 2.1* der Zah-lenwert von r_B^3 im Nenner verdoppelt werden, d.h. der Bolzenradius r_B ist um den Faktor 1,26 zu vergrößern. Dies bedeutet eine Erhöhung der Bolzenfederkonstanten c_B um den Faktor 2,52, da hier der Bolzenradius in der vierten Potenz eingeht. Da im Vergleich zu einem System mit vier Umfangskraft-Messbolzen aber nur zwei einge-setzt werden, führt die gewählte Bauweise gemäß *Gleichung 2.2* zu einer Erhöhung der Eigenfrequenz um den Faktor $\sqrt{\frac{2}{4}} \cdot 2,52 = \sqrt{1,26} = 1,12$ gegenüber einem System mit vier Umfangskraft-Messbolzen.

Eine weitere Erhöhung der Eigenfrequenz konnte durch den Einsatz einer hochfes-ten Aluminiumlegierung anstelle von Stahl erreicht werden. Da der Elastizitätsmodul von Aluminium lediglich 35 % des Elastizitätsmoduls von Stahl beträgt, kann bei gleicher Dehnung ε der Bolzenradius gemäß *Gleichung 2.1* auf das 1,42-fache erhöht werden. Dies führt zu einer Erhöhung der Bolzensteifigkeit c_B um den Faktor $0{,}35 \cdot 1{,}42^4 = 1{,}42$, da sich die Verringerung des Elastizitätsmoduls nur linear aus-wirkt, die Vergrößerung des Bolzenradius aber mit der vierten Potenz eingeht (siehe *Gleichung 2.3*).

Insgesamt wurde für das Messsystem eine theoretische Eigenfrequenz von über 90 Hz realisiert, was einer Fahrgeschwindigkeit von ca. 600 km/h entspricht. In der Praxis liegt die Eigenfrequenz zwar etwas tiefer, da in der Berechnung die Elastizität der Einspannstellen vernachlässigt wurde, bei einer Höchstgeschwindigkeit der Prüf-einrichtung von 300 km/h kann sie aber dennoch als ausreichend angesehen werden.

Zusammenfassend kann festgehalten werden, dass der beste Kompromiss bezüglich der Forderungen nach hoher Messempfindlichkeit bei gleichzeitig hoher Eigenfrequenz durch folgende Konstruktionsmerkmale erzielt werden konnte:

- Die Übertragung und Messung der Umfangskraft erfolgt lediglich durch zwei der vier installierten Messstellen.

- Als Material wird anstelle von Stahl die hochfeste Aluminiumlegierung AlZnMgCu1,5 mit einem Elastizitätsmodul von 72000 N/mm^2 eingesetzt, die eine Zugfestigkeit von über 470 N/mm^2 aufweist.

Die anderen beiden Messstellen sind, wie zuvor kurz beschrieben, als Messfedern ausgebildet und somit in Richtung der Umfangskraft sehr weich ausgeführt. Daher wird über sie nur ein vernachlässigbarer Anteil der Umfangskraft abgestützt, der aber dennoch bei der Kalibrierung berücksichtigt wird. Durch die relativ große Höhe sind die Messfedern aber in der Lage, die gesamte Radlast vom vorderen auf das hintere Lagerschild zu übertragen. Sie sind mit jeweils einer Vollbrücke bestückt, d.h. mit zwei Dehnmessstreifen, die die Dehnung bzw. Stauchung in Y-Richtung (Seitenkraftrichtung) erfassen, und mit zwei zugehörigen Querkontraktionsstreifen. Auch eine Erfassung der Radlast wäre mit diesen Messfedern möglich gewesen. Da aber in den Lenkern bereits zuverlässige Radlastmessstellen installiert waren (siehe oben), wurde das vorhandene System beibehalten.

Wie bereits erwähnt, erfolgt die Messung des Antriebsmomentes im rotierenden System direkt zwischen Felge und Radlagerung in der Radnabe. Die einwandfreie Funktion dieser Messstelle ist die Voraussetzung zur Realisierung des in *Abb. 2.1.1/3* dargestellten Regelkreises, mit dem die Lagerreibung kompensiert werden kann. Um exakt ein Antriebsmoment von 0 Nm einregeln zu können, ist daher ein entsprechend kleiner Messbereich notwendig. Die besondere Schwierigkeit bei der Konzeption dieser Messstelle lag nun darin, dass einerseits ein Messbereich von nur 30 Nm realisiert werden sollte, andererseits aber über die gleiche Messnabe große Kräfte von bis zu 10000 N (Radlast) und Momente von bis zu 1200 Nm (Kippmoment) geleitet werden müssen. Diese Aufgabe wurde nach dem Prinzip der Funktionentrennung gelöst, indem zwei Baugruppen für die Übertragung der Kräfte und Momente eingesetzt werden. Die Übertragung der Umfangskraft F_X, der Seitenkraft F_Y, der Radlast F_Z, des Kippmomentes M_X und des Rückstellmomentes M_Z erfolgt über die eine Baugruppe der Nabe, die Übertragung und Messung des Antriebsmomentes M_Y über die zweite Baugruppe. Daraus ergibt sich die Forderung, dass die Naben-Baugruppe zur Übertragung von F_X, F_Y, F_Z, M_X und M_Z in Richtung dieser Größen steif, aber in Richtung von M_Y weich sein muss. Für die Naben-Baugruppe zur Übertragung von M_Y gilt entsprechend umgekehrt, dass diese in Richtung von M_Y steif und in Richtung der anderen Größen weich sein muss. Dies wurde erreicht, indem die Naben-Komponente zur Übertragung von F_X, F_Y, F_Z, M_X und M_Z als Speichenkonstruktion ausgeführt wurde, wobei die Darstellung der Speichen mit Hilfe von Federblechen erfolgt (siehe *Abb. 2.1.2/2*).

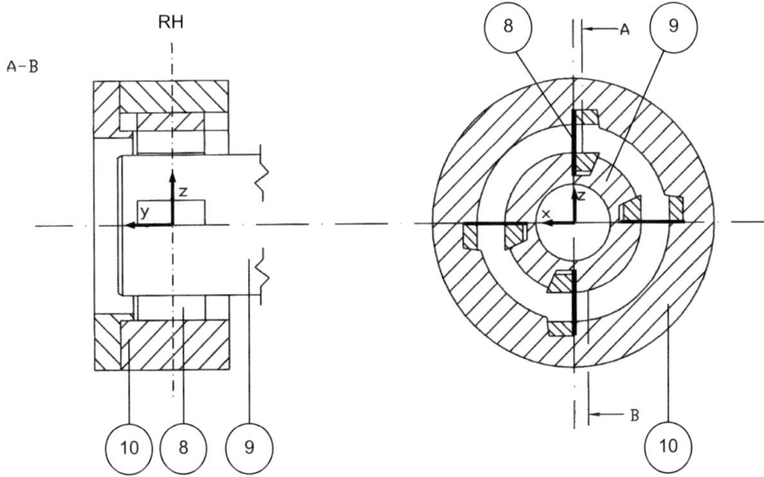

Abb. 2.1.2/2: Prinzipieller Aufbau der Radnaben-Komponente zur Übertragung der Kräfte F_X, F_Y und F_Z sowie der Momente M_X und M_Z.

Diese vier Federbleche (8) sind innen mit der Welle (9) der Messnabenlagerung und außen mit dem Radflansch (10) verbunden, an dem die Felge befestigt wird, wobei die Reifenhauptebene RH genau durch die Mitte der Federbleche geht. Aufgrund ihrer geringen Dicke sind die Federbleche in Richtung des Antriebsmoments M_Y weich, in allen anderen Richtungen sind sie aber steif.

Um eine große Empfindlichkeit gegenüber dem Antriebsmoment M_Y bei gleichzeitig hoher Eigenfrequenz um die Y-Achse zu erreichen, wurde die betreffende Messstelle in der anderen Baugruppe der Radnabe mit Hilfe von Zugbändern (11a) und (11b) ausgeführt (siehe *Abb. 2.1.2/3*).

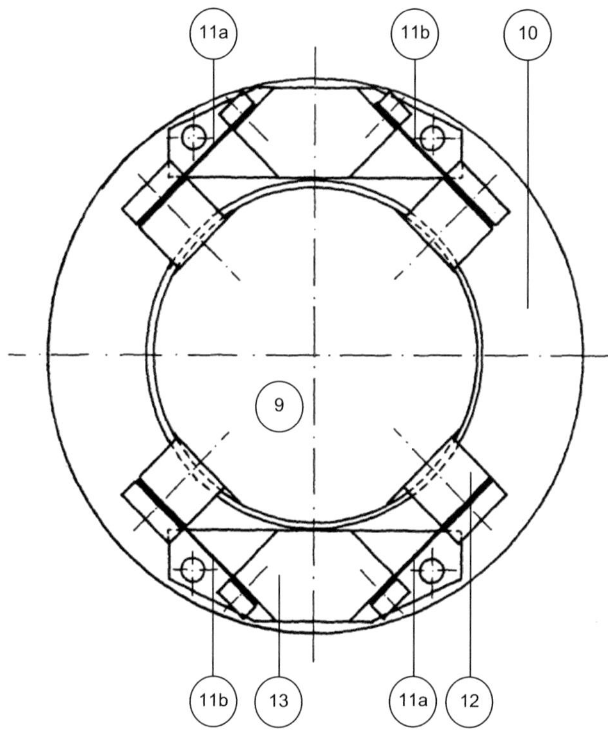

Abb. 2.1.2/3:   Vorgespannte Zugbänder in der Radnaben-Komponente zur Übertragung und Messung des Antriebsmomentes M_Y.

Diese Zugbänder sind vorgespannt und über Klemmvorrichtungen (12) mit der Welle (9) der Messnabenlagerung und über Klemmvorrichtungen (13) mit dem Radflansch (10) verbunden. Diese Messeinheit ist von außen auf die Radnabe angeflanscht, d.h. sie ist in der linken Darstellung in *Abb. 2.1.2/2* im linken Bereich der Radnabe befestigt. Durch die geringe Dicke (0,5 mm) und die relativ geringe Breite (4,5 mm) sind die Zugbänder nur in Antriebsmomentrichtung steif, in Richtung der anderen Komponenten dagegen weich. Wird beispielsweise von der Welle der Messnabenlagerung ein Antriebsmoment entgegen dem Uhrzeigersinn (in *Abb. 2.1.2/3*) eingeleitet, werden die beiden Zugbänder (11a) auf Zug beansprucht, die Zugbänder (11b) dagegen auf Druck. Durch die Vorspannung der Bänder entsteht allerdings keine wirkliche Druckbelastung, sondern lediglich eine Abnahme der Zugbelastung, die infolge der Vorspannung anliegt. Da jedes Zugband mit jeweils zwei Dehnmessstreifen (DMS) bestückt ist (ein DMS auf der Ober- und ein DMS auf der Unterseite), kann das eingeleitete Drehmoment mit einer Vollbrücken-Schaltung über insgesamt acht DMS gemessen werden.

Eine Gesamtansicht der Radnabe einschließlich Lagerung und Messstellen für Seitenkraft, Umfangskraft, Sturzmoment, Antriebsmoment und Rückstellmoment ist in *Abb. 2.1.2/4* dargestellt. Die angegebenen Nummern stimmen mit denen aus den *Abb. 2.1.2/1* bis *2.1.2/3* überein. Die detailliertere Darstellung der Messbolzen (1o) bzw. (1u) zeigt, dass am runden Bolzenkörper in der Mitte Abflachungen angefräst sind, so dass der Querschnitt des Bolzens im mittleren Bereich einem Vierkant mit abgerundeten Ecken entspricht. Auf diesen Abflachungen sind die Dehnmessstreifen (DMS) für die Zug-/Druckkraftmessung in Y-Richtung aufgeklebt, die zu einer Vollbrücke zusammengeschaltet sind. Wie bereits erwähnt, wird diese Vollbrücke durch zwei DMS realisiert, die auf die Dehnung bzw. Stauchung des Bolzens reagieren, und durch zwei zugehörige Querkontraktionsstreifen. Bei experimentellen Voruntersuchungen hatte sich herausgestellt, dass speziell das Nullpunktsdriftverhalten der Querkontraktionsstreifen durch die beschriebenen Abflachungen deutlich verbessert werden kann. Da im Randbereich des Bolzenkörpers keine Querkontraktionsstreifen aufgeklebt sind, sondern ausschließlich DMS, die die Biegung des Bolzens erfassen, sind die Abflachungen an diesen Stellen nicht erforderlich.

Des Weiteren sind in *Abb. 2.1.2/4* vier Sicherungsbolzen (14) zu erwähnen, die fest mit dem hinteren Lagerschild (5b) verschraubt sind, aber zum vorderen Lagerschild (5a) Spiel aufweisen. Diese Bolzen haben eine Sicherheitsfunktion und verhindern im Falle eines Bruchs der Messbolzen (1o, 1u) und der Messfedern (2l, 2r), z.B. bei Überlastung des Messsystems durch einen Reifendefekt, dass die Radnabe sich löst und wegfliegen kann.

Wie bereits erwähnt, arbeiten auch die Kraftaufnehmer der seitlichen Messfedern 2r und 2l auf der Basis von Vollbrückenschaltungen mit Dehnmessstreifen, deren Ausgangsspannungen in unmittelbarer Nähe der Messstellen mit Hilfe von Vorverstärkern auf einen Spannungsbereich von ± 10 V angehoben werden.

Lediglich bei der Radlastmessstelle erfolgt die Verstärkung nicht direkt am Einbauort, da bei der Radlast aufgrund der großen Kräfte bereits relativ große Nutzsignale am Kraftaufnehmer vorliegen.

Alle installierten DMS-Messaufnehmer liefern somit insgesamt neun Ausgangsspannungen, die über analoge Rechenschaltungen direkt an der Radaufhängung weiterverarbeitet werden, so dass schließlich sechs Rohdaten-Signale für die Umfangskraft F_{Xroh}, die Seitenkraft F_{Yroh}, die Radlast F_{Zroh}, das Kippmoment M_{Xroh}, das Antriebsmoment M_{Yroh} und das Rückstellmoment M_{Zroh} vorliegen (siehe *Abb. 2.1.2/5*).

Gemäß der Darstellung werden die Umfangskraft F_{Xroh} und die Seitenkraft F_{Yroh} durch eine Addition der entsprechenden Signale U_{FXo} und U_{FXu} bzw. U_{FYo}, U_{FYu}, U_{FYl} und U_{FYr} bestimmt. Die Ermittlung des Kippmomentes M_{Xroh} und des Rückstellmomentes M_{Zroh} erfolgt durch eine Subtraktion der zugehörigen Signale U_{FYo} und U_{FYu} bzw. U_{FYl} und U_{FYr}. Diese vorverstärkten Rohdaten-Signale werden von der Radaufhängung über geschirmte Leitungen in die Messkabine geführt. Dort erfolgen dann die Endverstärkung und eine Übersprechkompensation, so dass z.B. das Übersprechen der Seitenkraft und des Sturzmomentes in die Umfangskraft, welches zu Beginn dieses Abschnittes angesprochen wurde, keine Fehlerquelle mehr darstellt. Anschließend werden die Messsignale gefiltert, wobei bei Rollwiderstandsmessungen, entsprechend der langsamen Signaländerungen, eine niedrigere Filter-Eckfrequenz (v_F = 0,5 Hz) gewählt wurde als bei den Cornering-Stiffness- bzw. Aligning-Stiffness-Messungen mit schnelleren Signaländerungen (v_F = 10 Hz). Schließlich werden die Daten mit einer speziellen Messdatenerfassungssoftware über eine 12-Bit-A/D-Wandler-Karte in einen PC eingelesen, so dass eine problemlose Weiterverarbeitung der Messergebnisse möglich ist.

Die Kalibrierung der Kraft- und Momenten-Messstellen erfolgt über Gewichte, was sich als sehr zuverlässig erwiesen hat, da sowohl die Kalibriermassen als auch die Erdbeschleunigung konstante Größen darstellen. Diejenigen Kraftaufnehmer, die nicht in Richtung sondern senkrecht zur Richtung der Erdbeschleunigung messen, werden mit Hilfe einer äußerst reibungsarm gelagerten Umlenkrolle in horizontaler Richtung kalibriert. In diesem Fall wird die zur Kalibrierung aufgebrachte vertikale Gewichtskraft über ein biegeweiches, dünnes Stahlband mit der reibungsarm gelagerten Rolle in die Horizontale umgelenkt. Die Kalibrierung der Momente erfolgt nach dem gleichen Prinzip, wobei allerdings die Kräfte nicht in Messnabenmitte, sondern mit definierten Abständen zur Mitte eingeleitet werden, um das gewünschte Moment zu erzeugen. Zur Ausrichtung der Radaufhängung und der Kalibriereinrichtungen werden eine Präzisionswasserwaage und ein Laser eingesetzt.

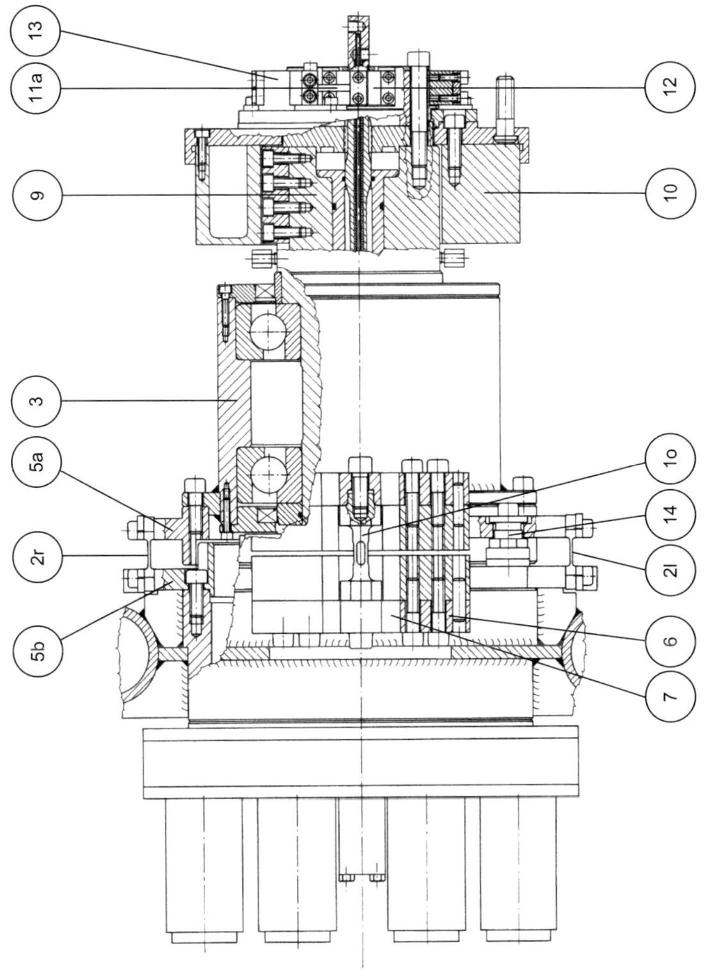

Abb. 2.1.2/4: Teilschnitt durch die Radnabe mit Lagerung und Messstellen für F_X, F_Y, M_X, M_Y und M_Z.

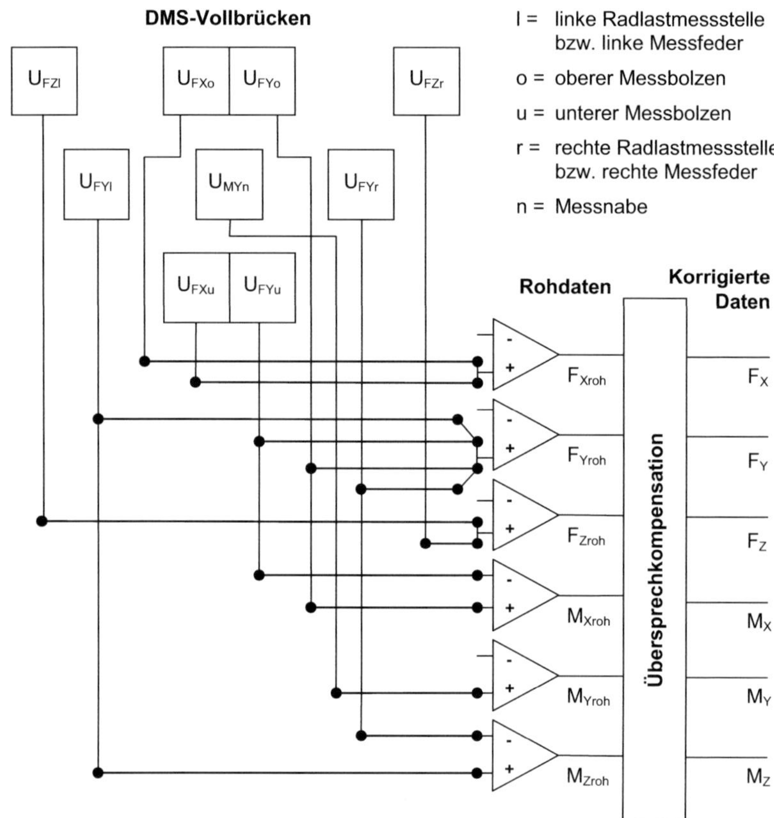

Abb. 2.1.2/5:   Analoge Verrechnung der Ausgangssignale der Messaufnehmer (Prinzipdarstellung).

Für genaue Rollwiderstandsmessungen ist es bei dem gewählten Prüfstandsaufbau zwingend erforderlich, dass die Radaufhängung bei Trommelmessungen exakt senkrecht über der Trommeldrehachse befestigt ist. Ist die Radaufhängung dagegen auch nur um einen kleinen Betrag Δx_v neben dem Trommel-Kulminationspunkt positioniert, steht der Radlastvektor (in *Abb. 2.1.2/6* mit F_N bezeichnet) zwar senkrecht zur Fahrbahnoberfläche, er zeigt aber nicht mehr exakt in die Z-Richtung des Kraftmesssystems der Radaufhängung. Dadurch wird mit den installierten Messaufnehmern eine zusätzliche Umfangskraft ΔF_{Xv} erfasst, die einem Hangabtrieb entspricht und nicht auf einen Rollwiderstand zurückzuführen ist. Bereits ein Versatz von $\Delta x_v = 0,5$ mm führt bei einer Trommel mit 2,0 m Durchmesser zu einer Verfälschung der Umfangskraft F_X um einen Betrag, der 0,05 % der Radlast entspricht. Da der Rollwiderstand von modernen Reifen weniger als 1 % der Radlast beträgt [Ton1, Mic1], bewirkt dieser angenommene Positionierungsfehler bereits eine Verfälschung des Ergebnisses um 5 % des aktuellen Rollwiderstand-Messwertes.

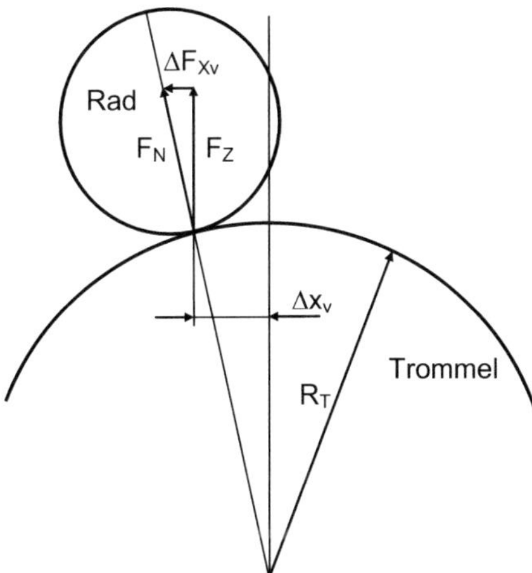

Abb. 2.1.2/6:   Auswirkung eines Positionierungsfehlers auf die gemessenen Rollwiderstandswerte.

Die exakte Positionierung der Radaufhängung sowie die exakte Kompensation des Übersprechens der Radlast in die Umfangskraft wurden daher bei den Trommelmessungen nach jedem Verschieben der Radaufhängung bzw. nach jeder Kalibrierung mit Hilfe eines Stahlrades überprüft. Dieses Stahlrad wurde anstelle eines Reifens an der Radaufhängung montiert, so dass es wie ein normales Rad auf den Trommel-Fahrbahnen ablaufen konnte. Zu diesem Zweck wird der (sehr geringe) Rollwiderstand des Stahlrades sowohl bei Vorwärtsfahrt als auch bei Rückwärtsfahrt mit unterschiedlichen Radlasten gemessen, wobei der Rollwiderstandsbeiwert C_R gemäß der Definition

$$C_R = F_R/F_Z \qquad\qquad [2.4]$$

mit
$$F_R = \text{Rollwiderstand}$$
$$F_Z = \text{Radlast}$$

für das Stahlrad lediglich einen Wert von etwa 0,0002, entsprechend 0,02 %, annimmt.

Mit dieser Methode können ein eventuell vorhandener Positionierungsfehler und ein eventuell vorhandenes Restübersprechen der Radlast in die Umfangskraft sicher erkannt werden, da sich bei korrekt eingestellter Prüfeinrichtung bei Drehrichtungsumkehr zwar die Vorzeichen der gemessenen Umfangskräfte unterscheiden, die Beträge allerdings exakt gleich sein müssen (siehe *Abb. 2.1.2/7*). Sind die Beträge dagegen verschieden, muss eine Abweichung in der Positionierung oder in der Übersprechkompensation der Radlast vorliegen. Dies folgt aus der Tatsache, dass der Umfangskraftfehler, der durch eine derartige Abweichung verursacht wird, drehrichtungsunabhängig ist, die Rollwiderstandskraft dagegen ihre Richtung und damit ihr Vorzeichen ändert.

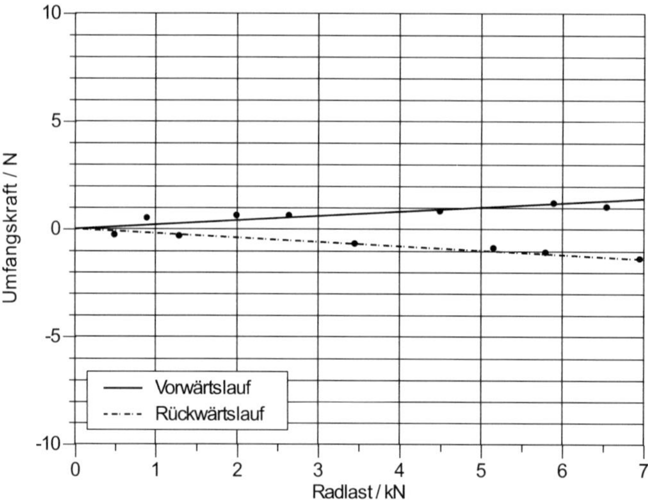

Abb. 2.1.2/7:   Überprüfung der exakten Positionierung der Radaufhängung bzw. des Übersprechabgleichs der Radlast in die Umfangskraft durch Vorwärts- und Rückwärtslauf mit einem Stahlrad.

Prinzipiell lassen sich ein Vorwärts- und ein Rückwärtslauf zur Überprüfung der Positionierung und des Übersprechabgleichs auch mit einem Fahrzeugreifen durchführen. Aufgrund der kleinen Rollwiderstandswerte des Stahlrades ist die Streuung der Messergebnisse aber sehr gering und es wird daher eine hohe Auflösung in Bezug auf die Fehler erreicht. Außerdem sind die Ergebnisse im Gegensatz zu Reifenmessungen temperaturunabhängig und es entfällt das Warmfahren des Stahlrades, so dass die Überprüfung relativ schnell durchgeführt werden kann.

Da das beschriebene Verfahren auf der ebenen Fahrbahn aufgrund der hohen örtlichen Flächenpressung zwischen Stahlrad und Stahlband nicht durchführbar war, wurden bei den betreffenden Messungen auf der Ebene die Rollwiderstände immer sowohl bei Vorwärts- als auch bei Rückwärtsfahrt ermittelt. Damit waren diese Messungen zwar wesentlich zeitintensiver als die Trommelmessungen, jedoch konnte auf diese Weise die beschriebene Überprüfung der exakten Positionierung und des Übersprechabgleichs ebenfalls durchgeführt werden. Im Gegensatz zur gekrümmten Fahrbahn muss bei der ebenen Fahrbahn die Radaufhängung nicht, wie in *Abb. 2.1.2/6* dargestellt, exakt zu einer Trommelachse positioniert sein. Es ist allerdings in diesem Fall erforderlich, die Radlastmessrichtung genau senkrecht zur Fahrbahnebene auszurichten, um vergleichbare Fehler wie bei den Trommelmessungen zu vermeiden.

2.2 Prüfstandsrahmen mit Außentrommeln und ebener Fahrbahn

Mit der beschriebenen Radaufhängung ist eine wichtige Voraussetzung gegeben, um Rollwiderstandsmessungen sowie Cornering-Stiffness- und Aligning-Stiffness-Messungen auf verschieden gekrümmten Fahrbahnoberflächen durchführen zu können. Eine weitere Voraussetzung für die Durchführung der Messungen stellt die Bereitstellung von verschieden gekrümmten Fahrbahnoberflächen dar. Während die zwei unterschiedlich großen Außentrommeln bereits als Prüffahrbahnen zur Verfügung standen [Eck1], erfolgte die Erweiterung der Prüfeinrichtung um die ebene Fahrbahn zum Flachbahn-Außentrommel-Prüfstand im Rahmen der vorliegenden Arbeit.

2.2.1 Gesamtaufbau

Der Flachbahn-Außentrommel-Prüfstand besteht im Wesentlichen aus dem Grundrahmen (1), an dem die beiden Trommeln (2) und (3) über Stehlagergehäuse (4) gelagert sind (siehe *Abb. 2.2.1/1*). Die linke Trommel (2) weist einen Außendurchmesser von 2,0 m auf und entspricht damit den in Europa üblichen Prüftrommeln. Die rechte Trommel (3) hat mit einem Durchmesser von 1,71 m genau diejenigen Abmessungen, die in Nordamerika weit verbreitet sind. Um die Prüftrommeln anzutreiben, ist hinter ihnen jeweils koaxial ein Elektromotor mit 110 kW Leistung angeordnet.

Abb. 2.2.1/1:   Ansicht des Flachbahn-Außentrommel-Prüfstands.

Die ebene Fahrbahn wird durch ein Stahlband (5) dargestellt, welches um beide Trommeln gespannt wird. Zu diesem Zweck ist die rechte Trommel als Spanntrommel ausgeführt, so dass das Stahlband über den Spannmechanismus (6) mit einer Kraft von 100 kN vorgespannt werden kann. Im oberen Bereich wird das Stahlband zwischen den beiden Trommeln durch ein wassergeschmiertes Flächenlager (7) unterstützt, so dass Radlasten bis 10 kN gefahren werden können. Um einen Austritt von Schmierwasser aus dem Flächenlager zu verhindern, wird mit einem Gebläse über den

Absaugschlauch (8) im Flächenlager ein Unterdruck erzeugt. Des Weiteren sind zwei Hydraulikmotoren (9) angeflanscht, die zum Antrieb des Flächenlagers dienen und deren Funktion in *Abschnitt 2.2.2* näher erläutert wird. Die axiale Führung des Stahlbandes erfolgt bei dem Prüfstand nicht durch aktive Systeme, sondern durch passive Maßnahmen. Zur Stahlbandführung sind die beiden großen Trommeln im mittleren Bereich zylindrisch, im Randbereich dagegen leicht ballig ausgeführt, d.h. der Trommelradius ist im Randbereich gegenüber dem mittleren Bereich um 0,5 mm zurückgenommen.

Um auf den drei unterschiedlich gekrümmten Fahrbahnen Messungen durchzuführen, kann die Radaufhängung, die hinter dem Rad (10) angeordnet ist, auf dem Portal (11) seitlich verschoben und über der jeweiligen Prüffahrbahn fixiert werden. Für Messungen auf den Außentrommeln muss das Stahlband abgenommen werden, da ansonsten unter der halben Reifenaufstandsfläche annähernd eine Ebene vorliegen würde. Die wichtigsten Daten des Flachbahn-Außentrommel-Prüfstands sind in *Tab. 2.2.1/1* zusammengefasst.

Tab. 2.2.1/1:   Technische Daten des Flachbahn-Außentrommel-Prüfstands.

Durchmesser der Prüftrommeln		2000 mm
		1710 mm
Breite	- der Prüftrommeln	350 mm
	- der ebenen Fahrbahn	310 mm
Höchstgeschwindigkeit	- auf den Trommeln	300 km/h
	- auf der ebenen Fahrbahn	250 km/h
Antriebsleistung	- je Prüftrommel	110 kW
	- für Messungen auf der ebenen Fahrbahn	175 kW

2.2.2   Flächenlager

Das Flächenlager unterstützt das Stahlband im Bereich der Reifenaufstandsfläche und sorgt dafür, dass sich das Band bei Radlasten bis zu 10 kN nicht durchbiegt. Es ist als hydrodynamisches Lager ausgeführt, wobei Wasser als Schmiermittel eingesetzt wird.

Um zu verhindern, dass Wasser zwischen das Stahlband und die Prüftrommeln gelangt, ist das Flächenlager komplett gekapselt. Dies hat den Vorteil, dass immer optimale Kraftschlussverhältnisse zwischen Stahlband und Trommeln bereitgestellt werden und dass die seitliche Führung des Bandes unproblematisch ist. Bei einem ungekapselten Flächenlager müsste man bei hohen Geschwindigkeiten mit einem „Aufschwimmen" des Stahlbandes auf den Trommeln rechnen, so dass eine sichere passive Führung über die Trommeln nicht mehr gewährleistet wäre. Die Kapselung des Flächenlagers wird durch einen Kunststoffriemen (1) erreicht (siehe *Abb. 2.2.2/1*), der innerhalb der Flächenlagereinheit um zwei kleine Trommeln (2) umläuft und die gleiche Umfangsgeschwindigkeit wie das Stahlband hat. Der Wasserschmierfilm wird also zwischen dem Kunststoffriemen und der feststehenden Gleitplatte (3) des Flächenlagers aufgebaut, so dass das Stahlband mit dem Schmierwasser nicht in Berührung kommt.

Bedingt durch die große Fläche der Gleitplatte und die großen Gleitgeschwindigkeiten zwischen Kunststoffriemen und Gleitplatte (bis ca. 70 m/s) ergeben sich Antriebskräfte, die bei abgehobenem Rad oder bei kleinen Radlasten nicht durch Kraftschluss vom Stahlband auf den Kunststoffriemen zu übertragen wären. Daher werden beide kleinen Trommeln durch kompakte Hydraulikmotoren (in der Gesamtansicht des Flachbahn-Außentrommel-Prüfstands (*Abb. 2.2.1/1*) mit (9) bezeichnet) angetrieben. Um gänzlich Längsschlupf zwischen Stahlband und Kunststoffriemen auszuschließen, wurde eine Regelung aufgebaut, die die Umfangskraft zwischen Stahlband und Kunststoffriemen mit Hilfe der Hydraulikmotoren zu null regelt. Für diese Regelung war es erforderlich, die auf das Flächenlager wirkende Umfangskraft zu bestimmen. Zu diesem Zweck kann die Längskraft zwischen der kompletten Flächenlagereinheit und dem Prüfstandsrahmen durch eine Kraftmesseinrichtung (4, 5) erfasst werden. Diese Messgröße wird als Eingangssignal für den Antriebsregler verwendet, der den Volumenstrom der Hydraulikpumpe einstellt, die wiederum die Hydraulikmotoren am Flächenlager mit Drucköl versorgt. Somit konnte schließlich eine Regelung für die Umfangskraft zwischen Stahlband und Kunststoffriemen realisiert werden.

Über die beschriebenen Komponenten ist die Längsführung des Kunststoffriemens sicher gestellt. Für die Führung des Kunststoffriemens in Querrichtung wurde ebenfalls ein aktives System gewählt, da Vorversuche zeigten, dass der Wasserfilm zwischen Riemen und den kleinen Umlenktrommeln bei hohen Geschwindigkeiten einen stabilen Bandlauf durch passive Systeme unmöglich macht.

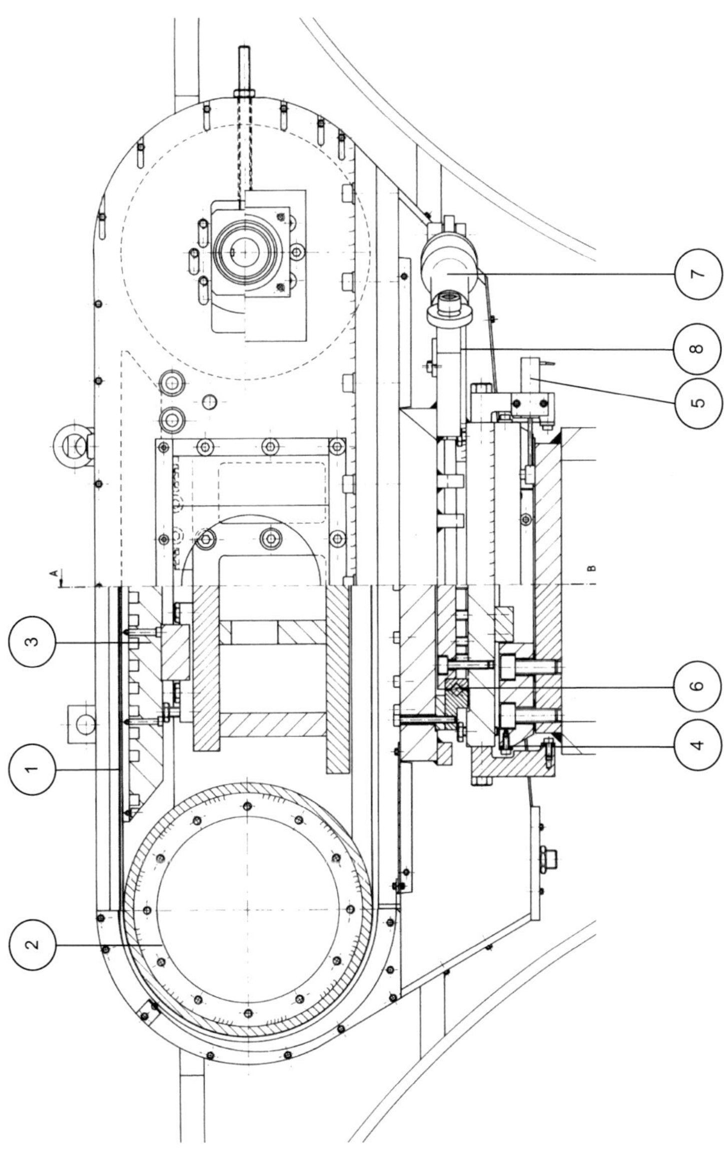

Abb. 2.2.2/1: Schnitt durch die Flächenlagereinheit.

Bei dem aufgebauten aktiven System wird durch Schwenken der kompletten Flächenlagereinheit zwischen Stahlband und Kunststoffband ein Schräglaufwinkel erzeugt. Dieser Schräglaufwinkel verursacht wiederum Seitenführungskräfte, mit denen der Riemen in axialer Richtung geführt werden kann. Zu diesem Zweck ist die komplette Lagereinheit über ein Drehlager (6) um die Hochachse schwenkbar aufgebaut. Die Einstellung des Schwenkwinkels erfolgt über einen Hydraulikzylinder (7), die Messung des Schwenkwinkels über einen parallel angeordneten Wegaufnehmer (8). Um den Riemenlage-Regelkreis zu komplettieren, ist des Weiteren die Messung der Riemenposition quer zur Fahrtrichtung erforderlich, was über so genannte Riemenlagegeber bewerkstelligt wird.

Da bei einem Reglerausfall der Kunststoffriemen in Querrichtung weglaufen und sich möglicherweise verklemmen würde, des Weiteren das Stahlband mit der Gleitplatte direkt in Berührung kommen könnte und eventuell auf dem verklemmten Kunststoffriemen schleifen würde, wären größere Schäden bei einem Versagen des Reglers zu befürchten. Somit ist ein Ausfall des Reglers unbedingt zu vermeiden, was durch den Aufbau redundanter Systeme erreicht wurde. So sind z.B. die Riemenlagegeber dreifach ausgeführt, wodurch der Ausfall eines Gebers detektiert werden kann. Außerdem ist der Riemenlageregler redundant aufgebaut. Erkennt die Überwachungslogik einen Defekt, wird auf den parallel mitlaufenden intakten Regler umgeschaltet. Darüber hinaus besitzt der Prüfstand ein Notabschaltsystem, bei dessen Aktivierung das Rad von der Prüffahrbahn abgehoben wird und die Trommeln mit großen Scheibenbremsen bis zum Stillstand abgebremst werden. Dieses System wird unter anderem dann ausgelöst, wenn die Position des Kunststoffriemens, quer zur Fahrtrichtung gemessen, unzulässige Werte annimmt, das Schmierwasser ausfällt, das Absauggebläse nicht arbeitet, das Stahlband an den Trommelrand läuft, der Hydraulikdruck zusammenbricht, die Spannungsversorgung ausfällt oder wenn das Notabschaltsystem von Hand aktiviert wird.

Die Tragfähigkeit des hydrodynamischen Flächenlagers basiert auf dem Prinzip des konvergierenden Schmierspalts s_h, der sich unter Radlast zwischen dem umlaufenden Kunststoffriemen K (mit dem darüber angeordneten Stahlband) und der stehenden Gleitlagerplatte G einstellt (siehe *Abb. 2.2.2/2*). Durch den konvergierenden Schmierspalt ist der Abstand zwischen Stahlband und Gleitplatte vor dem Reifen um den Betrag Δh größer als hinter dem Reifen, so dass sich prinzipbedingt eine geringe Schrägstellung der Fahrbahn ergibt. Auch wenn diese Schrägstellung lediglich im

Hundertstel- bis Zehntel-mm-Bereich liegt, muss sie bei Rollwiderstandsmessungen berücksichtigt werden (siehe *Abschnitt 3.3.4*).

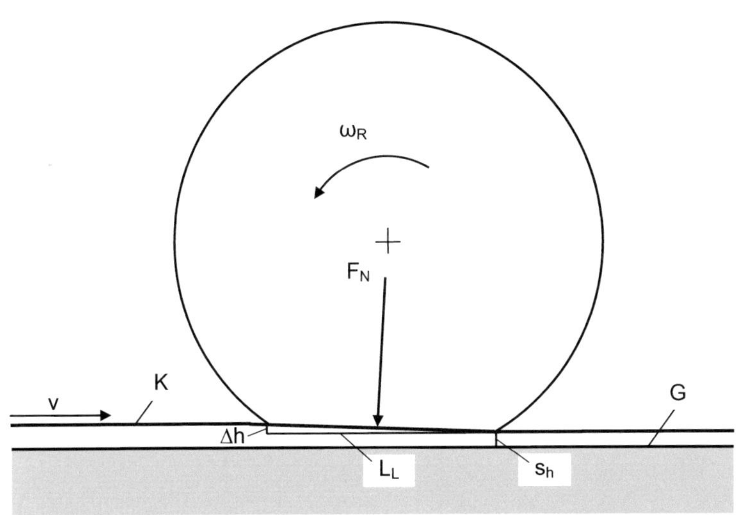

ω_R = Winkelgeschwindigkeit des Rades

F_N = Normalkraft (senkrecht zur Fahrbahn)

v = Geschwindigkeit der Fahrbahn

K = Kunststoffriemen (unter Stahlband)

L_L = Latschlänge

Δh = Änderung der Schmierspalthöhe

s_h = Schmierspalthöhe

G = Gleitplatte

Abb. 2.2.2/2:   Konvergierender Schmierspalt im Flächenlager unterhalb der Reifen-kontaktfläche.

Die Tragfähigkeit des hydrodynamischen Schmierfilms wurde auch messtechnisch überprüft, indem die Reibkraft zwischen Kunststoffriemen und Gleitplatte erfasst wurde. Der Verlauf der Reibkraft über der Gleitgeschwindigkeit wird in der Gleitla-gertechnik als Stribeck-Kurve bezeichnet und lässt Rückschlüsse auf die Tragfähig-keit des Schmierfilms zu [Lan1]. Für diese Messungen wurden die Hydraulikmoto-ren (9) (*Abb. 2.2.1/1*) abgekoppelt, so dass der Antrieb des Kunststoffriemens ausschließlich über den Reibkontakt zum Stahlband erfolgte. Die Antriebskraft konnte nun über die Längskraft-Messeinrichtung (4, 5) (*Abb. 2.2.2/1*) gemessen werden. Diese Kraft entspricht wiederum der Reibkraft zwischen Gleitplatte und Kunststoffriemen, da die Reibung in den Lagerungen der kleinen Trommeln (Wälzlager) für diese Untersuchungen vernachlässigt werden kann. Das Ergebnis dieser Umfangskraftmessung ist in *Abb. 2.2.2/3* dargestellt. Variiert wurde die Radlast des Versuchsreifens.

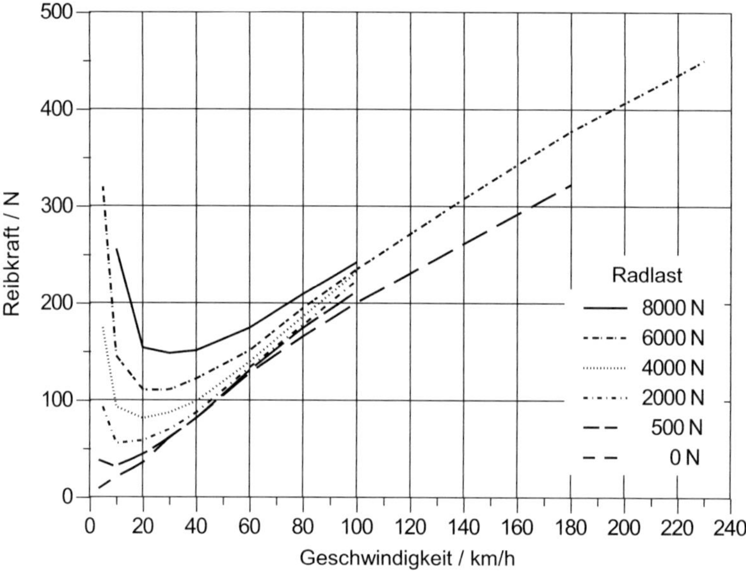

Abb. 2.2.2/3:   Am Flächenlager gemessene Reibkräfte in Abhängigkeit von der Fahrgeschwindigkeit.

Die Form der Kurven entspricht genau dem Verlauf, wie er in der Literatur für tragfähige Gleitlager angegeben wird. Bei Geschwindigkeiten unter 10 km/h befindet sich das Lager für jede Radlast allerdings noch im Mischreibungsgebiet, so dass die gemessenen Kräfte recht hohe Werte annehmen. Wie man es von der Festkörperreibung her kennt, nimmt die Reibkraft in diesem Bereich mit zunehmender Normalkraft F_Z zu.

Ausgehend von Geschwindigkeiten im Schritttempobereich nimmt die Reibkraft mit ansteigender Geschwindigkeit zunächst stark ab, da im Flächenlager vermehrt Flüssigkeitsreibung auftritt. Schließlich erreichen die Kurven radlastabhängig ein Minimum, das zwischen 10 km/h (bei $F_Z = 500$ N) und 30 km/h (bei $F_Z = 8000$ N) liegt. Dieser charakteristische Punkt wird in der Gleitlagertechnik als Ausklinkpunkt bezeichnet und gibt an, ab welcher Geschwindigkeit reine Flüssigkeitsreibung vorliegt. Es ist einleuchtend, dass bei größeren Normalkräften höhere Geschwindigkeiten benötigt werden, um einen vollständigen hydrodynamischen Schmierfilm aufzubauen. Man kann somit festhalten, dass das Flächenlager ab etwa 30 km/h auch bei hohen Belastungen im hydrodynamischen Betrieb arbeitet.

Ab dem Ausklinkpunkt liegt dann reine Flüssigkeitsreibung vor, die durch die Scherkräfte im Wasser verursacht wird. Die Scherkräfte sind dann proportional zu den Schubspannungen τ, die sich gemäß

$$\tau = \eta \cdot \frac{v}{s_h} \qquad [2.5]$$

berechnen lassen. In der Formel ist η die effektive dynamische Viskosität des Wassers, v die Fahrgeschwindigkeit entsprechend der Gleitgeschwindigkeit des Riemens und s_h die Schmierspalthöhe. Damit lässt sich erklären, dass die Reibkräfte hinter dem Ausklinkpunkt wieder deutlich zunehmen, da die Scherkräfte mit wachsender Geschwindigkeit ansteigen. Wie in *Abb. 2.2.2/3* zu erkennen, ist der Radlasteinfluss im Flüssigkeitsreibungsgebiet geringer als im Mischreibungsgebiet. Er ist aber dennoch deutlich vorhanden, da mit zunehmender Radlast die Schmierspalthöhe s_h abnimmt. Dies führt wiederum gemäß oben genannter Formel zu einer Erhöhung der Scherkräfte, was sich als Anstieg der Reibkräfte bemerkbar macht.

Wie bereits erwähnt, liegt ab etwa 30 km/h reine Flüssigkeitsreibung vor, so dass ab dieser Geschwindigkeit auch bei großen Radlasten nicht mit nennenswertem Verschleiß gerechnet werden muss. Aber auch im unteren Geschwindigkeitsbereich, also im Mischreibungsgebiet, ist ein Betrieb des Flächenlagers möglich, da der Kunststoffriemen auf der Innenseite mit einer gleitfähigen und gleichzeitig verschleißfesten Deckschicht versehen ist.

3 Einfluss der Fahrbahnkrümmung auf den Rollwiderstand

3.1 Theoretische Grundlagen

Bevor der Einfluss der Fahrbahnkrümmung auf den Rollwiderstand analysiert wird, soll zunächst dargestellt werden, aus welchen Anteilen sich der Rollwiderstand zusammensetzt. Gemäß Gnadler [Gna4] lässt sich der Rollwiderstand von Fahrzeugreifen F_R in die Anteile Walkwiderstand F_W und Luftwiderstand F_L aufteilen:

$$F_R = F_W + F_L \qquad [3.1]$$

Der Walkwiderstand F_W entsteht durch Verformung des Reifens beim Durchlaufen der Aufstandsfläche. Er beinhaltet auch diejenigen Widerstandsanteile, die durch örtliche Gleitungen im Latsch (Örtliche Längs- und Quergleitungen) hervorgerufen werden, die in der Summe, über die gesamte Aufstandsfläche betrachtet, aber keinen Reifenschlupf verursachen. Reifenseitig wird die Größe des Walkwiderstandes entscheidend durch die Eigenschaften der verwendeten Gummimischung beeinflusst. Wichtige Größen zur Beschreibung der Gummieigenschaften sind der Speichermodul G' und der Verlustmodul G''. Der Speichermodul G' ist ein Maß für die während einer zyklischen Deformation gespeicherte elastische Energie und beschreibt somit die elastischen Eigenschaften der Gummimischung. Der Verlustmodul G'' ist dagegen ein Maß für die dissipierte Energie [Hei1, Hei3, Hei4]. Der Verlustfaktor tan δ ist als das Verhältnis zwischen G'' und G' definiert:

$$\tan\delta = \frac{G''}{G'} \qquad [3.2]$$

mit $\qquad\qquad$ δ = Verlustwinkel

Die Größe der Gummidämpfung kann somit über den Verlustmodul G'' oder auch über den Verlustfaktor tan δ bestimmt werden. Der Verlustmodul G'', der Verlustfaktor tan δ und der Walkwiderstand des Reifens F_W stehen also in einem engen Zusammenhang.

Der Luftwiderstand F_L entsteht durch den Strömungswiderstand des bewegten Rades und wird beim realen Fahrzeug zum einen durch die Radrotation, zum anderen durch die translatorische Radbewegung hervorgerufen. Da am Prüfstand nicht das Rad, sondern die Fahrbahn translatorisch bewegt wird, ist hier der translatorische Anteil vernachlässigbar klein. Dies konnte durch Messungen der Luftgeschwindigkeit mit einem Prandtl'schen Staurohr bestätigt werden. Hierbei zeigte sich, dass sowohl das Stahlband als auch die Außentrommeln die Umgebungsluft in einer nur sehr kleinen Grenzschicht mitbewegen. Daher wird im Rahmen der vorliegenden Arbeit lediglich der rotatorische Anteil berücksichtigt, der nicht vernachlässigbar ist und im Folgenden als Lüfterwiderstand $F_{Lü}$ bezeichnet wird.

Da die Fahrbahnkrümmung zwar einen Einfluss auf den Walkwiderstand, jedoch nicht auf den Lüfterwiderstand des Reifens hat, wäre es an sich ausreichend, nur den Walkwiderstand zu untersuchen. Im Gegensatz zum vorliegenden Prüfstand wird bei den üblichen Rollwiderstandsprüfständen allerdings nur der gesamte Rollwiderstand gemessen, d.h. die Anteile der Einzelwiderstände am gesamten Rollwiderstand sind im Allgemeinen nicht genau bekannt. Außerdem hat der Lüfterwiderstand auch beim realen Fahrbetrieb keinen vernachlässigbaren Anteil. Daher wurde bei den durchgeführten Untersuchungen zusätzlich zum Walkwiderstand F_W auch der Lüfterwiderstand $F_{Lü}$ getrennt erfasst, um den gesamten Rollwiderstand F_R bestimmen zu können. Messtechnisch wird hierbei so vorgegangen, dass zunächst das Lüftermoment $M_{Lü}$ gemessen wird (siehe *Abschnitt 3.3.1*). Zur Berechnung des zugehörigen Lüfterwiderstands $F_{Lü}$ wird auf die Modellvorstellung von Ammon [Amm1] zurückgegriffen, wonach der Reifen als eine Art Übersetzungsgetriebe aufgefasst werden kann, da durch den Reifengürtel ein annähernd undehnbarer Umfang vorgegeben ist – ähnlich einer Panzerkette. Es kann daher vereinfacht angenommen werden, dass bei einer Umdrehung des Rades stets die Strecke $2 \cdot \pi \cdot r_{dyn}$ gegenüber der Unterlage abgewickelt wird, unabhängig von der Einfederung des Reifens. Diese Zusammenhänge sind in *Abb. 3.1/1* veranschaulicht. Der (annähernd) undehnbare Reifengürtel läuft einerseits auf einer starren Radscheibe (oben) und andererseits auf der Fahrbahn (unten) ab. Die radiale Reifenverformung kann über die Position zweier Führungsrollen eingestellt werden.

Der zugehörige Lüfterwiderstand $F_{Lü}$ wird somit aus dem Lüftermoment $M_{Lü}$ nicht mit dem geometrischen Abstand a_R zwischen Radachse und Fahrbahn, sondern mit dem dynamischen Reifenrollradius r_{dyn} gemäß

$$F_{Lü} = \frac{M_{Lü}}{r_{dyn}} \tag{3.3}$$

berechnet. Der dynamische Reifenrollradius r_{dyn} kann wiederum aus

$$r_{dyn} = v/\omega_R \qquad\qquad [3.4]$$

mit $\qquad\qquad v = $ Fahrgeschwindigkeit

$\qquad\qquad \omega_R = $ Winkelgeschwindigkeit des schlupffreien Rades

bestimmt werden.

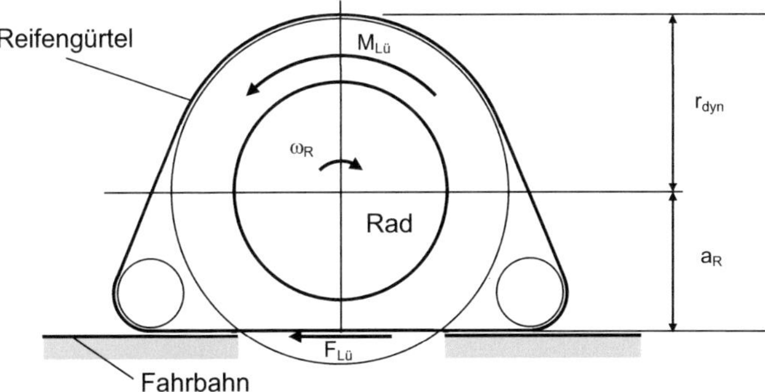

Abb. 3.1/1:   Kinematisches Modell für den rollenden Reifen [Amm1].

Durch die Berücksichtigung des Walkwiderstandes F_W und des Lüfterwiderstandes $F_{Lü}$ ist die Vergleichbarkeit mit den Ergebnissen anderer Prüfstände gewährleistet und außerdem ist eine bessere Übertragbarkeit der Ergebnisse auf die reale Straßenfahrt gegeben.

Wie in *Abschnitt 1* erwähnt, existieren bereits Untersuchungen zur Fragestellung, wie Rollwiderstandsmessergebnisse von der Trommel auf die Ebene übertragen werden können. Grundlage für entsprechende Betrachtungen ist die Tatsache, dass ein Reifen auf einer Außentrommel stärker einfedert als auf einer ebenen Fahrbahn. Im Rahmen der Arbeit konnte durch Anfertigen von Reifenabdrücken außerdem nachgewiesen werden, dass sich auf der Trommel eine kürzere Latschlänge ausbildet, wenn die gleiche Radlast wie auf der Ebene eingestellt wird. Durch die stärkere Einfederung werden die Gummielemente beim Durchlauf durch den Latsch stärker deformiert. Dadurch entstehen zum einen größere Verformungswege zum anderen, begünstigt durch die kürzere Latschlänge, auch höhere Verformungsgeschwindigkeiten, was schließlich zu größeren Rollwiderständen führt.

Einer der ersten Vorschläge, den Trommelkrümmungseinfluss zu kompensieren, bestand darin, die Einfederung des Reifens im Stillstand auf der Ebene unter einer vorgegebenen Radlast zu messen und danach, ebenfalls im Stillstand, auf der Trommel die entsprechende „äquivalente Trommel-Last" für genau diese Einsenkung zu ermitteln. Die anschließend mit dieser „äquivalenten Trommel-Last" durchgeführten Rollwiderstandsmessungen sollten dann gemäß Turley [Tur1] die gleichen Ergebnisse wie Messungen auf der Ebene hervorbringen. Gusakov, Schuring und Kunkel [Gus1] haben allerdings nachgewiesen, dass mit dieser Methode keine guten Resultate zu erzielen sind. Sie zeigten durch Vergleichsmessungen auf verschiedenen Prüfständen, dass mit dieser Methode bis zu 19 % höhere Rollwiderstände als auf der Ebene gemessen werden, teilweise ermittelten sie jedoch auch bis zu 7 % niedrigere Werte. Eine genaue Interpretation dieser stark differierenden Ergebnisse ist allerdings kaum möglich, da hierbei die Problematik der Vergleichbarkeit verschiedener Prüfstände zu beachten ist, worauf in *Abschnitt 1.1.1* bereits eingegangen wurde.

Mit Hilfe von *Abb. 3.1/2* kann erklärt werden, dass die in [Tur1] vorgeschlagene Vorgehensweise aufgrund grundsätzlicher Unterschiede zwischen den Kontaktbedingungen auf der Trommel und denen auf der Ebene nicht zu korrekten Ergebnissen führen kann.

In der Abbildung sind die Verläufe des Vertikalweges z (örtliche Einfederung) und der Vertikalgeschwindigkeit $\dot{z}$ (Einfederungsgeschwindigkeit) der Gummielemente über dem Weg bzw. über der Zeit vereinfacht dargestellt. Die Kurvenverläufe wurden gemäß einem vereinfachten Modell ermittelt, indem die kreisbogenförmige Außenkontur des Reifens mit dem Kreisbogen der Trommel bzw. mit der Geraden der Ebene geschnitten wurde. Der Vertikalweg z auf der Ebene ergibt sich bei dieser Modellvorstellung, indem der Abstand zwischen dem Kreisbogen des unverformten Reifens und der ebenen Fahrbahn bestimmt wird. Der Abstand wird hierbei senkrecht zur Fahrbahnoberfläche berechnet. Auf der Trommel wird der Vertikalweg z analog bestimmt, d.h. die Vertikalwegberechnung erfolgt bezogen auf die vertikale Richtung, die sich an einer Parallelen zur Verbindungsgeraden zwischen Raddrehachse und Trommeldrehachse orientiert.

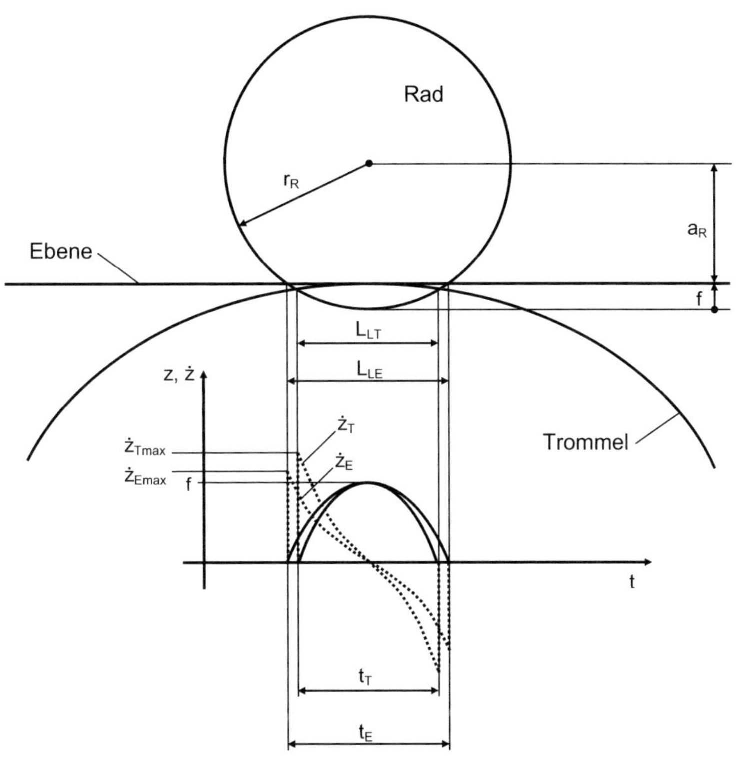

r_R	=	Radius des unbelasteten Reifens	a_R	= Abstand Radachse – Fahrbahn
z	=	Momentaner Einfederweg eines Gummielementes	f	– Maximale Einfederung
$\dot{z}_T$	=	Einfedergeschwindigkeit auf der Trommel	$\dot{z}_E$	= Einfedergeschwindigkeit auf der Ebene
L_{LT}	=	Latschlänge auf Trommel	t_T	= Kontaktzeit auf der Trommel
L_{LE}	=	Latschlänge auf Ebene	t_E	= Kontaktzeit auf der Ebene

Abb. 3.1/2:   Verhältnisse in der Reifenaufstandsfläche bei Vorgabe der gleichen Einfederung auf einer Außentrommel und der Ebene (idealisierte Darstellung).

Die Kontaktzeit zwischen Gummielement und Fahrbahn ist bei konstanter Fahrgeschwindigkeit proportional zur Kontaktlänge L_{LT} auf der Trommel bzw. L_{LE} auf der Ebene. Bei der Trommel wurde hier vereinfacht die projizierte Kontaktlänge ermittelt, indem die bogenförmige Kontaktfläche auf eine Ebene projiziert wurde (Sekante). Der Unterschied zwischen der Bogenlänge und der Länge der Sekanten ist hierbei vernachlässigbar klein und beträgt weniger als 0,3 % (auf einer 2,0-m-Trommel bei 0,25 m Latschlänge). Die Vertikalgeschwindigkeit $\dot{z}$ kann nun aus der zeitlichen Ableitung des Vertikalweges z berechnet werden.

Durch die hier beschriebene vereinfachte Modellannahme ergibt sich am Anfang und am Ende des Latsches jeweils ein Knick in der Außenkontur des Reifens, woraus wiederum an diesen Stellen ein Geschwindigkeitssprung in $\dot{z}$ resultiert. In der Realität wird sich aufgrund der Biegesteifigkeit des Reifengürtels kein derart ausgeprägter Geschwindigkeitssprung einstellen, was aber für die hier durchgeführten prinzipiellen Betrachtungen vernachlässigt werden kann.

Wird auf der Außentrommel, wie in [Tur1] vorgeschlagen, die gleiche Einfederung f wie auf der Ebene eingestellt, wird sich dort eine Latschlänge L_{LT} ergeben, die kürzer ist als die Latschlänge L_{LE} auf der Ebene. Bei gleicher Fahrgeschwindigkeit wird daher die Kontaktzeit t_T auf der Außentrommel kürzer sein als die Kontaktzeit t_E auf der Ebene. Daraus folgt, dass die maximale Einfedergeschwindigkeit $\dot{z}_{Tmax}$ auf der Trommel größer sein wird als die maximale Einfedergeschwindigkeit $\dot{z}_{Emax}$ auf der Ebene, da die Gummielemente den gleichen Einfederungsweg f innerhalb einer kürzeren Zeit zurücklegen müssen. Diese Zusammenhänge sind in der vereinfachten Darstellung in *Abb. 3.1/2* deutlich zu erkennen. Dieses anschauliche Ergebnis lässt sich auch aus folgender Formel ableiten, da sich die Einfederung f aus der Integration der Vertikalgeschwindigkeiten $\dot{z}$ ergibt:

$$f = \int_{0}^{t_T/2} \dot{z}_T dt = \int_{0}^{t_E/2} \dot{z}_E dt \qquad [3.5]$$

Es ist ersichtlich, dass sich bei einer kürzeren Kontaktzeit t_T auf der Außentrommel nur dann die gleiche Einfederung f wie auf der Ebene einstellen kann, wenn die vertikalen Einfedergeschwindigkeiten auf der Trommel $\dot{z}_T$ größer sind als die auf der Ebene $\dot{z}_E$. Diese qualitative Aussage lässt sich bestätigen, wenn die in *Abb. 3.1/2* dargestellten Zusammenhänge formelmäßig ausgewertet werden. Setzt man für die

Betrachtung der Latschmitte die Zeit t = 0, ergibt sich für die örtliche Einfederung z angenähert:

$$z = f - r_R \cdot \left(1 - \cos\left(\arcsin\frac{v \cdot t}{r_R}\right)\right) - R_T \cdot \left(1 - \cos\left(\arcsin\frac{v \cdot t}{R_T}\right)\right) \qquad [3.6]$$

worin

z = Vertikalweg (örtliche Einfederung) abhängig von t

r_R = Radius des unbelasteten Reifens

R_T = Trommelradius (Außentrommel positiv, Innentrommel negativ)

v = Fahrgeschwindigkeit

t = Zeit (t = 0 in Latschmitte)

f = Einfederung

In *Abb. 3.1/3* sind die Ergebnisse für z und ż quantitativ für realistische Randbedingungen dargestellt. Da die Verläufe der örtlichen Einfederung z jeweils einer Parabel ähnlich sind, stellen die Ableitungen ż annähernd Geraden dar. Genauer betrachtet erkennt man aber, dass die Kurven für ż doppelt gekrümmt sind und im Nulldurchgang einen Wendepunkt aufweisen.

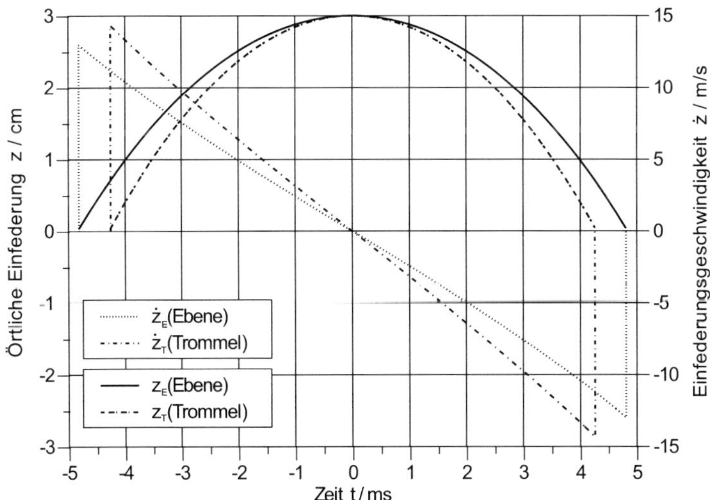

Abb. 3.1/3:   Verlauf der Einfederung z und der Einfederungsgeschwindigkeit ż in Abhängigkeit von der Zeit für Messungen auf der Ebene und auf einer 2,0-m-Außentrommel. Reifenradius r_R = 300 mm, Einfederung f = 30 mm, Fahrgeschwindigkeit v = 28 m/s = 100 km/h.

Für die gezeigten Verhältnisse ist die maximale Einfederungsgeschwindigkeit bei gleicher Einfederung f auf der Außentrommel 10,4 % größer als auf der ebenen Fahrbahn. Setzt man für eine qualitative Betrachtung unveränderte Gummidämpfungskonstanten auf Trommel und Ebene voraus, führen diese höheren Einfederungsgeschwindigkeiten zu größeren Dämpfungskräften im Gummi, da die Dämpfungskräfte geschwindigkeitsabhängig sind. Dies hat wiederum zur Folge, dass die Verlustarbeit A_V ansteigt, die an einem Gummielement beim Durchlauf durch den Latsch aufgebracht werden muss, da diese Verlustarbeit nicht nur vom Einfederweg, sondern auch von den Dämpfungskräften abhängt.

Die Verlustarbeit an einem Gummielement lässt sich wie folgt berechnen:

$$A_V = 2 \cdot \int_0^f (k_D \cdot \dot{z}) \, dz \qquad\qquad [3.7]$$

wobei $\qquad\qquad$ k_D = Dämpfungskonstante des Gummielements

$\qquad\qquad\qquad\quad$ $\dot{z}$ = Örtliche Einfedergeschwindigkeit

$\qquad\qquad\qquad\quad$ z = Örtliche Einfederung

Da sich bei unveränderten Dämpfungskonstanten die Dämpfungskräfte im Gummi proportional zu den Einfederungsgeschwindigkeiten verhalten, muss diese Verlustarbeit an einem Gummielement auf Außentrommeln größer sein als auf der Ebene (bei vorgegebener gleicher Einfederung f). Daraus folgt, dass der Rollwiderstand auf einer Außentrommel nicht die gleichen Werte annehmen wird wie auf der Ebene, auch wenn bei beiden Fahrbahnen die gleiche Einfederung f eingestellt wird. In der Praxis werden diese Unterschiede allerdings kleiner ausfallen, als man nach dieser Betrachtung vermuten würde. Da sich auf der Außentrommel aufgrund der unterschiedlichen Verlustarbeiten eine höhere Reifentemperatur einstellen wird als auf der Ebene, wird wiederum die Dämpfungskonstante k_D des Gummis auf der Trommel kleinere Werte annehmen, wodurch die oben beschriebenen Differenzen geringer ausfallen werden.

Mit dem vorgestellten Ansatz nach Turley sollte erreicht werden, dass sich auf Trommelprüfständen durch Anpassung der Einfederungen die gleichen Rollwiderstandswerte einstellen wie auf der ebenen Fahrbahn. Dabei wurde vorausgesetzt, dass die Einfederung auf der Ebene bekannt ist. In der Praxis ist es aber für einen Betreiber eines Außentrommelprüfstandes umständlich, vor den eigentlichen Messungen diese Bezugswerte auf der Ebene zu ermitteln. Außerdem kommt hinzu, dass sich die Einfederungswerte geschwindigkeitsabhängig verändern, so dass nicht davon ausgegangen werden darf, dass sich die Einfederverhältnisse im Stillstand einfach auf die Fahrt übertragen lassen. Daher wurde in der vorliegenden Arbeit eine andere Vorgehens-weise gewählt, die auch in den DIN-, ISO- und SAE-Standards angegeben ist [Din1, Iso1, Iso2, Sae1]. Die Rollwiderstände wurden im Rahmen der durchgeführten Unter-suchungen auf den unterschiedlich gekrümmten Fahrbahnoberflächen jeweils bei der gleichen Radlast gemessen, wodurch sich folglich auf den Außentrommeln größere Einfederungen und auch größere Rollwiderstandswerte ergaben als auf der Ebene. Diese Messergebnisse bei unterschiedlich gekrümmten Fahrbahnoberflächen, aber bei gleicher Radlast, wurden dann anschließend für die Ermittlung der Korrekturformeln in *Abschnitt 3.5* verwendet. Damit sollte ermöglicht werden, Rollwiderstandsmesser-gebnisse von der Trommel mit Hilfe dieser Korrekturformeln auf die Ebene umzu-rechnen, ohne dass bei der Durchführung der Trommelmessungen Radlasten oder Ein-federungen zu modifizieren sind. Bei dieser Vorgehensweise sind die Reifenbean-spruchungen auf der Trommel höher als bei den entsprechenden Messungen auf der Ebene, was zu höheren Reifentemperaturen bei den Trommelmessungen führt. Damit werden Reifen, deren Dämpfung besonders stark mit zunehmender Temperatur abfällt, einen geringeren Einfluss der Trommelkrümmung auf den Rollwiderstand zei-gen. Es ist davon auszugehen, dass eine exakte Korrektur der Ergebnisse dadurch schwieriger wird, da hierbei die Materialeigenschaften des Reifens eine Rolle spielen werden. Es bleibt aber zu prüfen, ob eine einfache Korrektur mit einer akzeptablen Genauigkeit auch ohne Kenntnis der Materialeigenschaften möglich ist (siehe *Abschnitt 3.5*).

Da das Verfahren mit der unveränderten Radlast in der Praxis wesentlich einfacher handzuhaben ist, wird trotz der genannten Schwierigkeiten im Folgenden darauf auf-gebaut. Somit können Radlastangaben in bestehenden Prüfvorschriften, wie z.B. ISO 18164 [Iso1] und ISO 28580 [Iso2], weiterhin beibehalten und sowohl für Messungen auf der Ebene als auch für Trommelmessungen verwendet werden.

Wie bereits in *Abschnitt 1.1.1* erwähnt, ist in den DIN-, ISO- und SAE-Standards [Din1, Iso1, Iso2, Sae1, Sae3] bereits ein Umrechnungsalgorithmus angegeben, um Rollwiderstände von einer Fahrbahnkrümmung auf die Ebene zu übertragen. Dieser Algorithmus beruht auf Überlegungen von Clark [Cla1] und Luchini [Luc1] und lautet wie folgt.

$$F_{RE} = F_{RT} \cdot \left(1 + \frac{r_R}{R_T}\right)^{-\frac{1}{2}}$$
[3.8]

mit $\qquad F_{RE}$ = Rollwiderstand auf der Ebene

$$F_{RT} = \text{Rollwiderstand auf der Trommel}$$
$$r_R = \text{Reifenradius des unbelasteten Reifens}$$
$$R_T = \text{Trommelradius (Innentrommel negativ)}$$

Wird die Formel erweitert, erhält man einen Ansatz, um den Rollwiderstand von einer Trommelkrümmung auf eine andere Trommelkrümmung umzurechnen. In dieser Form ist der Ansatz in DIN ISO 8767, ISO 18164 und ISO 28580 angegeben.

$$F_{RT1} \cdot \left(1+\frac{r_R}{R_{T1}}\right)^{-\frac{1}{2}} = F_{RT2} \cdot \left(1+\frac{r_R}{R_{T2}}\right)^{-\frac{1}{2}}$$

$$F_{RT2} = F_{RT1} \cdot \sqrt{\frac{1+\dfrac{r_R}{R_{T2}}}{1+\dfrac{r_R}{R_{T1}}}} = F_{RT1} \cdot \sqrt{\frac{\left(R_{T1}/R_{T2}\right)\cdot\left(R_{T2}+r_R\right)}{R_{T1}+r_R}} \qquad [3.9]$$

wobei $\quad F_{RT1} = \text{Rollwiderstand auf einer Trommel mit Radius } R_{T1}$

$\qquad\qquad F_{RT2} = \text{Rollwiderstand auf einer Trommel mit Radius } R_{T2}$

Die *Gleichung 3.8* wurde von Clark [Cla1] und Luchini [Luc1] auf theoretischem Wege hergeleitet. Die Herleitung wird im Folgenden nochmals wiedergegeben, diskutiert und modifiziert. Zur Bestimmung der Länge des Latsches auf der Trommel wird die Bogenlänge der Aufstandsfläche auf eine Ebene senkrecht zur Radlast projiziert (Sekante). Wie bereits erwähnt, ist der Unterschied zwischen der Bogenlänge und der Länge der Sekanten hierbei vernachlässigbar klein und beträgt weniger als 0,3 % (auf einer 2,0-m-Trommel bei 0,25 m Latschlänge). Zusätzlich zu dieser Vereinfachung setzt die Herleitung von Clark und Luchini folgende Annahmen voraus:

1. Die Reifenaufstandsfläche ist bei gleicher Radlast und gleichem Luftdruck auf unterschiedlich gekrümmten Fahrbahnen immer gleich groß.

2. Die Größe der Reifenaufstandsfläche ist exakt proportional zur Radlast und exakt umgekehrt proportional zum Reifenluftdruck.

3. Die Einfederung steigt linear mit der Radlast an.

4. Der Rollwiderstand nimmt linear mit der Einfederung zu, wobei eine Längenänderung der Aufstandsfläche keine Rolle spielt.

In der Praxis zeigt sich, dass durch diese Annahmen das Reifenverhalten aus folgenden Gründen nicht exakt wiedergegeben wird.

1. Durch Anfertigung von Reifenabdrücken konnte im Rahmen der Arbeit nachgewiesen werden, dass die Reifenaufstandsfläche bei gleicher Radlast und gleichem Luftdruck mit zunehmender Fahrbahnkrümmung (Außentrommeln) immer kürzer wird. Die Ursache für dieses Verhalten liegt in der Eigensteifigkeit (z.B. Gürtelsteifigkeit) des Reifens, wodurch ein Anschmiegen an gekrümmte Flächen behindert wird (siehe auch [Lin1]). Dieses Verhalten hat direkt Auswirkungen auf die Reifeneinfederung, die daher auf gekrümmten Flächen kleiner ist, als mit der einfachen Modellvorstellung ohne Reifeneigensteifigkeiten berechnet wird.

2. Die Größe der Reifenaufstandsfläche ist ebenfalls aufgrund der Reifeneigensteifigkeit nicht exakt proportional zur Radlast und nicht exakt umgekehrt proportional zum Reifenluftdruck.

3. Messungen im Stillstand und bei Fahrt zeigen, dass die Einfederung degressiv mit der Radlast ansteigt.

4. Wie bereits hergeleitet, beeinflusst nicht nur die Einfederung, sondern auch die Länge der Aufstandsfläche den Rollwiderstand. Wird bei gleicher Einfederung die Aufstandsfläche verkürzt, indem eine stärker gekrümmte Fahrbahnoberfläche verwendet wird, steigt der Rollwiderstand an.

Des Weiteren ist anzumerken, dass Clark und Luchini davon ausgehen, dass der Krümmungseinfluss auf den Rollwiderstand nicht von der Fahrgeschwindigkeit abhängt. Auch dieser Punkt muss überprüft werden, da sich die Einfederung bei gleicher Radlast geschwindigkeitsabhängig verändert, was wiederum zu einer Änderung des Krümmungseinflusses führen könnte.

Zusammenfassend kann festgehalten werden, dass davon auszugehen ist, dass *Gleichung 3.8* den Trommelkrümmungseinfluss auf den Rollwiderstand aufgrund von vereinfachenden Annahmen nicht exakt beschreibt. Die Punkte 2 und 3 spielen hierbei allerdings keine Rolle, wenn die verursachten Fehler auf Trommel und Ebene gleichermaßen auftreten und sich somit „herauskürzen". Besonders wichtig erscheint Punkt 1, da sich eine kleinere Einfederung als angenommen sehr deutlich in einem geringeren Rollwiderstand bemerkbar machen wird, auch wenn die in diesem Fall kürzere Reifenaufstandsfläche aufgrund der höheren Einfedergeschwindigkeiten diesen Effekt wieder teilweise kompensiert. Es wird aber erwartet, dass der mit *Gleichung 3.8* berechneter Krümmungseinfluss als Obergrenze zu sehen ist. Bei einem Reifenradius von $r_R = 0{,}3$ m und einem Trommelradius von $R_T = 1{,}0$ m lässt sich somit abschätzen, dass der Rollwiderstand auf der Trommel höchstens 14 % größer sein wird als auf der Ebene. Wie groß die tatsächliche Abweichung des Rollwiderstandes auf der Trommel ist, lässt sich allerdings nicht mit einer einfachen Rechnung abschätzen, da hierbei auch noch die höhere Reifentemperatur eine Rolle spielt, die sich auf der Außentrommel einstellen wird.

Da durch *Gleichung 3.8* aber zumindest die Tendenz des Krümmungseinflusses durchaus richtig wiedergegeben wird, erschien die Modellvorstellung von Clark und Luchini, auf die im Folgenden nochmals näher eingegangen wird, als Ausgangsbasis für die Entwicklung einer genaueren Korrekturformel durchaus als geeignet. Wie bereits erwähnt, wurde bei dieser vereinfachenden Modellvorstellung davon ausgegangen, dass die Kontaktlänge zwischen Reifen und Fahrbahn (Latschlänge) unabhängig von der Fahrbahnkrümmung immer gleich ist. Die entsprechenden Verhältnisse sind in *Abb. 3.1/4* dargestellt und sollen für die Herleitung der genaueren Korrekturformel analysiert werden. Demnach gilt für kleine Winkel θ_R und θ_T:

$$\theta_R = \frac{L_L}{2 \cdot r_R} \qquad [3.10]$$

und
$$\theta_T = \frac{L_L}{2 \cdot R_T} \qquad [3.11]$$

Die Einfederung auf der Trommel unter idealisierten Annahmen f_{Tid} lässt sich gemäß Clark [Cla1] und Luchini [Luc1] nach der Gleichung

$$f_{Tid} = f_E + \Delta f = r_R \cdot \left(1 - \cos\theta_R\right) + R_T \cdot \left(1 - \cos\theta_T\right) \qquad [3.12]$$

berechnen, wenn die gleiche Latschlänge auf der Trommel und der Ebene vorausgesetzt wird. Da sich aber bei den durchgeführten Messungen gezeigt hat, dass der Unterschied zwischen der Einfederung auf der Trommel und der Ebene Δf in der Realität kleiner ist, als mit *Gleichung 3.12* berechnet wird, soll an dieser Stelle eine Modifikation der Gleichung vorgenommen werden. Gegenüber der Formel nach Clark und Luchini wird daher ein neuer Korrekturfaktor e_{FR} eingefügt, mit dem die in der Realität festgestellten kleineren Unterschiede in der Einfederung Δf berücksichtigt werden können. Dadurch wird nicht mehr die idealisierte Einfederung f_{Tid}, sondern die tatsächliche Einfederung f_T auf der Trommel bestimmt:

$$f_T = f_E + e_{FR} \cdot \Delta f = r_R \cdot \left(1 - \cos\theta_R\right) + e_{FR} \cdot R_T \cdot \left(1 - \cos\theta_T\right) \qquad [3.13]$$

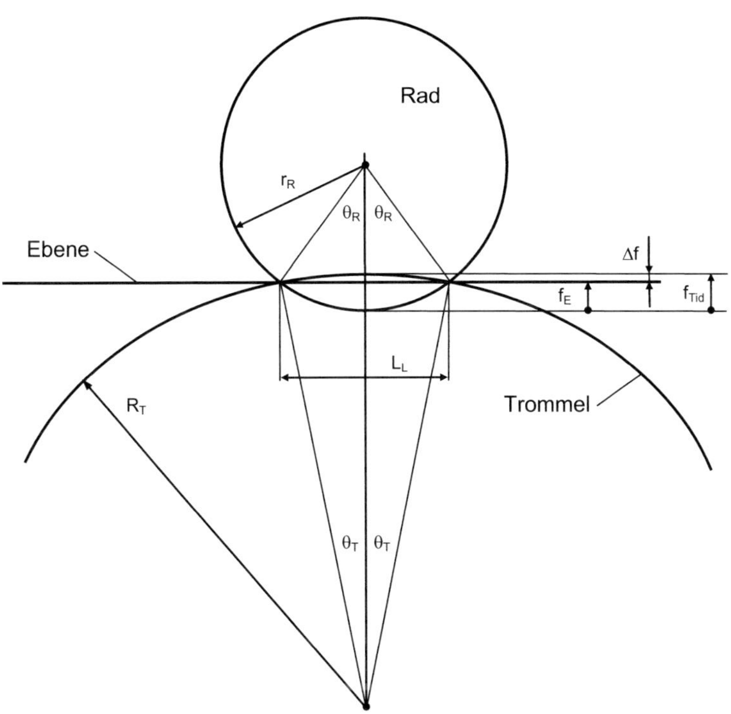

r_R	=	Radius des unbelasteten Reifens	L_L	=	Latschlänge

r_R = Radius des unbelasteten Reifens

R_T = Trommelradius

Δf = Differenz der Einfederungen auf Trommel und Ebene

f_{Tid} = Theoretische Einfederung auf der Trommel unter idealisierten Annahmen

L_L = Latschlänge

θ_R = Kontaktwinkel am Reifen

θ_T = Kontaktwinkel an der Trommel

f_E = Einfederung auf der Ebene

Abb. 3.1/4:   Verhältnisse in der Kontaktzone bei Annahme der gleichen Latschlänge bei einer Außentrommel und der Ebene.

Für kleine Winkel θ_R und θ_T kann *Gleichung 3.13* umgeformt werden:

$$f_T = r_R \cdot \frac{\theta_R^2}{2} + e_{FR} \cdot R_T \cdot \frac{\theta_T^2}{2} \qquad [3.14]$$

Durch Einsetzen der *Gleichungen 3.10* und *3.11* in *Gleichung 3.14* erhält man:

$$f_T = \frac{L_L^2}{8} \cdot \left(\frac{1}{r_R} + \frac{e_{FR}}{R_T} \right) \qquad [3.15]$$

Da *Gleichung 3.15* auch für die Ebene gültig ist, wenn R_T unendlich große Werte annimmt, kann die Einfederung auf der Trommel f_T durch die allgemeine Einfederung f ersetzt werden.

Löst man des Weiteren die *Gleichung 3.15* nach L_L auf, ergibt sich für die Kontaktlänge in Längsrichtung L_L:

$$L_L = 2 \cdot \sqrt{2 \cdot f} \cdot \left(\sqrt{\frac{1}{r_R} + \frac{e_{FR}}{R_T}} \right)^{-1} \qquad [3.16]$$

Ähnliche Überlegungen stellten Clark und Luchini in Querrichtung an, wobei in diesem Fall allerdings nicht zwischen Trommel und Ebene unterschieden werden muss, da beide Fahrbahnen in Querrichtung keine Krümmung aufweisen. Als Ergebnis erhalten sie für die Latschbreite L_B:

$$L_B = 2 \cdot \sqrt{2 \cdot f \cdot \frac{B}{b_{RB}}} \qquad [3.17]$$

In der Formel beschreibt B die Reifenbreite und b_{RB} stellt einen Faktor dar, der den Zusammenhang zwischen dem Reifen-Laufflächenradius in Querrichtung und der Reifenbreite angibt. Mit Hilfe der *Gleichungen 3.16* und *3.17* lässt sich schließlich die Größe der Aufstandsfläche A_L berechnen.

$$A_L = \kappa_f \cdot L_L \cdot L_B = \kappa_f \cdot 2 \cdot \sqrt{2 \cdot f} \cdot \left(\sqrt{\frac{1}{r_R} + \frac{e_{FR}}{R_T}} \right)^{-1} \cdot 2 \cdot \sqrt{2 \cdot f \cdot \frac{B}{b_{RB}}} \qquad [3.18]$$

Durch den Formfaktor κ_f wird berücksichtigt, dass die Reifenlatschfläche A_L in der Praxis keine Rechteckfläche darstellt. Für eine elliptische Aufstandsfläche gilt $\kappa_f = \pi/4$, für eine rechteckige Aufstandsfläche $\kappa_f = 1$. *Gleichung 3.18* lässt sich vereinfachen, indem ein Faktor κ eingeführt wird, der den Formfaktor κ_f, alle Zahlenfaktoren sowie $\sqrt{B/b_{RB}}$ zusammenfasst:

$$A_L = \kappa \cdot f \cdot \left(\sqrt{\frac{1}{r_R} + \frac{e_{FR}}{R_T}} \right)^{-1} \qquad [3.19]$$

Ersetzt man die Latschfläche A_L gemäß Clark und Luchini vereinfachend durch den Quotienten aus Radlast F_Z und Reifenluftdruck p

$$\frac{F_Z}{p} = A_L \qquad [3.20]$$

und löst *Gleichung 3.19* nach der Einfederung f auf, erhält man

$$f = \frac{1}{\kappa} \cdot \frac{F_Z}{p} \cdot \sqrt{\frac{1}{r_R} + \frac{e_{FR}}{R_T}} \qquad [3.21]$$

Mit der Vereinfachung nach Clark und Luchini, dass der Rollwiderstand F_R proportional zur Einfederung f ist, kann schließlich für das Verhältnis aus dem Rollwiderstand auf der Ebene F_{RE} und dem Rollwiderstand auf der Trommel F_{RT} folgende *Gleichung 3.22* angesetzt werden. Hierbei wird für die Ebene ein unendlich großer Trommelradius angenommen.

$$\frac{F_{RE}}{F_{RT}} = \frac{\sqrt{\dfrac{1}{r_R}}}{\sqrt{\dfrac{1}{r_R} + \dfrac{e_{FR}}{R_T}}} = \left(1 + e_{FR} \cdot \frac{r_R}{R_T} \right)^{-\frac{1}{2}} \qquad [3.22]$$

Gegenüber der Formel von Clark und Luchini (*Gleichung 3.8*), die auch in den DIN-, ISO- und SAE-Standards angegeben ist, wird also ein neuer Faktor e_{FR} eingeführt, der die Abweichungen des tatsächlichen Einfederungsverhaltens gegenüber den idealisierten Annahmen von Clark und Luchini berücksichtigen soll. Da die Bestimmung dieses Faktors auf der Grundlage von Rollwiderstandsmessungen erfolgen soll, werden durch ihn aber nicht nur die Auswirkungen durch Abweichungen im Einfederungsverhalten berücksichtigt. Dadurch dass e_{FR} kein konstanter, sondern ein reifen- und reifenparameterabhängiger Faktor sein wird (siehe *Abschnitt 3.5*), werden auch andere Auswirkungen infolge Abweichungen zwischen realem und idealisiertem Reifenverhalten, eventuell auch indirekt, in den Faktor einfließen. Allerdings werden nicht alle denkbaren Einflussgrößen Berücksichtigung finden können, da die Entwicklung einer relativ einfachen, handhabbaren Korrekturformel geplant ist und auch nur eine begrenzte Anzahl von Reifenmessungen zur Verfügung steht.

Eine erste Plausibilitätskontrolle zeigt, dass die Formel vom Ansatz her sinnvoll ist, da für einen unendlich großen Trommelradius R_T das Verhältnis $F_{RE}/F_{RT} = 1$ werden muss, was durch die Formel auch erfüllt wird.

Auf die experimentelle Bestimmung dieses Faktors e_{FR} auf der Grundlage umfangreicher Messungen wird in *Abschnitt 3.5* eingegangen.

3.2   Durchführung der Messungen

3.2.1   Messprogramm

Wie in *Abschnitt 3.1* dargestellt, wirken sich die Latschlänge und die Reifeneinfederung deutlich auf die Größe des Rollwiderstandes aus. Um eine allgemeingültige Formel für die Umrechnung von Trommel-Messergebnissen auf die Ebene ermitteln zu können, waren daher insbesondere die Parameter zu untersuchen, die diese beiden Größen beeinflussen. Zu diesen Parametern zählt der Reifenaufbau, was wiederum bedeutet, dass der Hersteller, die Geschwindigkeitsklasse, der Reifentyp (Sommer- oder Winterreifen) und die Profilhöhe variiert werden sollten. Weitere wichtige Parameter waren die Reifengröße, die Radlast und der Reifenluftdruck, die alle deutlich die Latschlänge und die Reifeneinfederung beeinflussen. Außerdem wurde im Messprogramm die Fahrgeschwindigkeit variiert, da dadurch die Einfedergeschwindigkeit verändert wird. Da bei allen Messungen auf konstante Radlast geregelt wurde, fanden auch Effekte Berücksichtigung, die dadurch entstehen, dass sich die Radnabe bei größeren Geschwindigkeiten hebt. Dieses Anheben der Radnabe beeinflusst ebenfalls die Einfederung und ist auch beim realen Fahrzeug zu beobachten.

Die für die Rollwiderstandsuntersuchungen ausgewählten Reifen, die von verschiedenen Herstellern stammen und sich sehr deutlich unterscheiden, sind in *Tab. 3.2.1/1* aufgelistet. Das zugehörige Messprogramm für die Versuche ist in *Tab. 3.2.1/2* dargestellt. Es lehnt sich an die Normbedingungen der DIN ISO 8767 (Verfahren zur Messung des Rollwiderstandes [Din1]) und der ISO 18164 [Iso1] bzw. ISO 28580 [Iso2] an, ist aber um zusätzliche Geschwindigkeits- und Radlastvarianten erweitert worden.

Tab. 3.2.1/1:   Untersuchte Reifen mit den zugehörigen Daten.

Reifen-Nr.	Her-steller	Reifengröße	Profiltiefe (Sommer-/Winterreifen)	Felge	100 % ETRTO-Last [N]	Reifen-radius [mm]
1	A	195/65 R 15 91H	8,0 mm (Sommer)	6,5 x 15	6033	316,7
2	A	225/50 R 16 92W	7,2 mm (Sommer)	7,0 x 16	6180	315,0
3	A	165/70 R 13 79T	4,1 mm (Sommer)	5,0 x 13	4287	277,9
4	B	175/70 R 13 82Q	3,0 mm (Winter)	5,5 x 13	4660	283,7
5	C	225/45 R 17 91Y	7,5 mm (Sommer)	8,0 x 17	6033	318,6
6	B	195/65 R 15 91T	6,3 mm (Winter)	6,0 x 15	6033	316,3

Tab. 3.2.1/2:   Messprogramm für die Rollwiderstandsmessungen.

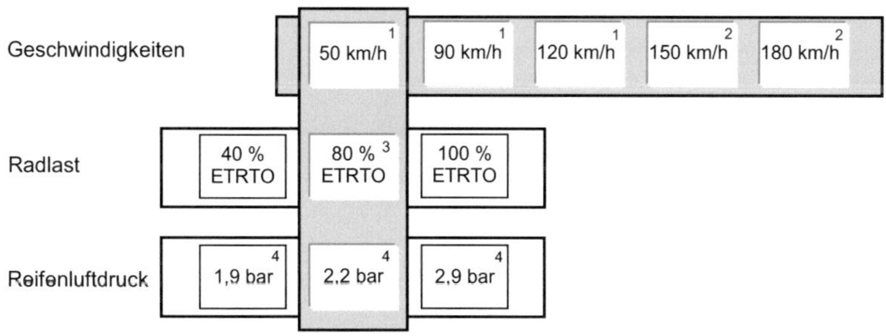

[1] = Norm-Prüfgeschwindigkeiten nach DIN ISO.

[2] = 150 km/h und 180 km/h nicht bei allen Radlast-Luftdruck-Kombinationen und nicht bei allen Reifen.

[3] = Norm-Prüflast nach DIN ISO.

[4] = Einstellung bei kaltem Reifen, Versuchsdurchführung bei freiem Druckaufbau. Messungen mit 1,9 bar und 2,9 bar erfolgten nur bei 80 % ETRTO-Last.

Die in *Tab. 3.2.1/2* grau hinterlegten Parameter wurden für die Untersuchungen als Standardbedingungen gewählt. Von diesen Bedingungen ausgehend wurde entweder die Radlast oder der Reifendruck variiert, wobei die beiden nicht veränderten Parameter jeweils auf die Standardwerte eingestellt waren.

Die Ermittlung des Rollwiderstandes erfolgte für jede Parameterkombination bei den in *Tab. 3.2.1/2* aufgeführten Geschwindigkeiten. Um die Reifen nicht zu überbeanspruchen, wurden die hohen Geschwindigkeiten (150 km/h und 180 km/h) nicht mit der 100 % ETRTO-Radlast und auch nicht mit dem niedrigen Luftdruck (1,9 bar) gefahren. Mit 100 % ETRTO-Last wird hierbei diejenige Radlast bezeichnet, die gemäß ETRTO Standards Manual [Etr1] bei 2,5 bar Luftdruck für den jeweiligen Reifen zulässig ist. Die Höchstgeschwindigkeit wurde ebenfalls mit Rücksicht auf die Beanspruchung bei den Q- und T-Reifen generell auf 150 km/h beschränkt. Die Vermeidung eines Reifendefektes war für die Durchführung der Versuche eine wichtige Voraussetzung, da die Messungen auf den verschiedenen Fahrbahnen nicht mit unterschiedlichen Exemplaren, sondern jeweils mit denselben Reifen durchgeführt wurden. Daher musste ein Reifenausfall in jedem Fall vermieden werden.

Wie bereits erwähnt, sollte mit dem beschriebenen Messprogramm ein Algorithmus entwickelt werden, um den Trommelkrümmungseinfluss auf den Rollwiderstand korrigieren zu können. Des Weiteren war geplant, nach der Herleitung dieses Korrekturverfahrens die Übertragbarkeit auf andere Reifen zu überprüfen. Daher wurde mit drei weiteren Reifen, die in *Tab. 3.2.1/3* aufgelistet sind und sich deutlich von den Reifen aus *Tab. 3.2.1/1* unterscheiden, ein weiteres, allerdings weniger aufwändiges Zusatzmessprogramm auf der 1,71-m-Trommel und der Flachbahn gefahren.

Tab. 3.2.1/3:   Reifen für Zusatzmessprogramm mit den zugehörigen Daten.

Reifen-Nr.	Her-steller	Reifengröße	Profiltiefe (Sommer-/ Winterreifen)	Felge	100 % ETRTO-Last [N]	Reifen-radius [mm]
7	D	215/45 R 18 89W	7,8 mm (Sommer)	8,0 x 18	5690	325,9
8	E	205/55 R 16 91T M+S	8,8 mm (Winter)	6,5 x 16	6033	316,6
9	F	205/55 R 16 91H RSC	8,1 mm (Sommer)	7,0 x 16	6033	315,9

Diese drei zusätzlichen Reifen weisen folgende Besonderheiten gegenüber den Reifen 1 bis 6 auf:

- Reifen 7 ist ein Reifen mit 18" Innendurchmesser
- Reifen 8 ist ein Winterreifen (M+S) mit vollem Profil (8,8 mm)
- Reifen 9 ist ein Runflat-Reifen mit verstärkter Seitenwand (RSC Runflat System Component)

Das Zusatzprogramm bestand aus zwei Radlast-Luftdruck-Kombinationen, die bei 50, 90 und 120 km/h gefahren wurden:

- 2,2 bar Reifenluftdruck (ungeregelt) bei 100 % ETRTO-Last und
- 2,9 bar Reifenluftdruck (ungeregelt) bei 80 % ETRTO-Last.

Zur Konditionierung wurden alle Reifen 1 bis 9 vor den eigentlichen Messungen gemäß DIN ISO mindestens eine Stunde mit 80-%-ETRTO-Radlast bei einer Geschwindigkeit von 80 km/h eingefahren. Nach der Prozedur zur Konditionierung, nach einer Reifenmontage und nach einer Versuchsdurchführung wurde der betreffende Reifen jeweils bei der Temperatur des folgenden Versuchs für 20 Stunden gelagert, bevor mit neuen Messungen begonnen wurde.

3.2.2 Messablauf

Alle Rollwiderstandsmessungen wurden gemäß DIN ISO 8767 und ISO 18164 bzw. ISO 28580 [Din1, Iso1, Iso2] auf einer reinen Stahloberfläche durchgeführt. Gemäß [Schu4] hat diese Prüfoberfläche den Vorteil, dass die Reproduzierbarkeit der Ergebnisse erhöht wird. Außerdem wird die Vergleichbarkeit der Ergebnisse zwischen verschiedenen Prüfständen erleichtert, da Stahloberflächen mit gleichen Eigenschaften von den verschiedenen Prüfstandsbetreibern relativ leicht und reproduzierbar herzustellen sind. Da der Rollwiderstand des Weiteren in erster Linie durch das Walken des Reifens hervorgerufen wird, ist es durchaus zulässig, für vergleichende Rollwiderstandsmessungen keine reale raue Fahrbahnoberfläche, sondern eine künstliche Stahloberfläche einzusetzen. Wie in *Abschnitt 1* beschrieben, ist beim Übergang auf eine reale Asphaltoberfläche zwar mit einer deutlichen Erhöhung des Rollwiderstandes um etwa 20 % zu rechnen, allerdings kann nach dem jetzigen Stand der Forschung davon ausgegangen werden, dass sich hinsichtlich des Textureinflusses unabhängig von Reifentyp und -größe ein vergleichbares Verhalten in Abhängigkeit der Textureigenschaften einstellt [Gla1]. Unter diesen Voraussetzungen kann angenommen werden, dass sich das Ranking der Reifen bezogen auf den Rollwiderstand nicht abhängig von der Fahrbahnoberfläche verändert.

Wie bereits in *Abschnitt 3.1* erwähnt, wurden bei den Untersuchungen die Walkwiderstände und die Lüfterwiderstände getrennt ermittelt. Zunächst soll im Folgenden die Ermittlung des Walkwiderstandes beschrieben werden. Hierzu wird mit Hilfe des Messsystems der Radaufhängung (vgl. *Abschnitt 2.1.2*) die Umfangskraft am Rad F_X im freirollenden Zustand, d.h. ohne Einwirken von Antriebs- oder Bremsmomenten, aufgezeichnet. Bei diesen Messungen wird das Rad-Antriebsmoment mit Hilfe des Radmotors auf exakt $M_Y = 0$ Nm eingeregelt, so dass die störende Lagerreibung vollständig eliminiert wird (vgl. *Abschnitt 2.1.1*). Wie bei Rollwiderstandsmessungen üblich, wurden die einzelnen Untersuchungen auf jeder Prüffahrbahn immer mit der niedrigsten Geschwindigkeit begonnen (50 km/h). Der Ablauf der Messungen war wie folgt festgelegt:

1. Nach dem Anfahren der ersten Prüfgeschwindigkeit (50 km/h) wurde vor der Datenaufzeichnung bei abgehobenem Rad ein Nullabgleich aller Kraft- und Moment-Messstellen durchgeführt.

2. Sobald nach dem Absetzen des Rades der Vorgabewert F_Z = Sollwert durch die Radlastregelung und der Wert $M_Y = 0$ Nm durch die Antriebsmomentregelung exakt eingeregelt war, wurde die Datenaufzeichnung gestartet.

3. Anschließend lief der Reifen mit gleich bleibender Prüfgeschwindigkeit solange, bis die aufgezeichnete Umfangskraft einen konstanten Wert angenommen hatte.

4. Nach Abschluss der Messdatenaufzeichnung bei einer Geschwindigkeitsstufe wurde der Reifen wieder kurz von der Fahrbahn abgehoben. Hierbei wurde die Nullpunktsdrift der Messstellen am Ende der Aufzeichnungsdauer ermittelt, um diese wiederum bei der Auswertung berücksichtigen zu können.

5. Danach wurde die nächste Geschwindigkeitsstufe angefahren, wobei sich der anschließende Messablauf entsprechend den beschriebenen Schritten 1 bis 4 wiederholte.

Die aufgezeichneten Messdaten einer kompletten Messreihe sind in *Abb. 3.2.2/1* dargestellt. In der Regel wurde ein konstanter Umfangskraftwert bei 50 km/h nach 30 Minuten, bei 90 km/h nach 15 Minuten und bei 120, 150 sowie 180 km/h nach

10 Minuten erreicht. Falls allerdings während der Messung festgestellt wurde, dass sich die Umfangskraftanzeige nach diesen Zeiten immer noch verändert, z.B. bei hohen Radlasten oder niedrigen Luftdrücken, wurde die Messzeit entsprechend verlängert.

Die Bezugstemperatur der Umgebung war bei den Messungen 25 °C. Da für die Durchführung der Messungen kein klimatisierter Raum zur Verfügung stand, konnte die Umgebungstemperatur nicht exakt konstant gehalten werden. Daher wurden die Messwerte entsprechend *Abschnitt 3.3.2* auf die Bezugstemperatur korrigiert.

Aufgrund der oben beschriebenen Vorgehensweise (Nullabgleich mit abgehobenem Rad bei jeder Geschwindigkeitsstufe) wird auch das Lüftermoment jeweils zu 0 abgeglichen. Daher sind in der *Abb. 3.2.2/1* die gemessenen Umfangskräfte ohne die Wirkung der Lüfterwiderstände dargestellt. Die Vorgehensweise zur Berücksichtigung der Lüfterwiderstände wird später anhand von *Abb. 3.3.1/1* erläutert.

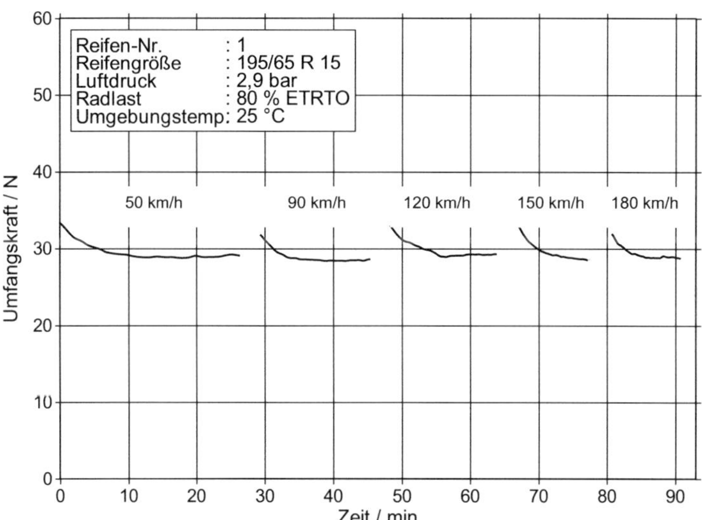

Abb. 3.2.2/1:   Gemessene Umfangskräfte F_X (ohne Wirkung der Lüfterwiderstände) in Abhängigkeit von der Laufzeit des Reifens, dargestellt für eine komplette Messreihe auf der 2,0-m-Trommel bei den Prüfgeschwindigkeiten 50, 90, 120, 150 und 180 km/h.

3.3 Weiterverarbeitung der Messdaten

3.3.1 Ermittlung des Rollwiderstands

Bei der Weiterverarbeitung der Messdaten wurden zunächst die Endwerte der gemessenen Umfangskraftverläufe (jeweils als Mittelwert der letzten 30 s Aufzeichnungsdauer in *Abb. 3.2.2/1*) in Diagramme „Umfangskraft in Abhängigkeit von der Fahrgeschwindigkeit" (siehe *Abb. 3.3.1/1*) übertragen.

Bei der weiteren Auswertung der Ergebnisse war dann zu berücksichtigen, dass die an der Radnabe erfassten Kräfte F_X in X-Richtung, die in *Abb. 3.2.2/1* dargestellt sind, bei Trommelmessungen in wirksame Walkwiderstandswerte F_W umgerechnet werden müssen. Dies ist erforderlich, da sich die resultierende Normalkraft F_N, die senkrecht von der Fahrbahnoberfläche aus auf den Reifen einwirkt, aufgrund der Gummidämpfung in Fahrtrichtung gesehen vor die Mitte der Reifenaufstandsfläche verschiebt [Eck1]. Bedingt durch die Trommelkrümmung zeigt diese Normalkraft F_N dann nicht exakt in die vertikale Messrichtung der Radlast F_Z. Dies wirkt sich ähnlich aus wie der in *Abb. 2.1.2/6* dargestellte Positionierungsfehler und führt auf Außentrommeln zu einer Verminderung, auf Innentrommeln zu einer Erhöhung der Messwerte F_X im Vergleich zu den wirksamen Walkwiderständen F_W. Die jeweils gemessene Kraft F_X muss daher gemäß [Din1, Iso1, Iso2, Sae1] nach folgender Formel in den Walkwiderstand F_W überführt werden. Die Herleitung der Formel ist in [Cla1] und [Eck1] ausführlich beschrieben.

$$F_W = F_X \cdot [1 + (a_R/R_T)] \qquad\qquad [3.23]$$

mit
$\quad F_W$ = Wirksamer Walkwiderstand
$\quad F_X$ = Gemessene Kraft in X-Richtung
$\quad a_R$ = Abstand Radachse - Fahrbahn (siehe *Abb. 3.1/2*)
$\quad R_T$ = Trommelradius (Außentrommel positiv,
$\qquad\quad$ Innentrommel negativ)

Um den Unterschied zwischen den gemessenen Kräften F_X und den wirksamen Walkwiderständen F_W deutlich zu machen, sind in *Abb. 3.3.1/1* jeweils beide Werte dargestellt. Es ist zu erkennen, dass der wirksame Walkwiderstand F_W bei Messungen auf einer 2,0-m-Außentrommel etwa 30 % größer ist als die an der Radnabe gemessene Umfangskraft F_X.

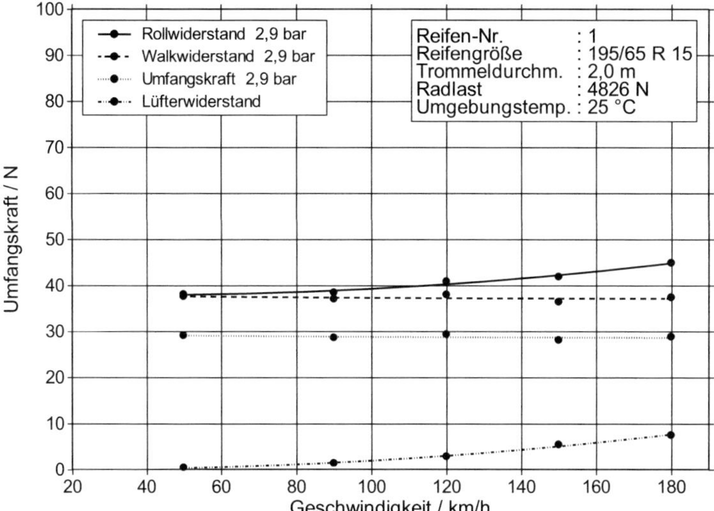

Abb. 3.3.1/1: Rollwiderstand F_R, Walkwiderstand F_W sowie die an der Radnabe gemessene Umfangskraft F_X, dargestellt in Abhängigkeit von der Geschwindigkeit.

Bei den bisher beschriebenen Auswerteschritten wurde die Wirkung der Lüfterwiderstände noch nicht berücksichtigt. Hierbei ist anzumerken, dass die separate Ermittlung der Walkwiderstände (ohne Lüfterwiderstände) nur durch die speziellen Konstruktionsmerkmale der Radaufhängung möglich ist. Eine Besonderheit der Radaufhängung ist nämlich, wie bereits in *Abschnitt 2.1* beschrieben, zum einen der installierte Radantrieb, zum anderen die Anordnung der Antriebsmoment-Messstelle zwischen Radlagerung und Felge. Nur durch diese Komponenten ist es möglich, den Rollwiderstand gemäß *Abschnitt 3.1* exakt in die Anteile Walkwiderstand und Lüfterwiderstand zu zerlegen. Um aber auch den gesamten Rollwiderstand darstellen zu können, wurden im Rahmen der Auswertung die Lüfterwiderstände zu den Walkwiderständen dazuaddiert (der translatorische Anteil des Luftwiderstands ist am Prüfstand vernachlässigbar, siehe *Abschnitt 3.1*).

Die jeweiligen Lüfterwiderstände wurden in separaten Messreihen bestimmt. Hierbei wurde das zu messende Rad im abgehobenen Zustand mit dem Radantriebsmotor auf die Drehzahl gebracht, die zur betreffenden Prüfgeschwindigkeit passt. Dann erfolgte die Messung des erforderlichen Antriebsmoments M_Y, um das Rad auf dieser Drehzahl zu halten. Da die Drehmomentmessstelle zwischen der Radlagerung und der Felge angeordnet ist, entspricht der auf diese Weise ermittelte Messwert exakt dem Lüftermoment $M_{Lü}$. Dabei wird vereinfachend vorausgesetzt, dass die Lüfterwiderstände des nicht eingefederten Reifens und des eingefederten Reifens identisch sind.

Da der Reifen, wie in *Abschnitt 3.1* hergeleitet wurde, aufgrund des annähernd undehnbaren Umfangs als eine Art Übersetzungsgetriebe aufgefasst werden kann, ist der Zusammenhang zwischen dem Drehmoment am Reifen und der entsprechenden Umfangskraft in der Aufstandsfläche durch den dynamischen Reifenrollradius r_{dyn} gegeben. Somit kann der Lüfterwiderstand $F_{Lü}$ mit Hilfe von *Gleichung 3.3* aus dem Lüftermoment $M_{Lü}$ und dem dynamischen Reifenrollradius r_{dyn} berechnet werden.

In *Abb. 3.3.1/1* sind der Walkwiderstand, der Lüfterwiderstand und der Rollwiderstand (Summe aus Lüfter- und Walkwiderstand) in Abhängigkeit von der Geschwindigkeit beispielhaft für eine Messung auf der 2,0-m-Trommel bei einer Radlast entsprechend der 80-%-ETRTO-Last dargestellt. Es ist zu erkennen, dass der Lüfterwiderstand zwar bei kleinen Fahrgeschwindigkeiten einen nur geringen Anteil am gesamten Rollwiderstand F_R hat, dass bei größeren Geschwindigkeiten dieser Anteil aber aufgrund der nahezu quadratischen Abhängigkeit beachtliche Werte annimmt (siehe auch [Mic1]). Da der Lüfterwiderstand unabhängig von der Radlast ist und der Walkwiderstand mit der Radlast ansteigt, nimmt der prozentuale Anteil des Lüfterwiderstandes am Rollwiderstand bei größeren Radlasten ab.

3.3.2 Berücksichtigung von Temperaturschwankungen

Um eine genaue Analyse des Krümmungseinflusses auf die Rollwiderstandsmesswerte bei unterschiedlich gekrümmten Fahrbahnoberflächen zu ermöglichen, müssen die sonstigen Randbedingungen bei allen Messungen exakt gleich sein. Da allerdings für die Durchführung der Messungen, wie bereits erwähnt, kein klimatisierter Raum zur Verfügung stand, konnte die Umgebungstemperatur T_U nicht genau auf dem Bezugswert $T_U = 25$ °C (siehe DIN ISO 8767 und ISO 18164 bzw. ISO 28580 [Din1, Iso1, Iso2]) gehalten werden. Daher wurde zur Kompensation abweichender Umge-

bungstemperaturen in Anlehnung an die genannten Normen folgende Formel angewandt:

$$F_R(25\,°C) = F_R(T_U) \cdot (1 + K_T \cdot (T_U - 25\,°C)) \qquad [3.24]$$

mit $\quad$ $F_R(25\,°C)$ = Rollwiderstand bei einer Umgebungstemperatur von 25 °C

$\quad\quad\quad$ $F_R(T_U)$ = Rollwiderstand bei T_U

$\quad\quad\quad\quad$ T_U = Umgebungstemperatur in °C

$\quad\quad\quad\quad$ K_T = Korrekturfaktor zum Temperatureinfluss

Diese Formel ist auch in den SAE-Standards [Sae1, Sae3] genannt, wobei dort
allerdings eine Bezugstemperatur von 24 °C festgelegt ist. Des Weiteren unterscheiden sich die genannten Normen durch unterschiedliche Korrekturfaktoren K_T, die in
Tab. 3.3.2/1 für Pkw-Reifen aufgeführt sind. Aufgrund der unterschiedlichen Zahlenwerte für K_T erschien es allerdings fraglich, ob eine exakte Kompensation des Tempe-
ratureinflusses auf der Grundlage eines konstanten Korrekturfaktors für alle Reifen
möglich ist.

Tab. 3.3.2/1: $\quad$ Korrekturfaktoren K_T verschiedener Normen zur Kompensation des
Einflusses unterschiedlicher Umgebungstemperaturen.

Norm	DIN ISO 8767	ISO 28580	SAE J1269	SAE J2452
$K_T\ [(°C)^{-1}]$	0,01	0,008	0,006	0,0078

Um die Genauigkeit der Umrechnung zu erhöhen, wurde daher *Gleichung 3.24*
modifiziert. Während in den Normen für alle Pkw-Reifen jeweils ein konstanter Korrekturfaktor vorgesehen ist, wurde in der vorliegenden Arbeit ein „variabler" Korrekturfaktor K_T verwendet, der reifen-, geschwindigkeits- und rollwiderstandsabhängig
angepasst wird. Zur Ermittlung der genauen Temperaturabhängigkeiten wurde das
Rollwiderstandsverhalten aller Reifen bei unterschiedlichen Temperaturen untersucht,
so dass schließlich auf der Grundlage von insgesamt ca. 130 Messungen für jeden
Reifen eine angepasste Funktion für diesen Korrekturfaktor K_T angegeben werden
konnte [Rei1]. In *Abb. 3.3.2/1* sind beispielhaft Rollwiderstandsergebnisse von Reifen 5 bei unterschiedlichen Temperaturen dargestellt.

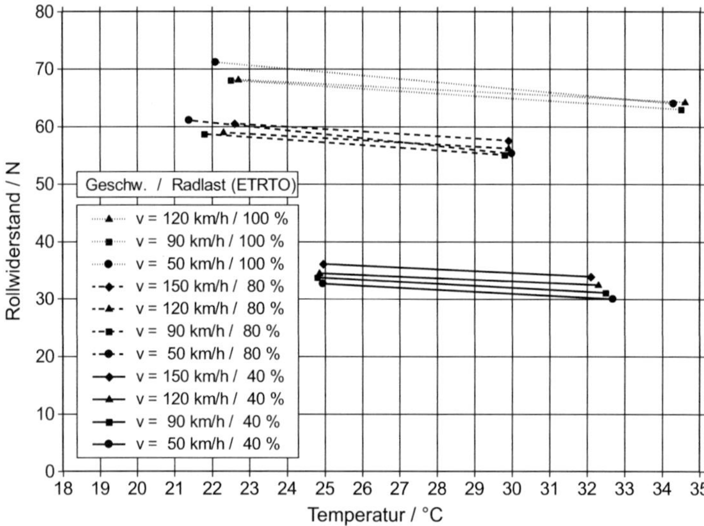

Abb. 3.3.2/1:   Einfluss der Umgebungstemperatur auf den Rollwiderstand von Reifen 5, variiert wurden Radlast und Geschwindigkeit, der Reifenluftdruck war auf 2,2 bar (kalter Reifen) eingestellt.

Da sich der Rollwiderstand im relevanten Temperaturbereich zwischen ca. 20 °C und 30 °C zwar deutlich, aber nicht drastisch verändert, erschien ein linearer Ansatz für den variablen Korrekturfaktor gemäß

$$K_T = k_{TK} - k_{TV} \cdot v - k_{TR} \cdot F_R(25\,°C) \qquad [3.25]$$

mit k_{TK} = konstanter Anteil zur Temperaturkorrektur

          k_{TV} = geschwindigkeitsabhängiger Anteil zur Temperaturkorrektur

          v = Fahrgeschwindigkeit in km/h

          k_{TR} = rollwiderstandsabhängiger Anteil zur Temperaturkorrektur

$F_R(25\,°C)$ = Rollwiderstand bei 25 °C in N

sinnvoll. Setzt man *Gleichung 3.25* in *Gleichung 3.24* ein und löst nach $F_R(25\,°C)$ auf, erhält man schließlich

$$F_R\left(25°C\right) = \frac{F_R\left(T_U\right)\cdot\left[1+\left(k_{TK}-k_{TV}\cdot v\right)\cdot\left(T_U-25°C\right)\right]}{1+F_R\left(T_U\right)\cdot k_{TR}\cdot\left(T_U-25°C\right)} \qquad [3.26]$$

mit $\qquad$ $F_R(T_U)$ = Rollwiderstand bei T_U

$\qquad\qquad$ T_U = Umgebungstemperatur in °C

Auf der Grundlage der Ergebnisse gemäß *Abb. 3.3.2/1* und der entsprechenden Messungen mit den anderen Reifen wurden mit Hilfe der multiplen linearen Regression die in *Tab. 3.3.2/2* zusammengefassten Werte ermittelt [Wie1].

Tab. 3.3.2/2: $\qquad$ Korrekturfaktoren der einzelnen Reifen zur Kompensation des Einflusses unterschiedlicher Umgebungstemperaturen.

Reifen-Nr.	1	2	3	4	5	6
k_{TK}	0,025	0,016	0,017	0,028	0,018	0,021
$k_{TV} / 10^{-5}$	7,36	3,04	5,37	0,00	3,80	2,75
$k_{TR} / 10^{-5}$	11,8	9,1	8,7	67,2	11,0	25,8

Die Genauigkeit der Temperaturkorrektur wurde abgeschätzt, indem die mittlere quadratische Abweichung σ (Standardabweichung) [Bei1, Ina1] zwischen den temperaturkorrigierten Rollwiderstandswerten und den bei 25 °C „gemessenen" Werten bestimmt wurde [Rei1]. Hierbei wurden die korrigierten Rollwiderstandswerte zunächst bei einer abweichenden Umgebungstemperatur gemessen und anschließend mit Hilfe der *Gleichung 3.26* und den in *Tab. 3.3.2/2* aufgelisteten Faktoren auf 25 °C umgerechnet. Die „gemessenen" Werte ergaben sich, indem zwischen zwei Messergebnissen, die unter sonst exakt gleichen Rahmenbedingungen bei zwei unterschiedlichen Temperaturen ermittelt wurden, linear interpoliert wurde. Diese lineare Interpolation war notwendig, da aufgrund der fehlenden Klimatisierung nicht genau die Bezugstemperatur getroffen wurde. Sie erscheint aber zulässig, da der Temperatureinfluss auf den Rollwiderstand relativ gering ist, wie in *Abb. 3.3.2/1* zu erkennen ist.

Die Ergebnisse der Berechnung sind in *Tab. 3.3.2/3* zusammengefasst. Dort sind in der ersten Zeile die quadratischen Abweichungen aufgelistet, die sich mit der aufwändigen Korrekturformel gemäß *Gleichung 3.26* und den in *Tab. 3.3.2/2* aufgelisteten Faktoren ergeben. Die zweite Zeile gibt die Abweichungen an, die sich einstellen, wenn die *Gleichung 3.24* in Verbindung mit $K_T = 0,01$ $(°C)^{-1}$ gemäß DIN ISO 8767 verwendet wird. Man erkennt deutlich die Vorteile der aufwändigen Korrekturgleichung, bei der über alle Reifen gemittelt eine quadratische Abweichung $\sigma = 0,28$ N erzielt wird, während mit der DIN ISO-Korrektur lediglich $\sigma = 0,76$ N erreicht wird. Es soll aber darauf hingewiesen werden, dass die aufwändige Korrektur nur einsetzbar ist, wenn die Faktoren vorher durch Rollwiderstandsmessungen bei unterschiedlichen Umgebungstemperaturen ermittelt wurden.

Tab. 3.3.2/3:   Mittlere quadratische Abweichung zwischen den temperaturkorrigierten und den bei 25 °C gemessenen Rollwiderstandswerten.

Reifen-Nr.	1	2	3	4	5	6
Korrektur mit *Gleichung 3.26* [N]	0,49	0,14	0,29	0,21	0,31	0,24
Korrektur mit *Gleichung 3.24* [N]	0,62	0,77	0,49	0,83	0,93	0,91

An dieser Stelle soll des Weiteren auch erwähnt werden, dass sich ein mittlerer Korrekturfaktor $K_T = 0,0089$ $(°C)^{-1}$ ergibt, wenn über alle individuellen Korrekturfaktoren, die sich reifen-, geschwindigkeits- und rollwiderstandsabhängig unterscheiden, gemittelt wird. Dieser Mittelwert liegt innerhalb des Bereiches, der durch die Werte der einzelnen Normen in *Tab. 3.3.2/1* aufgespannt wird. Somit kann die Eignung der Korrekturen gemäß DIN ISO 8767, ISO 18164, ISO 28580 und SAE J2452 bestätigt werden, wenn lediglich geringe Temperaturunterschiede zu korrigieren sind. Der Wert nach SAE J1269 erscheint allerdings etwas zu gering.

Mit der *Gleichung 3.26* und den in *Tab. 3.3.2/2* aufgelisteten Korrekturfaktoren wurden schließlich alle im Folgenden diskutierten Messergebnisse auf die in der DIN ISO 8767, ISO 18164 und ISO 28580 genannte Bezugstemperatur $T_U = 25$ °C umgerechnet.

3.3.3   Reproduzierbarkeit der Messungen

Im Rahmen der vorliegenden Arbeit sollten zum einen die Unterschiede zwischen Messungen auf der Trommel und Messungen auf der Ebene analysiert werden. Zum anderen sollten aber auch die Unterschiede zwischen den Messergebnissen auf der kleinen 1,71-m-Trommel und der etwas größeren 2,0-m-Trommel aufgelöst werden können. Da die Krümmung der 2,0-m-Trommel mit k = 1 m^{-1} lediglich 14,5 % kleiner ist als die der 1,71-m-Trommel mit k = 1,17 m^{-1}, waren beim Vergleich der Trommelmessungen nur relativ geringe Unterschiede zu erwarten. Entsprechend hoch waren daher die Anforderungen an die Reproduzierbarkeit der Messergebnisse, damit diese geringen Unterschiede auch aufgezeigt werden können. Zum Nachweis der Reproduzierbarkeit wurden daher zahlreiche Messserien bei gleichen Randbedingungen zweimal oder sogar dreimal durchgeführt. Zur weiteren Auswertung bezüglich der Reproduzierbarkeit wurden jeweils die Messwerte der einzelnen Geschwindigkeitsstufen einer Messserie (d.h. die Rollwiderstandswerte bei z.B. 60, 90 und 120 km/h bei ansonsten gleichen Messbedingungen) durch Mittelwertsbildung zu einem Rollwiderstandswert zusammengefasst. In *Abb. 3.3.3/1* sind für einen Messzeitraum von einem Jahr diese Rollwiderstandswerte der ersten, zweiten und, wenn vorhanden, der dritten Messserie über deren gemeinsamen Mittelwert aufgetragen.

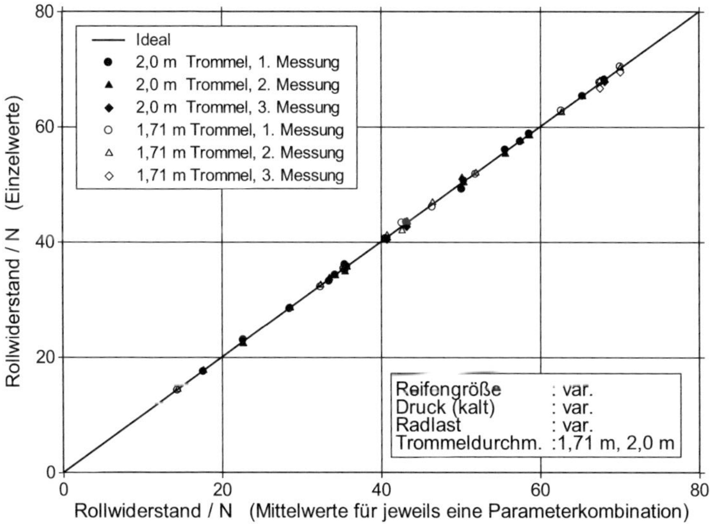

Abb. 3.3.3/1: Rollwiderstandswerte einzelner Messserien (über der Geschwindigkeit gemittelt), die zwei- oder dreimal durchgeführt wurden, aufgetragen über deren gemeinsamen Mittelwert.

Es ist zu erkennen, dass die Messwerte eine nur sehr geringe Streuung aufweisen, obwohl zwischen den Messungen teilweise Zeiträume von bis zu einem Jahr lagen. Dies ist insofern als positiv zu beurteilen, da diese Tatsache belegt, dass sich weder der Prüfstand noch die Reifen während des hier betrachteten Zeitraumes merklich verändert haben. Um ein genaues Maß für die Reproduzierbarkeit der Messergebnisse zu erhalten, wurde die mittlere quadratische Abweichung σ (Standardabweichung) [Bei1, Ina1] für die Messungen berechnet [Wie1]. Dieser Wert bezieht sich, wie oben bereits erwähnt, auf die Mittelwerte der einzelnen Messserien, die jeweils wiederum aus mehreren Geschwindigkeitsstufen bestanden. Die mittlere Abweichung betrug $\sigma = 0,30$ N, so dass festgestellt werden kann, dass der Prüfstand zur Auflösung der Einflüsse unterschiedlicher Trommelkrümmung auf den Rollwiderstand geeignet erscheint.

Im Rahmen der Untersuchungen mussten allerdings auch Messungen berücksichtigt werden, die bis zu 3 Jahre zurücklagen. Hier stellte sich bei Nachmessungen heraus, dass infolge dieses langen Zeitraumes eine Anpassung der Rollwiderstände erforderlich war, da sich aufgrund der Reifenalterung eine leichte Veränderung der Gummieigenschaften einstellte. Durch eine erneute Messung der Rollwiderstände aller Reifen mit der niedrigsten (40-%-ETRTO-Last) und der höchsten Last (100-%-ETRTO-Last) konnte ein reifen- und radlastabhängiger Alterungsfaktor ermittelt werden, so dass alle Messergebnisse auf einen gemeinsamen Zeitpunkt bezogen werden konnten.

In *Abb. 3.3.3/1* ist neben der geringen Streuung des Weiteren zu erkennen, dass im Rahmen des Messprogramms sehr unterschiedlich große Rollwiderstände zu erfassen waren. Die geringsten Werte wurden mit dem Reifen 4 (175/70 R 13 82Q) bei 40 % der zulässigen ETRTO-Last ermittelt. Hierbei ist die geringe Profiltiefe dieses Reifens (3 mm, siehe *Tab. 3.2.1/1*) mit verantwortlich für diese geringen Werte, da der Rollwiderstand mit abnehmendem Profil ebenfalls deutlich reduziert wird [Luc3].

Die größten Rollwiderstandswerte wurden dagegen mit Reifen 5 (225/45 R 17 91Y) bei 100 % ETRTO-Last ermittelt. Dies erscheint plausibel, da davon ausgegangen werden kann, dass dieser sportlich orientierte Reifen mehr auf ein gutes Kraftschlussverhalten ausgelegt ist als auf einen geringen Rollwiderstand.

3.3.4 Besonderheiten bei der Auswertung der Messdaten von der ebenen Fahrbahn

Wie in *Abschnitt 2.2.2* bereits beschrieben, benötigt ein hydrodynamisches Flächenlager einen keilförmigen Schmierspalt, um einen tragfähigen Schmierfilm aufzubauen. Dieser sich verjüngende Schmierspalt stellt sich unter Flächenlast zwischen dem Stahlband bzw. dem Kunststoffriemen und der Gleitplatte von selbst ein und führt zu einer geringen Schrägstellung des Stahlbandes (siehe *Abb. 3.3.4/1*).

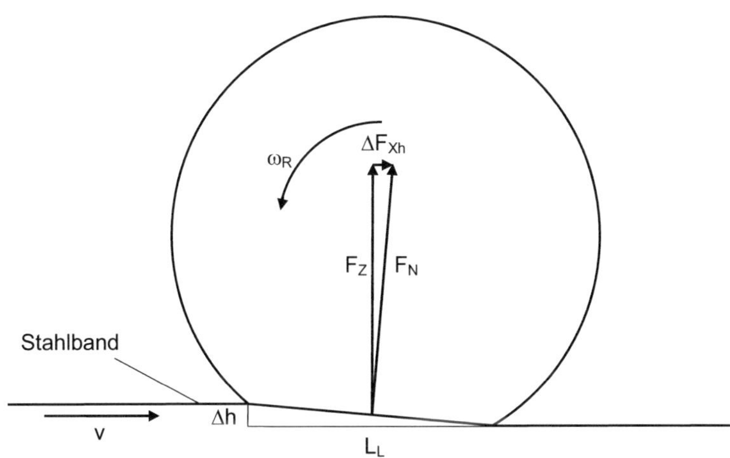

F_Z = Kraft in Z-Richtung (an Radaufhängung als Radlast gemessen)

F_N = Normalkraft (senkrecht zur Fahrbahn)

L_L = Latschlänge

Δh = Änderung der Schmierspalthöhe

ΔF_{Xh} = Kraft in X-Richtung (an Radaufhängung als Umfangskraft gemessen)

ω_R = Winkelgeschwindigkeit des Rades

v = Geschwindigkeit der Fahrbahn

Abb. 3.3.4/1:　　Auswirkung der Schmierkeilbildung auf die Erfassung der Reifenrollwiderstände.

Auch wenn diese Schrägstellung nur im Hundertstel- bis Zehntel-mm-Bereich liegt, muss sie bei Rollwiderstandsmessungen berücksichtigt werden. Durch die geringe Neigung der Fahrbahnoberfläche kommt es nämlich zu einer geringen Schrägstellung der Normalkraft F_N gegenüber dem Kraftmesssystem der Radaufhängung. Hierzu ist anzumerken, dass sich dieses Phänomen nicht auf hydrodynamische Flächenlager beschränkt, da sich auch bei hydrostatischen Lagern immer hydrodynamische Effekte überlagern.

Die Messstelle der Radaufhängung, die die Kräfte in X-Richtung misst, erfasst somit eine zusätzliche Kraft ΔF_{Xh}, die ähnlich einer Hangabtriebskraft wirkt und den Walkwiderstand des Reifens scheinbar erhöht. Diese Kraft ΔF_{Xh} muss daher von der gemessenen Kraft F_X abgezogen werden, um den tatsächlichen Walkwiderstand zu erhalten. Beträgt beispielsweise die Radlast $F_Z = 5000$ N, die Schmierspaltänderung $\Delta h = 0{,}1$ mm und die Kontaktlänge zwischen Reifen und Fahrbahn $L_L = 150$ mm, ergibt sich gemäß

$$\Delta F_{Xh} = \frac{\Delta h}{L_L} \cdot F_Z \qquad [3.27]$$

eine Verfälschung des Walkwiderstands um $\Delta F_{Xh} = 3{,}3$ N. Die Schrägstellung der ebenen Fahrbahn beträgt in diesem Fall lediglich $0{,}038°$, aber auch hier macht sich wieder die in *Abschnitt 2.1.2* angesprochene Problematik bemerkbar, dass der Rollwiderstand bei modernen Reifen lediglich Werte von 1 % der Radlast annimmt. Somit führen kleinste Ungenauigkeiten in der Ausrichtung zu Fehlern, die bei Rollwiderstandsmessungen berücksichtigt werden müssen.

Genauere Untersuchungen zum Einfluss des Schmierwasserkeils zeigten, dass sich die Schmierspaltänderung Δh abhängig von der Schmierwasserdurchflussmenge, von der Fahrgeschwindigkeit, von der Radlast, vom Reifenluftdruck und vom untersuchten Reifen ändert. Aufgrund der großen Anzahl von Einflussgrößen ergab sich, dass die Korrektur nicht ohne weitere Informationen zur Schmierspalthöhe möglich war. Um Aussagen über die vorhandene Schmierspalthöhe zu erhalten, wurde daher jeweils unmittelbar vor und hinter dem Reifen ein kapazitiver Abstandssensor mit einem Messbereich von ± 1 mm installiert, der die vertikale Position des Stahlbandes misst. Somit konnte die Schmierspaltänderung Δh gleichzeitig mit den Walkwiderstandsdaten bei jeder Messung auf der Ebene aufgezeichnet werden. Es zeigte sich allerdings, dass eine einfache Korrektur des Einflusses des Schmierwasserkeils nach

Gleichung 3.27 nicht möglich ist, da die Länge des Schmierkeils L_S nicht mit der Latschlänge L_L identisch ist (siehe *Abb. 3.3.4/2*). Da die genaue Länge des Schmierkeils L_S nicht bekannt war, konnte auch keine direkte Korrektur des Schmierwasserkeileinflusses gemäß der Gleichung

$$\Delta F_{Xh} = \frac{\Delta h}{L_S} \cdot F_Z \qquad\qquad [3.28]$$

durchgeführt werden, auch wenn die Messwerte für die Schmierspaltänderung Δh und die Radlast F_Z vorlagen.

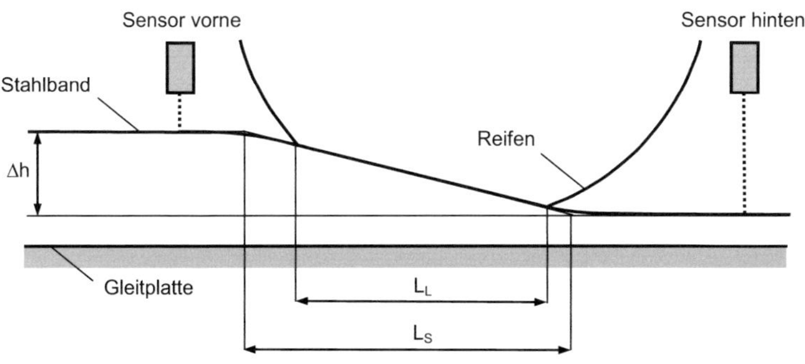

Abb. 3.3.4/2:   Prinzipielle Darstellung der Latschlänge und der Schmierkeillänge.

Daher wurde ein anderes Verfahren angewendet, um den Schmierwasserkeileinfluss zu ermitteln. Hierzu konnte das elektropneumatische Schmierwasserregelsystem genutzt werden, mit dem das Flächenlager im Rahmen der Arbeit ausgerüstet wurde. Damit wurde der Schmierwasservolumenstrom $\dot{V}_S$ während der Durchführung der Rollwiderstandsmessungen stufenweise variiert, so dass sich unterschiedliche Schmierspaltänderungen Δh einstellten. Diese unterschiedlichen Schmierspalte wirkten sich dann auf den Schmierwasserkeileinfluss ΔF_{Xh} aus und machten sich damit direkt in den Umfangskraftmesswerten bemerkbar. In *Abb. 3.3.4/3* ist deutlich zu erkennen, wie die Schmierwasservariation das Signal des Abstandssensors vor der Reifenaufstandsfläche („vor Reifen") verändert. Dagegen sind im Signal des Sensors hinter der Aufstandsfläche („hinter Reifen") nur minimale Abweichungen auszumachen. Zeitgleich mit der Volumenstromvariation ändert sich auch die gemessene Umfangskraft F_X (erkennbar im oberen Teil der *Abb. 3.3.4/3*).

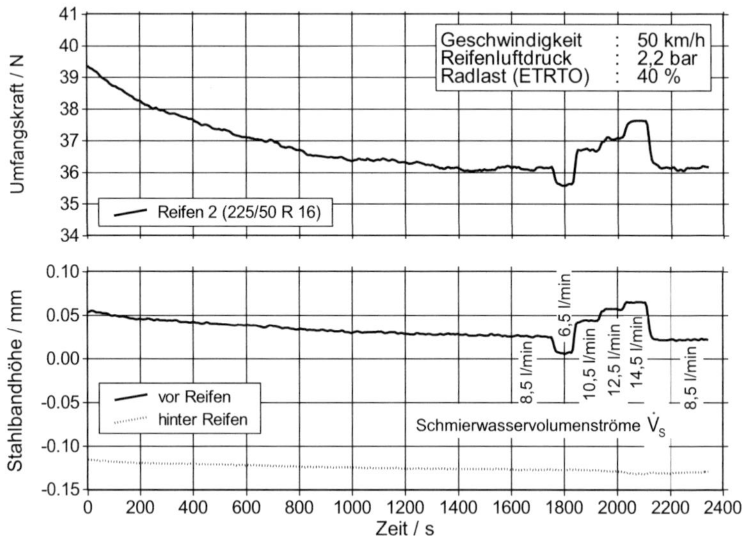

Abb. 3.3.4/3:   Änderung der Umfangskraft F_X und des Schmierspaltes bei Variation des Schmierwasservolumenstroms $\dot{V}_S$.

Diese Volumenstromvariationen wurden bei jeder Geschwindigkeitsstufe immer am Ende der jeweiligen Walkwiderstandsmessung nach Erreichen des thermischen Gleichgewichts des Reifens durchgeführt. Es wurden Werte zwischen 6,5 l/min und 14,5 l/min stufenweise eingestellt, wobei allerdings der niedrige Volumenstrom (6,5 l/min) nur bei Geschwindigkeiten bis einschließlich 90 km/h gefahren wurde, um Defekte aufgrund von Schmiermittelmangel bei hohen Geschwindigkeiten zu vermeiden.

Als Ergebnis dieser Schmierwasservariationen wurde beobachtet, dass der Zusammenhang zwischen dem Schmierwasservolumenstrom $\dot{V}_S$ und der Schmierspaltänderung Δh deutlich nichtlinear ist [Burger1]. Allerdings ist zwischen der Schmierspaltänderung Δh und dem Schmierwasserkeileinfluss ΔF_{Xh} eine lineare Abhängigkeit festzustellen. Davon kann gemäß *Gleichung 3.28* auch ausgegangen werden, wenn die Radlast F_Z und die Schmierkeillänge L_S konstante Werte annehmen.

Da, wie beschrieben, für die unterschiedlichen Schmierwasservolumenströme jeweils die Schmierspaltänderungen Δh und die zugehörigen Umfangskraftmesswerte bekannt waren, konnte somit der Umfangskraftwert bei einer (theoretischen) Schmierspalthöhe $\Delta h = 0$ mm durch lineare Extrapolation ermittelt werden. In *Abb. 3.3.4/4* sind beispielhaft zwei derartige Extrapolationen dargestellt.

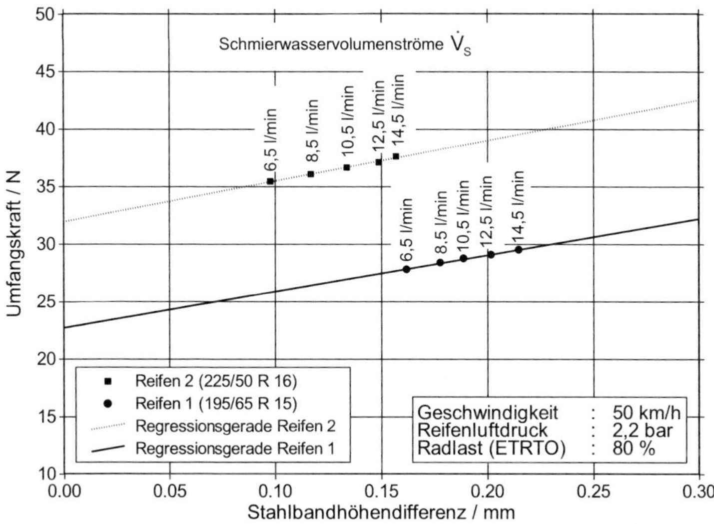

Abb. 3.3.4/4: Umfangskraft F_X in Abhängigkeit von der Stahlbandhöhendifferenz Δh, eingetragen sind die gemessenen Werte bei unterschiedlichen Schmierwasservolumenströmen $\dot{V}_S$ und die zugehörigen Regressionsgeraden.

Die Lage der einzelnen Messpunkte zeigt, dass mit abnehmendem Schmierwasservolumenstrom sowohl die Schmierspalthöhendifferenz als auch die gemessene Umfangskraft kleiner werden. Legt man durch die einzelnen Messpunkte, wie bereits beschrieben, eine Regressionsgerade, kann die Umfangskraft F_X für eine Schmierspalthöhendifferenz $\Delta h = 0$ mm extrapoliert werden. Dieser Wert entspricht dann dem Walkwiderstand ohne Verfälschung durch einen Schmierwasserkeileinfluss ΔF_{Xh}.

Dieses Verfahren wurde bei allen Messungen auf der Ebene angewendet [Fre1, Elh1], so dass der Schmierwasserkeileinfluss vollständig korrigiert werden konnte.

Als weitere Besonderheit ist bei den Messungen auf der Ebene noch anzumerken, dass eine Überprüfung der exakten Ausrichtung der Radaufhängung und der ebenen Fahrbahn mit einem Stahlrad gemäß *Abb. 2.1.2/7* nicht möglich war. Dieses Verfahren wurde deshalb nicht angewendet, da durch die hohe Flächenpressung zwischen Stahlrad und Fahrbahn eine Beschädigung des Stahlbandes und des Flächenlagers zu befürchten gewesen wäre. Zur Kompensation eines Positionierungsfehlers, z.B. infolge einer (wenn auch geringen) Neigung des Flächenlagers, wurden daher alle Messungen auf der Ebene vorwärts und rückwärts durchgeführt. Die endgültigen Rollwiderstandsergebnisse wurden dann als Mittelwert aus Vorwärts- und Rückwärtsfahrt berechnet.

3.4 Messergebnisse auf den Trommeln und der Ebene

Das in *Abschnitt 3.2.1* beschriebene Messprogramm wurde auf den drei unterschiedlich gekrümmten Fahrbahnoberflächen (1,71-m-Trommel, 2,0-m-Trommel, ebene Fahrbahn) mit den sechs aufgelisteten Reifen durchgeführt. Im Folgenden sollen beispielhaft die Messergebnisse für zwei Reifen vorgestellt werden, die sich in den Eigenschaften sehr deutlich unterscheiden. Zur besseren Erkennbarkeit der Tendenzen wurden durch die einzelnen Messpunkte Ausgleichskurven gelegt. Die Ermittlung der Ausgleichskurven erfolgte auf Grundlage der *Gleichung 3.29*, mit der im SAE-Standard J2452 [Sae3] der Verlauf des Rollwiderstandes F_R über der Fahrgeschwindigkeit v beschrieben wird:

$$F_R = p^{q_p} \cdot F_Z^{q_F} \cdot \left(q_c + q_{v1} \cdot v + q_{v2} \cdot v^2 \right) \qquad [3.29]$$

mit

$\quad$ p = Reifenluftdruck

$\quad$ q_p = Exponent zur Beschreibung des Luftdruckeinflusses

$\quad$ F_Z = Radlast

$\quad$ q_F = Exponent zur Beschreibung des Radlasteinflusses

$\quad$ q_c = Geschwindigkeitsunabhängiger Faktor

$\quad$ q_{v1} = Faktor zum linearen Geschwindigkeitseinfluss

$\quad$ q_{v2} = Faktor zum quadratischen Geschwindigkeitseinfluss

$\quad$ v = Fahrgeschwindigkeit

Gemäß [Sae3] stellt die *Gleichung 3.29* ein mathematisches Modell auf der Grundlage von Messungen dar, ohne konkret physikalische Zusammenhänge nachzubilden. Dennoch lässt sich der Aufbau der Gleichung im Hinblick auf das Reifenverhalten erläutern.

- Mit dem Exponenten q_p wird berücksichtigt, dass der Rollwiderstand mit zunehmendem Reifenluftdruck hyperbelähnlich abfällt. Der Exponent q_p wird daher negative Werte annehmen.

- Mit dem Exponenten q_F kann nachgebildet werden, dass der Rollwiderstand mit der Radlast leicht degressiv ansteigt. Der Exponent wird daher kleiner als 1 sein, er wird aber in der Nähe von 1 liegen.

- Mit dem Faktor q_c wird beschrieben, dass der Rollwiderstand auch bei sehr geringen Geschwindigkeiten (z.B. Schrittgeschwindigkeit) vorhanden ist.

- Mit dem Faktor q_{v1} kann dargestellt werden, dass der Rollwiderstand verschiedener Reifen mit zunehmender Geschwindigkeit unterschiedlich stark ansteigt, dass er aber auch bei manchen Reifen bis zu mittleren Geschwindigkeiten zunächst abfallen kann. Auf dieses Verhalten wird in diesem Abschnitt später noch genauer eingegangen. Es kann festgehalten werden, dass q_{v1} positive und negative Werte annehmen kann.

- Mit dem Faktor q_{v2} wird wiedergegeben, dass der Rollwiderstand aller Reifen im hohen Geschwindigkeitsbereich, spätestens nahe der zulässigen Höchstgeschwindigkeit, progressiv mit der Fahrgeschwindigkeit ansteigt.

Im ersten Schritt der Auswertung wurden die beschriebenen Faktoren q_p bis q_{v2} unter Anwendung eines Matlab-Programms [Mat1] ermittelt, das mit Hilfe der Fehlerquadrat-Methode arbeitet.

Zur weiteren Auswertung wurde *Gleichung 3.29* in *Gleichung 3.30* umgeformt, wobei drei neue Faktoren eingeführt werden:

$$F_R = \left(p^{q_p} \cdot F_Z^{q_F} \cdot q_c \right) + \left(p^{q_p} \cdot F_Z^{q_F} \cdot q_{v1} \right) \cdot v + \left(p^{q_p} \cdot F_Z^{q_F} \cdot q_{v2} \right) \cdot v^2$$

$$= Q_c + Q_{v1} \cdot v + Q_{v2} \cdot v^2 \qquad\qquad [3.30]$$

mit Q_c = Geschwindigkeitsunabhängiger Faktor

             Q_{v1} = Faktor zum linearen Geschwindigkeitseinfluss

             Q_{v2} = Faktor zum quadratischen Geschwindigkeitseinfluss

Die neuen Faktoren Q_c bis Q_{v2} sind aus den Faktoren q_p bis q_{v2} berechenbar, die im ersten Schritt der Auswertung bestimmt wurden. Da die Formel aber natürlich nur eine Näherung darstellt und somit der Luftdruck- und Radlasteinfluss auch nur angenähert wiedergegeben werden, wurden die ersten beiden Faktoren Q_c und Q_{v1} nicht weiter zur Ermittlung der Ausgleichskurven genutzt. Das heißt, dass diese beiden Faktoren abweichend vom SAE-Standard J2452 [Sae3] nicht aus den bereits bekannten Faktoren q_p bis q_{v1} berechnet wurden, sondern dass diese beiden Faktoren für jede einzelne Rollwiderstandskurve separat unter Anwendung des oben genannten Matlab-Programms neu ermittelt wurden. Da für jede Messkurve „Rollwiderstand über der Geschwindigkeit" mindestens drei Messpunkte zur Verfügung standen, wäre theoretisch auch eine separate Ermittlung des dritten Faktors Q_{v2}, der für die Kurvenkrümmung der Ausgleichskurven zuständig ist, für jede einzelne Kurve möglich gewesen. Allerdings muss an dieser Stelle beachtet werden, dass alle Messpunkte Streuungen unterliegen und dass die Anpassung an drei Messpunkte auch bei einer vorhandenen Streuung immer den trügerischen Korrelationskoeffizienten $r_{xy} = 1$ ergibt, da in diesem Fall keine statistische Grundlage vorhanden ist.

Um eine Streuung von Messpunkten besser ausgleichen zu können, wurde daher der Faktor Q_{v2} gemäß

$$Q_{v2} = \left(p^{q_p} \cdot F_Z^{q_F} \cdot q_{v2} \right) \qquad [3.31]$$

weiter zur Ermittlung der Ausgleichskurven genutzt, wobei die Faktoren q_p, q_F und q_{v2} bereits im ersten Auswerteschritt bestimmt wurden und nun zur Bestimmung von Q_{v2} für einen Reifen und eine Fahrbahnkrümmung konstant gehalten werden. Q_{v2} ändert sich somit gemäß *Gleichung 3.31* in Abhängigkeit von Luftdruck p und Radlast F_Z.

Mit diesem Verfahren konnten für alle Lasten und Luftdrücke geeignete Ausgleichskurven bestimmt werden. Für die niedrigen und mittleren Lasten, wo genügend Messpunkte zur Verfügung standen, treffen die Kurven die einzelnen Messpunkte gut und die vorhandenen Messwertschwankungen werden passend ausgeglichen. Dadurch dass für jeden einzelnen Reifen der Faktor Q_{v2} mit *Gleichung 3.31* radlast- und luftdruckabhängig berechnet wurde, konnten auch plausible Kurvenkrümmungen für die Rollwiderstandskurven bei 100-%-ETRTO-Last ermittelt werden, bei denen nur drei Messpunkte vorlagen, und zwar auch dann, wenn Messwertstreuungen vorhanden waren. Ermöglicht wird dies dadurch, dass durch die beschriebene Vorgehensweise im Prinzip auch die Messkurven der benachbarten Radlasten für die Ermittlung der Kurvenkrümmung herangezogen werden können.

Bei den fünf Radlast-Luftdruck-Kombinationen, die gemäß *Abschnitt 3.2.1* mit den Versuchsreifen gefahren wurden, wurden somit pro Reifen und Fahrbahn fünf unterschiedliche Faktoren Q_c und fünf unterschiedliche Faktoren Q_{v1} unter Anwendung des bereits genannten Matlab-Programms bestimmt, das mit Hilfe der Fehlerquadrat-Methode arbeitet. Die fünf zugehörigen Faktoren Q_{v2} wurden dagegen mit Hilfe der drei Faktoren q_p, q_F und q_{v2} durch *Gleichung 3.31* radlast- und luftdruckabhängig berechnet, wobei diese drei Faktoren für den jeweiligen Reifen bei der Durchführung des gesamten Messblocks auf einer Fahrbahn konstant gehalten wurden.

Abb. 3.4/1 zeigt für den großen Reifen 5 (225/45 R 17 91Y) die temperaturkorrigierten Rollwiderstände für die unterschiedlichen Fahrbahnkrümmungen abhängig von der Fahrgeschwindigkeit, wobei als Parameter die Radlast variiert wurde. Ergänzend ist der Lüfterwiderstand eingetragen, der für alle Radlasten und Fahrbahnkrümmungen im Rahmen der Messgenauigkeit für einen Reifen als gleich angenommen werden kann.

Es ist deutlich zu erkennen, dass der Rollwiderstand F_R, wie zu erwarten war, mit der Radlast F_Z zunimmt. Allerdings ändert sich auch der Kurvenverlauf mit ansteigender Radlast. Auf diese Eigenschaft wird im Allgemeinen in der Literatur nicht näher eingegangen, vielmehr ist es verbreitet, den Rollwiderstand F_R gemäß folgendem Ansatz vereinfachend zu beschreiben:

$$F_R = C_R \cdot F_Z \qquad\qquad [3.32]$$

mit $\qquad\qquad C_R$ = Rollwiderstandsbeiwert

Bei diesem Ansatz wird davon ausgegangen, dass der Rollwiderstandsbeiwert C_R annähernd unabhängig von der Radlast ist, was aber bei allen Reifen nur für niedrige Fahrgeschwindigkeiten bestätigt werden kann. In diesem Geschwindigkeitsbereich befinden sich die Reifentemperaturen bei allen Radlasten auf einem Niveau, das nicht wesentlich über der Umgebungstemperatur liegt. Mit zunehmender Fahrgeschwindigkeit heizen sich aber die Reifen infolge der Rollwiderstandsverluste immer stärker auf, wobei bei den größeren Radlasten dann eine deutlich stärkere Temperaturerhöhung zu beobachten ist als bei den niedrigen Radlasten.

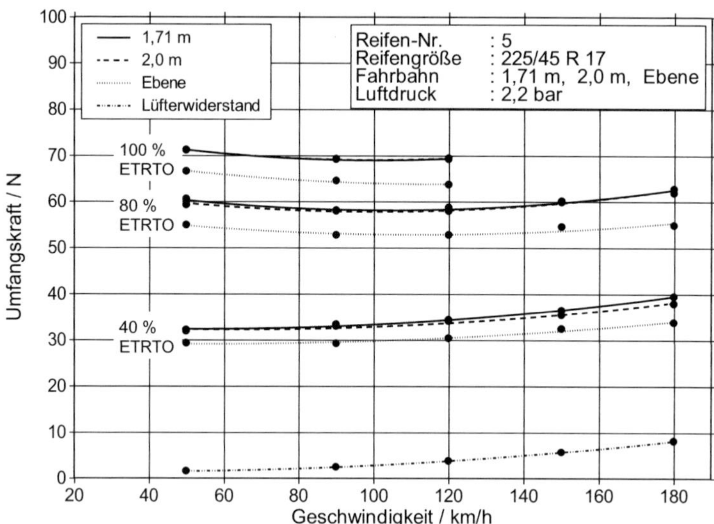

Abb. 3.4/1:   Rollwiderstand von Reifen 5 (225/45 R 17) bei einem Reifenluftdruck von 2,2 bar, gemessen auf der ebenen Fahrbahn und den beiden Außentrommeln, variiert wurde die Radlast.

Die Auswirkungen dieser Temperaturerhöhung kann mit Hilfe der *Abb. 3.4/2* diskutiert werden, die aus [Tur1] entnommen wurde und in ähnlicher Form auch in [Wil1] zu finden ist. Eingetragen sind Kurven „Rollwiderstandsbeiwert C_R über der Fahrgeschwindigkeit v" für konstante Reifentemperaturen T_R. In [Wil1] ist spezifiziert, dass die jeweiligen Reifentemperaturen an der Reifenschulter gemessen wurden, es ist aber kein Hinweis gegeben, ob die Messung an der Oberfläche oder im Reifen erfolgte. Die konkreten Zahlenwerte für die Reifentemperaturen wurden nicht aus [Tur1] in *Abb. 3.4/2* übertragen, da diese Zahlenangaben nur für den dort untersuchten Reifen gültig sind. Da hier aber lediglich eine prinzipielle Betrachtung durchgeführt werden soll, ist diese Vorgehensweise möglich. Ergänzend zu den Kurven aus [Tur1] wurden in *Abb. 3.4/2* typische Verläufe von C_R über der Fahrgeschwindigkeit v eingetragen, wie sie im Rahmen der vorliegenden Arbeit für Radlasten von 40 % ETRTO und 100 % ETRTO ermittelt wurden (im stationären Zustand bei Temperaturgleichgewicht).

Da die Kurven für die beiden Radlasten in *Abb. 3.4/2* bei 50 km/h dicht zusammen liegen, kann dem Diagramm entnommen werden, dass für diese niedrige Geschwindigkeit ähnliche Reifentemperaturen und auch ähnliche Rollwiderstandsbeiwerte vorliegen. Bei 90 km/h unterscheiden sich dann aber die Reifentemperaturen deutlich. Sie liegen nun bei 40 % ETRTO-Last lediglich zwischen den Werten T_3 und T_4, während sich bei 100 % ETRTO-Last Temperaturen deutlich über T_4 einstellen. Dadurch ergibt sich für diese höhere Last ein kleinerer Rollwiderstandsbeiwert C_R. Durch die Temperaturerhöhung kann es also bei bestimmten Reifen vorkommen, dass der Rollwiderstand bei großen Radlasten mit zunehmender Geschwindigkeit zunächst abnimmt, während er bei niedrigen Radlasten zunimmt.

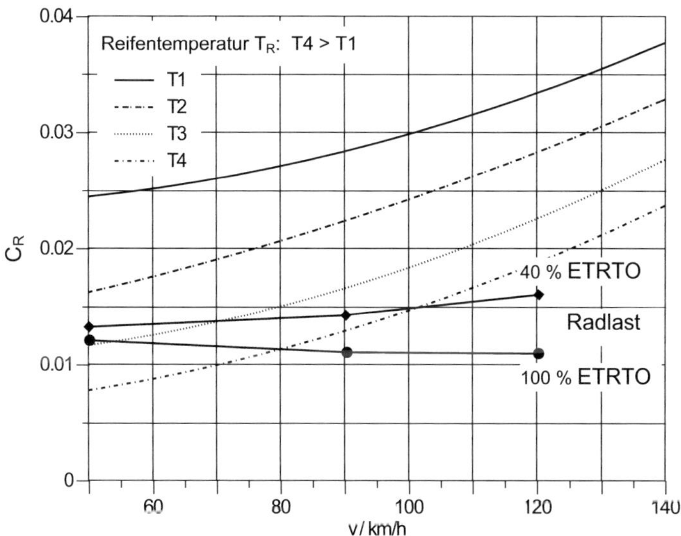

Abb. 3.4/2:   Abhängigkeit des Rollwiderstandsbeiwertes C_R von der Fahrgeschwindigkeit v: dargestellt sind einerseits die Beiwerte für vier konstante Reifentemperaturen T_1 bis T_4, andererseits sind die prinzipiellen Verläufe von C_R für zwei unterschiedlichen Radlasten und 2,2 bar Reifenluftdruck (kalt gemessen) im thermodynamischen Gleichgewicht eingetragen.

In diesem Zusammenhang ist außerdem zu beachten, dass die im Rahmen der Arbeit durchgeführten Rollwiderstandsmessungen mit konstanter Luftfüllung gefahren wurden (freier Druckaufbau, also ohne Luftdruckregelung). Dadurch ist mit zunehmender Reifentemperatur auch der Luftdruck angestiegen, was den Rollwiderstand zusätzlich zu geringeren Werten hin verschoben hat.

Betrachtet man den Fahrbahnkrümmungseinfluss in *Abb. 3.4/1*, so fällt auf, dass sich die Rollwiderstände auf den beiden Außentrommeln nur sehr wenig unterscheiden. Die Unterschiede in der Oberflächenkrümmung der Trommeln sind zu gering, um deutliche Abweichungen bei den Ergebnissen zu erzeugen.

Vergleicht man die Rollwiderstände der Ebene mit denen der Trommeln, kann festgestellt werden, dass die Unterschiede mit wachsender Radlast absolut gesehen zunehmen. Allerdings zeigt sich, dass diese Unterschiede zwischen den Rollwiderständen auf der Ebene und den Trommeln mit steigender Radlast nicht im gleichen Maß anwachsen, wie die absoluten Rollwiderstandswerte mit der Radlast zunehmen. Die entsprechenden Zahlenwerte können beispielhaft für 90 km/h *Tab. 3.4/1* entnommen werden.

Tab. 3.4/1:   Rollwiderstandswerte von Reifen 5 (225/45 R 17) bei 90 km/h (Zahlenwerte zu *Abb. 3.4/1*).

Radlast	40 % ETRTO		100 % ETRTO	
	Rollwiderstand	Differenz (bezogen auf die Ebene)	Rollwiderstand	Differenz (bezogen auf die Ebene)
1,71-m-Trommel	33,3 N	4,1 N	69,2 N	4,8 N
Ebene	29,2 N	(14,0 %)	64,4 N	(7,5 %)

Demnach nimmt der Rollwiderstand bei Reifen 5 (bei 90 km/h und den Randbedingungen aus *Abb. 3.4/1*) beim Übergang von der Ebene auf die 1,71-m-Trommel bei 40 % ETRTO-Last um 14 % zu, während er bei 100 % ETRTO-Last lediglich um 7,5 % ansteigt. Dies bedeutet, dass der Krümmungseinfluss, relativ gesehen, offensichtlich mit der Radlast abnimmt. Auch dieses Phänomen lässt sich durch die Reifentemperaturen erklären, die mit zunehmender Radlast und zunehmender Trommelkrümmung ansteigen. Durch die höheren Temperaturen bei größeren Radlasten und Trommelkrümmungen kommt es zum einen zu einer Abnahme der Gummidämpfung, zum anderen steigt der Reifenluftdruck verstärkt an. Somit nehmen in der Folge die zusätzlichen Verluste durch die Fahrbahnoberflächenkrümmung bei großen Radlasten, relativ gesehen, ab.

Des Weiteren deutet sich an, dass der Krümmungseinfluss bis etwa 120 km/h annähernd geschwindigkeitsunabhängig ist, dass er dann aber bei sehr hohen Geschwindigkeiten leicht zunimmt. Wie in *Abschnitt 3.2.1* bereits beschrieben, wurden allerdings diese hohen Geschwindigkeiten nicht bei 100 % ETRTO-Last gefahren, um eine Überlastung der Reifen auszuschließen.

Abb. 3.4/3 zeigt am Beispiel des Reifens 5 (225/45 R 17 91Y) den Einfluss unterschiedlicher Reifenluftdrücke auf den Rollwiderstand. Auch hier sind die Kurvenverläufe für verschiedene Fahrbahnkrümmungen dargestellt.

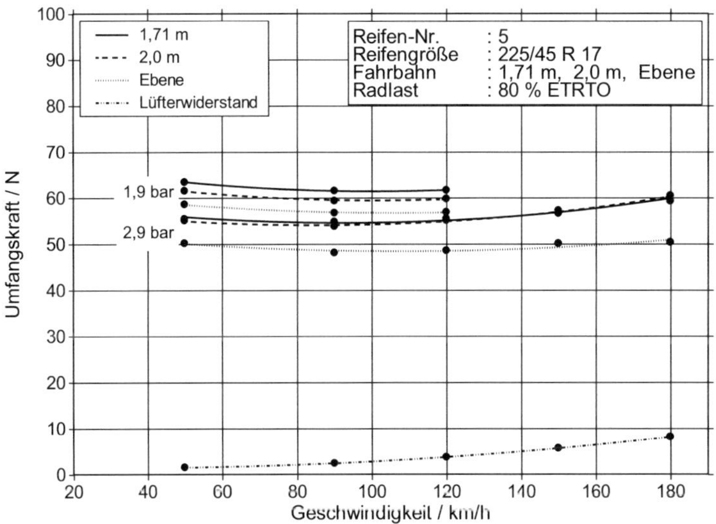

Abb. 3.4/3:　Rollwiderstand von Reifen 5 (225/45 R 17) bei 80 % ETRTO-Radlast, gemessen auf der ebenen Fahrbahn und den beiden Außentrommeln, variiert wurde der Reifenluftdruck.

Wie allgemein bekannt, steigt der Rollwiderstand mit abnehmendem Reifenluftdruck an. Die Wirkung eines abgesenkten Luftdrucks ist vergleichbar mit der Wirkung einer erhöhten Radlast, allerdings sind geringere Unterschiede bei den Rollwiderstandskurven festzustellen. Dies ist darauf zurückzuführen, dass die Variationsbreite des Luftdrucks kleiner war als bei den Radlastvarianten, da nur technisch sinnvolle Luftdrücke gefahren wurden. Bei allen Luftdrücken fällt bei diesem Reifen der Rollwiderstand mit zunehmender Fahrgeschwindigkeit zunächst deutlich ab, nimmt aber dann bei großen Geschwindigkeiten zu. Um den Reifen nicht zu überlasten, wurden Geschwindigkeiten über 120 km/h nicht mit 1,9 bar Luftdruck gefahren.

Die Kurven zum Radlast- und Luftdruckeinfluss des kleineren Reifens 3 (165/70 R 13 79T) sind in *Abb. 3.4/4* und *3.4/5* dargestellt. Infolge der niedrigeren Radlasten aber auch aufgrund der anderen Reifenauslegung liegen die Rollwiderstandskurven generell auf einem niedrigeren Niveau.

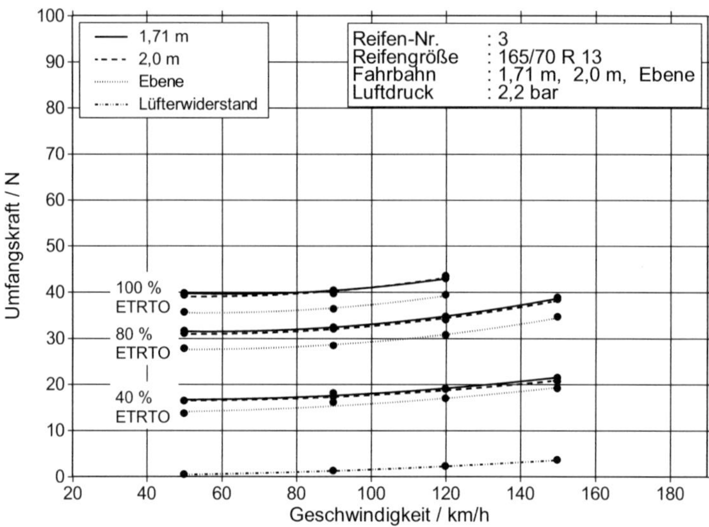

Abb. 3.4/4:   Rollwiderstand von Reifen 3 (165/70 R 13) bei einem Reifenluftdruck von 2,2 bar, gemessen auf der ebenen Fahrbahn und den beiden Außentrommeln, variiert wurde die Radlast.

Des Weiteren ist auffällig, dass die Rollwiderstände F_R in *Abb. 3.4/4* zwar ebenfalls mit der Radlast F_Z deutlich zunehmen, dass sich allerdings die Kurvenverläufe bei diesem Reifen mit ansteigender Radlast nicht deutlich verändern. Offensichtlich reagiert Reifen 3 auf Temperaturerhöhungen geringer, so dass sich die höheren Temperaturen, die sich bei den größeren Radlasten einstellen, nicht auf den Kurvenverlauf auswirken. So kommt es auch nicht zu einem Abfall des Rollwiderstandes mit steigender Fahrgeschwindigkeit aufgrund höherer Reifentemperaturen. Vielmehr steigen die Kurven für jede Radlast bereits bei mittleren Geschwindigkeiten merklich an. Dieses Verhalten könnte damit zu tun haben, dass der Reifen 3 einer niedrigen Geschwindigkeitskategorie zugeordnet ist (Speed Index T: bis 190 km/h). Es konnten zwar bei den untersuchten Geschwindigkeiten noch keine stehenden Wellen beobachtet werden, aber dennoch reagiert dieser Reifen ab etwa 90 km/h auf eine Geschwindigkeitszunahme mit einer deutlichen Rollwiderstandszunahme, während der vorher betrachtete Reifen 5 (Speed Index Y: bis 300 km/h) bei 90 km/h annähernd konstante Rollwiderstandwerte aufwies.

Betrachtet man den Fahrbahnkrümmungseinfluss in *Abb. 3.4/4*, kann auch bei Reifen 3 festgestellt werden, dass sich die Rollwiderstände auf den beiden Außentrommeln nur sehr wenig unterscheiden. Des Weiteren deutet sich ebenso hier an, dass die Rollwiderstandsunterschiede zwischen der Ebene und den Trommeln mit zunehmender Radlast, relativ gesehen, kleiner werden. Dies wird aus den Rollwiderstandswerten ersichtlich, die beispielhaft für 90 km/h in *Tab. 3.4/2* eingetragen sind.

Tab. 3.4/2:   Rollwiderstandswerte von Reifen 3 (165/70 R 13) bei 90 km/h (Zahlenwerte zu *Abb. 3.4/4*).

Radlast	40 % ETRTO		100 % ETRTO	
	Rollwiderstand	Differenz (bezogen auf die Ebene)	Rollwiderstand	Differenz (bezogen auf die Ebene)
1,71-m-Trommel	18,0 N	2,0 N	40,3 N	4,0 N
Ebene	16,0 N	(12,5 %)	36,3 N	(11,0 %)

Während bei 40 % ETRTO-Last der Rollwiderstand (bei 90 km/h und den Randbedingungen aus *Abb. 3.4/4*) beim Übergang von der Ebene auf die 1,71-m-Trommel um 12,5 % ansteigt, erhöht sich der Rollwiderstand bei 100 % ETRTO-Last nur um 11,0 %. Des Weiteren ist anzumerken, dass der Krümmungseinfluss auch bei diesem Reifen im untersuchten Bereich annähernd unabhängig von der Geschwindigkeit zu sein scheint.

Abb. 3.4/5 zeigt ebenfalls bei Reifen 3 geringere Unterschiede bei den Rollwiderstandskurven, wenn anstelle der Radlast der Reifenluftdruck variiert wird. Die Kurvenverläufe sind insgesamt denen aus *Abb. 3.4/4* sehr ähnlich, d.h. auch hier steigen die Kurven für jeden Reifenluftdruck bereits bei mittleren Geschwindigkeiten merklich an, was, wie bereits erwähnt, mit der niedrigen Geschwindigkeitskategorie (Speed Index T) zusammenhängen kann.

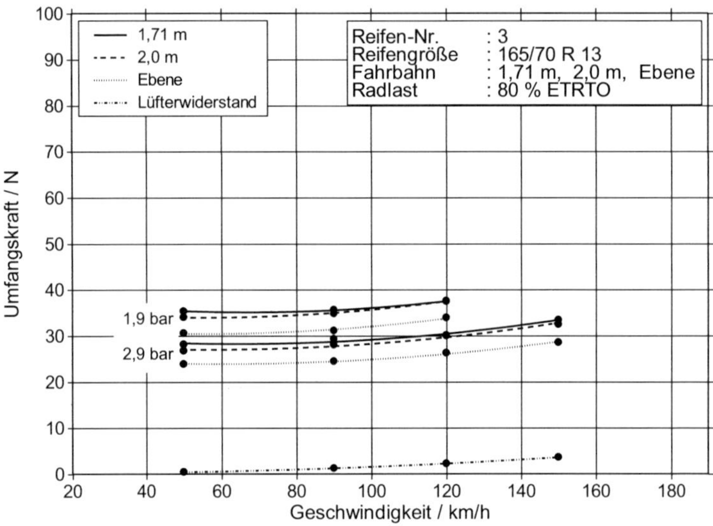

Abb. 3.4/5:   Rollwiderstand von Reifen 3 (165/70 R 13) bei 80 % ETRTO-Radlast, gemessen auf der ebenen Fahrbahn und den beiden Außentrommeln, variiert wurde der Reifenluftdruck.

Die Aussagen zur Wirkung unterschiedlicher Radlasten und Luftdrücke auf die Rollwiderstandsverläufe in Abhängigkeit von der Geschwindigkeit und auf den Einfluss der Fahrbahnkrümmung auf den Rollwiderstand lassen sich für die anderen untersuchten Reifen bestätigen. Es kann festgehalten werden, dass die Reifen unter anderem aufgrund ihrer unterschiedlichen Größe und ihres unterschiedlichen Aufbaus auf verschiedene Prüfbedingungen jeweils anders reagieren und dass es offensichtlich von großer Bedeutung ist, wie stark sich die Gummidämpfung der einzelnen Reifen abhängig von der Reifentemperatur verändert. Zwar liegen über die Gummimischungen der untersuchten Reifen keine Informationen vor, jedoch kann aus Literaturangaben zu realen Reifen-Gummimischungen abgeleitet werden, dass hier merkliche

Unterschiede zu erwarten sind. Um Rückschlüsse auf den Walk- und damit auch auf den Rollwiderstand zu gewinnen, werden in der Literatur häufig Diagramme herangezogen, in denen der Verlustfaktor tan δ in Abhängigkeit von der Gummitemperatur dargestellt ist [Hei4, Jur1, Sat1]. Wie bereits in *Abschnitt 3.1* beschrieben, stehen die Gummidämpfung und der Verlustfaktor tan δ in direktem Zusammenhang. In *Abb. 3.4/6* sind beispielhaft die Verläufe der Verlustfaktoren verschiedener Gummimischungen über der Temperatur dargestellt. In diesem Beispiel handelt es sich jeweils um die gleiche Grundmischung, es wurde lediglich im einen Fall Ruß und im anderen Fall Silica als Füllstoff verwendet.

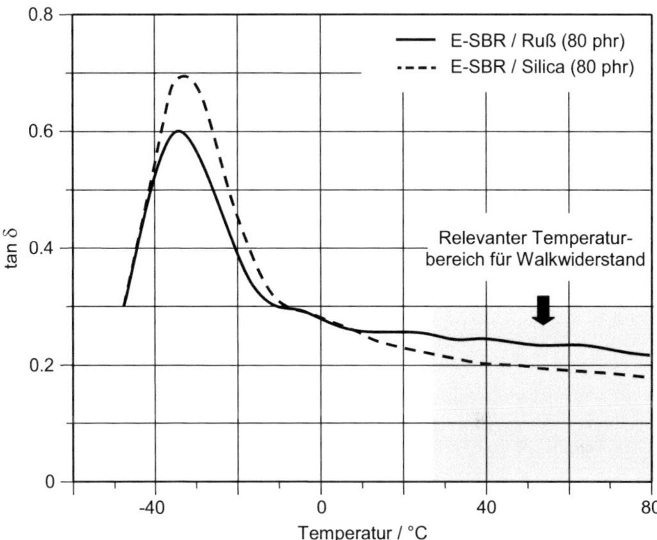

Abb. 3.4/6:   Vergleich der Verlustfaktoren tan δ einer Ruß- und einer Silica-gefüllten Gummimischung (gleiche Grundmischung E-SBR = Emulsion Styrene-Butadiene Rubber, phr = parts per 100 rubber parts), nach [Hei4].

Man erkennt zum einen, dass die Maximalwerte der beiden Kurven bei der gleichen Temperatur liegen (Glasübergangstemperatur), zum anderen, dass die beiden Kurven im für den Walkwiderstand relevanten Bereich mit ansteigender Temperatur unterschiedlich stark abfallen. Dieser für den Walkwiderstand relevante Temperaturbereich liegt oberhalb ca. 27 °C [Hei1, Hei4, Hei5], andere Literaturstellen geben 50 °C als untere Grenze für diesen relevanten Bereich an [Jur1, Kash1, Laz1, Sat1]. Wenn nun die Verlustfaktoren mit steigender Gummitemperatur in diesem Bereich unterschiedlich abnehmen, wird sich entsprechend bei den verschiedenen Gummimischungen auch ein unterschiedliches Walkwiderstandsverhalten einstellen.

Da die Einfederung und somit die Deformation des Reifens wesentlich stärker durch den Reifenluftdruck und weniger vom Speichermodul G' abhängt, ist davon auszugehen, dass der Speichermodul den Walkwiderstand relativ gering beeinflusst. Somit sollte der Walkwiderstand des Reifens in noch engerer Beziehung zum Verlustmodul G'' stehen als zum Verlustfaktor tan δ, der ja das Verhältnis zwischen dem Verlustmodul G'' und dem Speichermodul G' angibt, siehe *Abschnitt 3.1*. Da von den untersuchten Reifen aber auch keine Verlustmoduldaten zur Verfügung stehen, wird hier ebenfalls beispielhaft auf Kennlinien zurückgegriffen, die in der Literatur zu finden sind [Laz1, Kash1, Mart1, Sat1]. In *Abb. 3.4/7* sind Kennlinien des Verlustmoduls G'' in Abhängigkeit von der Temperatur für unterschiedliche Silica-Gummimischungen dargestellt. Die in diesem Beispiel aufgeführten Silica-Füllstoffe „Vulkasil S", „T660" und „HT200" waren unterschiedlich wärmebehandelt.

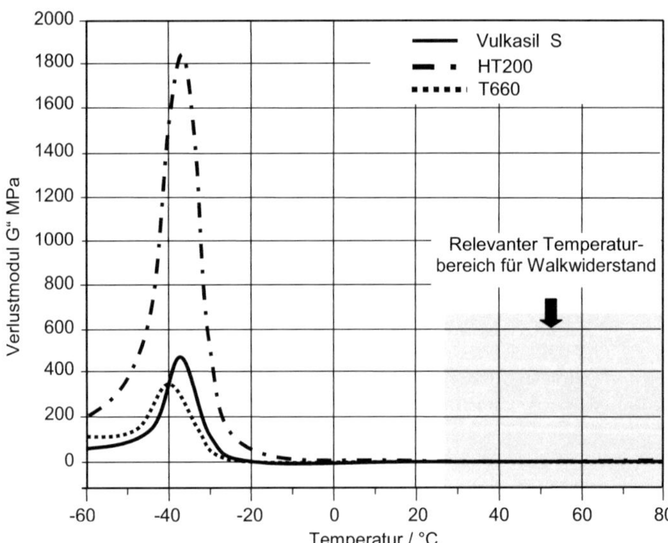

Abb. 3.4/7:   Vergleich der Verlustmodule G'' verschiedener Silica-Gummimischungen nach [Laz1]; die Silica-Füllstoffe waren unterschiedlich wärmebehandelt.

Da die Darstellung des weiten Temperaturbereichs von -60 °C bis 80 °C dazu führt, dass die Auflösung im für den Walkwiderstand relevanten Bereich zu gering ist, zeigt die *Abb. 3.4/8* den Bereich oberhalb 0 °C nochmals in einer größeren Auflösung [Laz1]. Hier ist zu erkennen, dass auch die Verlustmodule, ähnlich wie die Verlustfaktoren in *Abb. 3.4/6*, im für den Walkwiderstand relevanten Bereich mit ansteigender Temperatur unterschiedlich stark abnehmen und dass der Verlustmodul einer Gummimischung ab etwa 45 °C sogar wieder leicht ansteigt. Aus den unterschiedlichen Kurvenverläufen kann somit geschlossen werden, dass sich die Walkwiderstände und somit auch die Rollwiderstände verschiedener Reifen mit steigender Gummi-Temperatur unterschiedlich verhalten können.

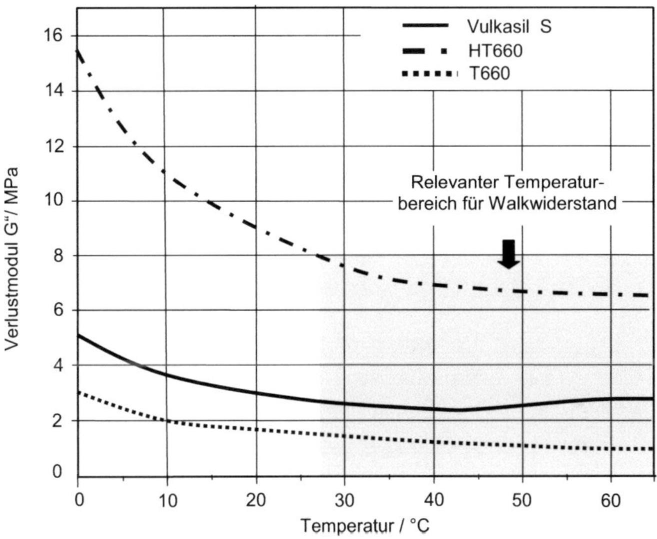

Abb. 3.4/8:   Vergleich der Verlustmodule G" verschiedener Silica-Gummimischungen nach [Laz1]; der für den Walkwiderstand relevante Bereich ist vergrößert dargestellt.

Somit kann abschließend zusammengefasst werden, dass sich die Rollwiderstandsverläufe verschiedener Reifen, über der Geschwindigkeit betrachtet, deutlich unterscheiden können. Außerdem deutet sich aufgrund der Messergebnisse an, dass der Fahrbahnkrümmungseinfluss bis zu mittleren Geschwindigkeiten annähernd unabhängig von der Fahrgeschwindigkeit ist und dass er mit der Radlast, relativ gesehen, abnimmt. Des Weiteren kann festgehalten werden, dass sich die Fahrbahnkrümmung auf die Rollwiderstände je nach Reifen unterschiedlich stark auswirken kann. So konnte beispielsweise ermittelt werden, dass bei dem Reifen der Dimension 225/45 R 17 91Y die Rollwiderstandszunahme beim Übergang von der Ebene auf die Trommel stärker von der aufgebrachten Radlast abhängig ist als bei dem Reifen der Größe 165/70 R 13 79T. Alle Feststellungen, die hier vorab getroffen wurden, werden im folgenden *Abschnitt 3.5* noch im Detail analysiert.

3.5 Korrekturalgorithmus zum Einfluss der Fahrbahnkrümmung auf den Rollwiderstand

Mit Hilfe der in *Abschnitt 3.4* beschriebenen Messergebnisse war nun ein Algorithmus zu entwickeln, um Rollwiderstände, die auf einem Außentrommelprüfstand ermittelt werden, auf die ebene Fahrbahn umrechnen zu können. Grundlage hierfür bildete folgende Gleichung, die in *Abschnitt 3.1* hergeleitet wurde.

$$\frac{F_{RE}}{F_{RT}} = \left(1 + e_{FR} \cdot \frac{r_R}{R_T}\right)^{-\frac{1}{2}}$$

[3.33]

mit

F_{RE} = Rollwiderstand auf der Ebene

F_{RT} = Rollwiderstand auf der Trommel

e_{FR} = Faktor zum Einfluss der Trommelkrümmung

r_R = Reifenradius des unbelasteten Reifens

R_T = Trommelradius (Außentrommel positiv, Innentrommel negativ)

In dieser Gleichung sollte durch den Faktor e_{FR} berücksichtigt werden, dass sich der Rollwiderstand je nach Reifen und je nach Betriebsbedingung unterschiedlich verändert, wenn von einer gekrümmten auf eine ebene Fahrbahn übergegangen wird. Der Faktor beschreibt somit, wie empfindlich ein Reifen auf gekrümmte Fahrbahnoberflächen reagiert. Er stellt keine Konstante dar, sondern nimmt abhängig vom Reifentyp, von der Radlast F_Z und vom Reifenluftdruck p unterschiedliche Werte an.

Bei der Datenauswertung stellte sich heraus, dass der Parameter „Geschwindigkeit" hierbei aber nicht berücksichtigt werden muss, solange sich die Analysen auf einen Geschwindigkeitsbereich zwischen 50 und 120 km/h beschränken [Fre1]. Zu diesem

Ergebnis kommt man, wenn zunächst für jeden Reifen, jede Radlast-Luftdruck-Kombination und jede Geschwindigkeit das Verhältnis F_{RE}/F_{RT} gebildet wird, indem jeweils der Rollwiderstand auf der Ebene F_{RE} durch den entsprechenden Rollwiderstand auf der Trommel F_{RT} geteilt wird. Wenn man anschließend die Abhängigkeit des Verhältnisses F_{RE}/F_{RT} von der Fahrgeschwindigkeit analysiert, zeigt sich, dass im Rahmen der Messwertstreuung keine deutliche Geschwindigkeitsabhängigkeit gefunden werden kann. Um diese Feststellung übersichtlich darstellen zu können, wurde jeweils für jede Radlast und jede Geschwindigkeit bei einem Reifenluftdruck $p = 2,2$ bar aus den Verhältnissen der einzelnen Reifen F_{RE}/F_{RT} der Mittelwert über die Reifen 1 bis 6 $\overline{F}_{RE,1-6}/\overline{F}_{RT,1-6}$ berechnet. Diese Mittelwerte sind in *Abb. 3.5/1*, für die beiden Trommeln getrennt, in Abhängigkeit von der Fahrgeschwindigkeit aufgetragen.

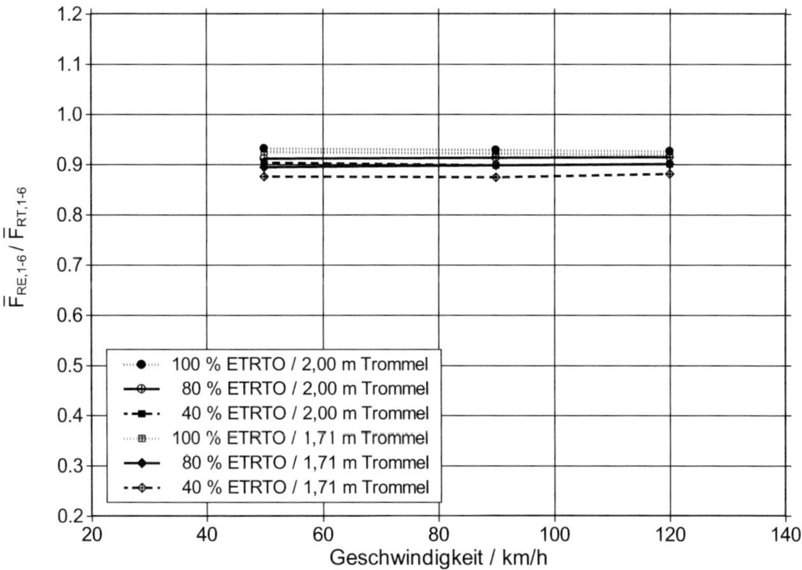

Abb. 3.5/1: Rollwiderstandsverhältnis $\overline{F}_{RE,1-6}/\overline{F}_{RT,1-6}$ gemittelt über die einzelnen Reifen 1 bis 6, getrennt berechnet für die 1,71-m-Trommel, für die 2,0-m-Trommel und für die einzelnen Radlasten bei einem Reifenluftdruck $p = 2,2$ bar.

Da die Rollwiderstände auf der Außentrommel größer sind als die auf der Ebene, liegen alle eingetragenen Punkte unterhalb des Ordinatenwertes 1. Man erkennt in *Abb. 3.5/1* auch deutlich die Wirkung der Radlast bezüglich des Trommelkrümmungseinflusses auf den Rollwiderstand. Da das Verhältnis $\overline{F}_{RE,1-6}/\overline{F}_{RT,1-6}$ mit zunehmender Radlast größer wird, bedeutet dies, dass der Trommelkrümmungseinfluss abnimmt. Man erkennt des Weiteren, dass die kleinere 1,71-m-Trommel den größeren Einfluss auf den Rollwiderstand hat, da die Werte jeweils unter denen der 2,0-m-Trommel liegen. Wie bereits erwähnt, ist aber kein deutlicher Geschwindigkeitseinfluss zu erkennen. Alle Kurven verlaufen annähernd horizontal über der Geschwindigkeit.

In ähnlicher Weise wurde *Abb. 3.5/2* erstellt. In diesem Fall wurde für jeden Reifenluftdruck und jede Geschwindigkeit bei einer Radlast von 80 % ETRTO aus den Verhältnissen der einzelnen Reifen F_{RE}/F_{RT} wieder jeweils der Mittelwert über die Reifen 1 bis 6 $\overline{F}_{RE,1-6}/\overline{F}_{RT,1-6}$ berechnet.

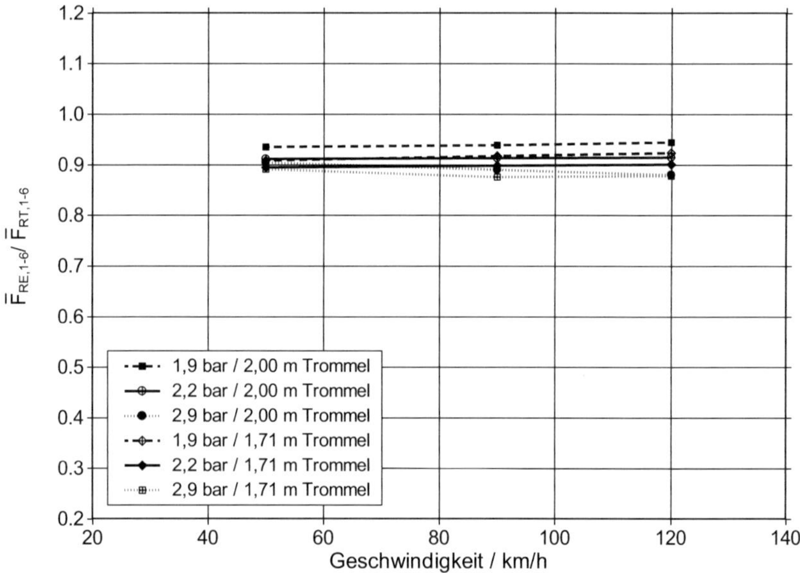

Abb. 3.5/2:   Rollwiderstandsverhältnis $\overline{F}_{RE,1-6}/\overline{F}_{RT,1-6}$ gemittelt über die einzelnen Reifen 1 bis 6, getrennt berechnet für die 1,71-m-Trommel, für die 2,0-m-Trommel und für die einzelnen Luftdrücke bei 80 % ETRTO-Radlast.

Auch in *Abb. 3.5/2* ist wieder deutlich zu erkennen, dass die kleinere 1,71-m-Trommel zu einem größeren Fahrbahnkrümmungseinfluss auf den Rollwiderstand führt. Des Weiteren sieht man, dass der Krümmungseinfluss mit sinkendem Luftdruck abnimmt, da das Verhältnis $\overline{F}_{RE,1-6} / \overline{F}_{RT,1-6}$ in diesem Fall größere Werte annimmt. Man erkennt aber auch, dass die Geschwindigkeit nur einen sehr geringen Einfluss hat, da die Kurven fast horizontal verlaufen und lediglich teilweise ganz leicht ansteigen.

Um zu untermauern, dass der Geschwindigkeitseinfluss vernachlässigbar ist, wurde ergänzend noch ein weiteres Diagramm erstellt. Hierzu wurde aus den fünf Einzelmessungen (fünf Radlast-Luftdruck-Kombinationen), die für jeden Reifen pro Fahrbahn und Geschwindigkeit v existieren, jeweils für die einzelnen Reifen getrennt der Mittelwert $\overline{F}_{R,pFz}(v)$ gebildet:

$$\overline{F}_{R,pFz}(v) = \frac{1}{5} \cdot \left[\; F_R\left(F_{Z1},p_2\right) + F_R\left(F_{Z2},p_2\right) + F_R\left(F_{Z3},p_2\right) + F_R\left(F_{Z2},p_1\right) + F_R\left(F_{Z2},p_3\right) \; \right] \quad [3.34]$$

Für die Darstellung in *Abb. 3.5/3* wurden die einzelnen Mittelwerte der Ebene $\overline{F}_{RE,pFz}(v)$ durch die zugehörigen Mittelwerte der 1.71-m-Trommel $\overline{F}_{RT,pFz}(v)$ dividiert und in dem Diagramm in Abhängigkeit von der Geschwindigkeit eingetragen. Durch die Bildung der Mittelwerte existieren in *Abb. 3.5/3* im Geschwindigkeitsbereich von 50 bis 120 km/h pro Reifen nur noch drei Punkte, wodurch die Darstellung sehr übersichtlich ist.

Auch hier ist zu erkennen, dass sich die Rollwiderstandsverhältnisse über der Geschwindigkeit praktisch nicht verändern. Dies wird durch die Regressionsgerade, die mit den Daten von Reifen 1 bis 6 berechnet wurde, deutlich, weil diese Gerade im Diagramm annähernd horizontal liegt. Da nur Reifen 6 einen leichten Anstieg über der Geschwindigkeit aufweist, wird davon ausgegangen, dass der Trommelkrümmungseinfluss im Bereich von 50 bis 120 km/h nur unbedeutend von der Geschwindigkeit abhängt. Somit konnte im Folgenden ein Geschwindigkeitseinfluss vernachlässigt werden.

Für den Faktor e_{FR} war nun ein geeigneter Gleichungsansatz zu finden, mit dem die genannten Abhängigkeiten dargestellt werden können, wobei aber kein Geschwindigkeitseinfluss berücksichtigt werden muss. Folgende Kriterien sollten dabei erfüllt sein:

- Für alle Reifen soll der gleiche Ansatz verwendbar sein.

- Der Gleichungsansatz soll die Empfindlichkeit der Reifen auf gekrümmte Fahrbahnoberflächen, was den Rollwiderstand betrifft, derart genau wiedergeben, dass der Krümmungseinfluss besser als bisher korrigiert werden kann.

- Die Gleichung soll so einfach wie möglich sein, damit sie in der Praxis von Prüfstandsbetreibern leicht angewendet werden kann.

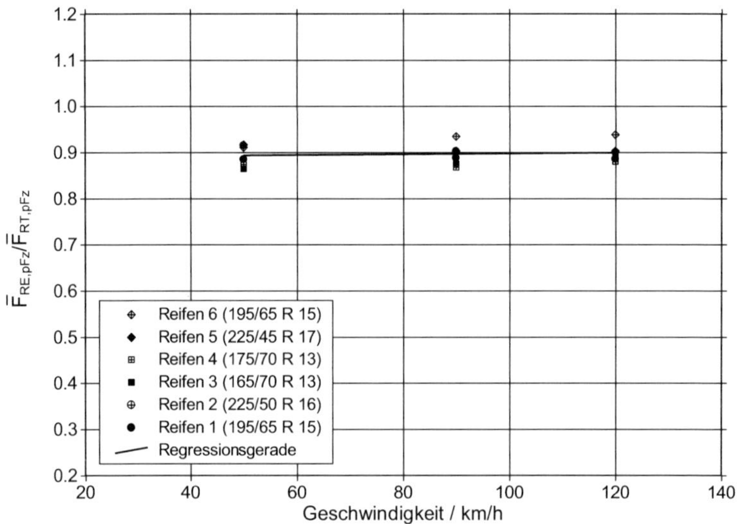

Abb. 3.5/3:   Rollwiderstandsverhältnis $\overline{F}_{RE,pFz} / \overline{F}_{RT,pFz}$ gemittelt über den einzelnen Radlast- und Luftdruckvarianten, getrennt berechnet für die Reifen 1 bis 6 mit den Daten der ebenen Fahrbahn und der 1,71-m-Außentrommel.

Insgesamt liegen für die sechs Reifen, die auf drei Fahrbahnkrümmungen gemessen wurden, 90 Messpunkte je Fahrbahn vor. Da aber pro Reifen und Fahrbahnoberfläche lediglich fünf Radlast-Luftdruck-Kombinationen zur Verfügung standen, wurde folgender relativ einfacher Gleichungsansatz als Ausgangsbasis formuliert. Bei der Aufstellung der Gleichung wurde bereits das Ergebnis einer vorab durchgeführten Analyse berücksichtigt, dass der Krümmungseinfluss mit zunehmender Radlast fällt, aber mit zunehmendem Luftdruck ansteigt. Daher steht der Parameter Radlast F_Z im Nenner, der Luftdruck p dagegen im Zähler. An dieser Stelle soll erwähnt werden, dass sich die Gültigkeit der Gleichung auf denjenigen Radlastbereich beschränkt, der im

Rahmen des Vorhabens untersucht wurde, d.h. auf den Bereich von 40 % bis 100 % ETRTO-Radlast. Diese Beschränkung ist für Rollwiderstandsmessungen als sinnvoll zu erachten, da somit der technisch relevante Bereich abgedeckt ist. Im Dauerbetrieb wird ein Reifen im Normalfall nicht mit kleineren oder größeren Vertikalkräften belastet werden. Daher ist es auch nicht als Nachteil anzusehen, dass die Gleichung nicht für 0 % Radlast definiert ist.

$$e_{FR} \; = \; b_c + b_F \cdot \frac{1}{F_Z} + b_p \cdot p + b_{pF} \cdot \frac{p}{F_Z} \qquad\qquad [3.35]$$

mit $\quad$ b_c = Konstantanteil zur Berechnung des Einflussfaktors

$\qquad\qquad b_F$ = Koeffizient zur Berücksichtigung des Radlasteinflusses

$\qquad\qquad b_p$ = Koeffizient zur Berücksichtigung des Luftdruckeinflusses

$\qquad\qquad b_{pF}$ = Koeffizient zur Berücksichtigung des kombinierten Luftdruck-Radlast-Einflusses

$\qquad\qquad F_Z$ = Radlast

$\qquad\qquad p$ = Reifenluftdruck

Die *Gleichung 3.35* stellt eine Zahlenwertgleichung dar, d.h. in der Gleichung sind nur die Maßzahlen der einzelnen physikalischen Größen verknüpft. Gültig ist diese Gleichung, wenn

- die Radlast F_Z in (%/100) der ETRTO-Last (d.h. als Dezimalzahl) und

- der Reifenluftdruck p in bar,

jedoch nur als Maßzahl ohne Maßeinheit eingesetzt werden. Auf der Grundlage dieser Gleichung wurden nun im Rahmen einer Diplomarbeit [Fre1] mit Hilfe eines Matlab-Programms [Mat1] die Koeffizienten b_c bis b_{pF} so optimiert, dass die Trommelmessungen möglichst fehlerfrei auf die ebene Fahrbahn umgerechnet werden können. Hierbei wurden zunächst gemeinsame Koeffizienten für alle untersuchten Reifen ermittelt. Das iterativ arbeitende Matlab-Programm bestimmt die gesuchten Koeffizienten mit Hilfe der Methode der kleinsten Quadrate. Hierzu wird die Routine LSQCURVEFIT aus der Optimization-Toolbox von Matlab verwendet, die das Problem mit dem Large-Scale-Algorithmus löst.

Zur Bewertung der Güte des Korrekturterms mit den auf diese Weise ermittelten Koeffizienten wurde die mittlere quadratische Abweichung σ [Bei1, Ina1] zwischen den umgerechneten Rollwiderständen $\hat{F}_{RE}$, die mit Hilfe der *Gleichungen 3.33* und

3.35 von den Trommeln auf die Ebene übertragen wurden, und den auf der Ebene gemessenen Rollwiderständen F_{RE} bestimmt:

$$\sigma = \sqrt{\frac{1}{n-1}\sum_{i=1}^{n}\left(\hat{F}_{RE,i} - F_{RE,i}\right)^2}$$
[3.36]

mit:

n = Anzahl der betrachteten Messpunkte

$\hat{F}_{RE,i}$ = von den Trommeln auf die Ebene umgerechnete Rollwiderstände

$F_{RE,i}$ = auf der Ebene gemessene Rollwiderstände

Es ergab sich eine mittlere quadratische Abweichung σ = 1,20 N. Dieser Zahlenwert stellt ein befriedigendes Ergebnis dar, welches aber vor dem Hintergrund gesehen werden muss, dass bisher lediglich konstante Koeffizienten ermittelt wurden, die nicht reifenabhängig sind und daher auch das reifenspezifische Verhalten nicht wiedergeben.

Im nächsten Schritt wurde untersucht, ob die *Gleichung 3.35* vereinfacht werden kann. Hierzu wurden einzelne Koeffizienten weggelassen, wobei anschließend eine erneute Optimierung der verbleibenden Koeffizienten stattfand. Die Auswirkungen dieser Vereinfachungen auf die Güte der Korrektur wurden jeweils mit Hilfe der *Gleichung 3.36* überprüft. Hierbei zeigte sich, dass auf die Koeffizienten b_c, b_f und b_p verzichtet werden kann, ohne die Genauigkeit wesentlich zu verschlechtern [Fre1]. Als vereinfachter endgültiger Ansatz für den Einflussfaktor e_{FR} ergab sich schließlich:

$$e_{FR} = b_{pF} \cdot \frac{p}{F_Z}$$
[3.37]

Mit diesem vereinfachten Ansatz wird für b_{pF} = 0,195 eine mittlere quadratische Abweichung σ = 1,22 N erreicht. Sie liegt damit nur unwesentlich über dem Zahlenwert, der mit dem vollständigen Ansatz nach *Gleichung 3.35* erzielt wurde. Dies bedeutet, dass die vereinfachte Gleichung den Krümmungseinfluss ebenso angemessen korrigiert wie die ursprüngliche aufwändige Formel.

Der bisherige Ansatz berücksichtigte noch nicht das unterschiedliche Verhalten der einzelnen Reifen. Daher wurde im nächsten Schritt der Koeffizient b_{pF} für die einzelnen Reifen 1 bis 6 getrennt optimiert. Die ermittelten reifenindividuellen Zahlenwerte des Koeffizienten b_{pF} sind in *Tab. 3.5/1* aufgelistet.

Tab. 3.5/1:   Reifenindividuelle Zahlenwerte des Koeffizienten b_{pF} für die Umrechnung des Rollwiderstandes, optimiert mit Hilfe der Messdaten von Trommeln und Ebene.

Reifen-Nr.	Reifengröße	b_{pF}
1	195/65 R 15 91H	0,236
2	225/50 R 16 92W	0,171
3	165/70 R 13 79T	0,256
4	175/70 R 13 82Q	0,260
5	225/45 R 17 91Y	0,169
6	195/65 R 15 91T	0,103

Mit diesen reifenindividuellen Zahlenwerten wird eine mittlere quadratische Abweichung von $\sigma = 0,96$ N erzielt. Bezieht man diese Abweichung auf den größten gemessenen Rollwiderstandswert $F_R = 69,2$ N, der im Geschwindigkeitsbereich zwischen 50 und 120 km/h gemessen wurde, erhält man eine prozentuale Abweichung von 1,39 %. Dieser Wert kann als gutes Ergebnis interpretiert werden, da er sich auf jeden einzelnen Messpunkt bezieht, der bei einer bestimmten Geschwindigkeit ermittelt wurde.

3.5.1 Ermittlung der Koeffizienten aus Reifengeometriedaten

Für einen Betreiber eines Außentrommelprüfstands wäre es wünschenswert, wenn der Koeffizient b_{pF} auf einfachere Weise ermittelt werden könnte, ohne ein aufwändiges Messprogramm auf Trommel und Ebene durchführen zu müssen. Daher wurde der Ansatz untersucht, den Zahlenwert dieses Koeffizienten nur auf der Basis von Geometriedaten des betreffenden Reifens herzuleiten. Dieser Ansatz beruht auf der Grundlage, dass ein Zusammenhang zwischen der Empfindlichkeit des Reifens gegenüber einer Fahrbahnkrümmung und bestimmten anderen Reifeneigenschaften vermutet wurde. Außerdem ist anzunehmen, dass wiederum zwischen dieser anderen Reifeneigenschaft und den Reifengeometriedaten eine Korrelation vorliegt. So ist z.B. zwischen der Steifigkeit des Reifens und dem Höhen-Breiten-Verhältnis ein Zusammenhang zu erwarten, da Niederquerschnittsreifen als eher steif einzuschätzen sind.

Die wichtigen Gummikenndaten Speichermodul G' und Verlustmodul G'' wurden in die Untersuchung nicht miteinbezogen, da diese Kenndaten in der Praxis für einen

Prüfstandsbetreiber, der die Korrekturformel letztendlich anwenden soll, schwieriger zu ermitteln sind als einfache Geometriegrößen. Daher wurde der Versuch unternommen, eine Korrelation zwischen den einzelnen reifenindividuellen Koeffizienten b_{pF} (siehe *Tab. 3.5/1*) und aussagekräftigen Reifen-Geometriedaten herzustellen. Hierzu wurde jeweils der Korrelationskoeffizient zwischen dem reifenabhängigen Koeffizienten b_{pF} und den einzelnen Reifenkenngrößen, wie z.B. Reifenbreite, Reifenseitenwandhöhe, Höhen-Breiten-Verhältnis, Innendurchmesser, Außendurchmesser und Profiltiefe, bestimmt [Fre1].

Bei der Analyse stellte sich heraus, dass sich Reifen 6 in seinem Verhalten deutlich von den restlichen Reifen unterscheidet. Eine mögliche Erklärung für dieses Verhalten könnte sein, dass es sich bei diesem Reifentyp um einen Winterreifen handelt, der möglicherweise aufgrund seines speziellen Profils oder der Gummimischung ein anderes Verhalten als die restlichen Reifen aufweist. Da letztendlich aber nicht sicher ausgeschlossen werden konnte, dass diese Abweichungen aufgrund von Messausreißern entstanden sind, wurden die Daten von Reifen 6 zwar für die weiteren Auswertungen verwendet, sie wurden aber nicht zur Korrelationsanalyse herangezogen.

Die beste Korrelation wurde schließlich mit 0,99 zwischen b_{pF} und dem Höhen-Breiten-Verhältnis HBV ermittelt, so dass zwischen diesen beiden Größen (ohne Reifen 6) ein nahezu perfekter linearer Zusammenhang festgestellt werden konnte (siehe *Abb. 3.5.1/1*). Diese beobachtete Abhängigkeit ist möglicherweise wieder auf einen Temperatureffekt zurückzuführen. Gerade bei den Niederquerschnittsreifen (Reifen 2 und Reifen 5) war zu erkennen, dass sie bei hohen Lasten auf eine Geschwindigkeitserhöhung, zumindest ausgehend von niedrigen Geschwindigkeiten, mit einer Rollwiderstandsabnahme reagieren. Dies wurde in *Abschnitt 3.4* darauf zurückgeführt, dass bei diesen Reifen eine Temperaturerhöhung zu einer besonders starken Dämpfungsabnahme führt.

Es deutet sich an, dass sich diese Eigenschaft nun auch auf die Krümmungsempfindlichkeit auswirkt. Da sich bei Trommelmessungen aufgrund der Fahrbahnkrümmung höhere Reifentemperaturen einstellen werden als auf der Ebene, wird sich dadurch bei den Reifen 2 und Reifen 5 die Gummidämpfung besonders stark verringern (siehe auch *Abb. 3.4/6* und *3.4/7*). Dadurch werden diese Reifen auf eine Oberflächenkrümmung mit einem geringeren Rollwiderstandsanstieg reagieren als die anderen Reifen, so dass dann auch der Koeffizient b_{pF} in diesem Fall besonders klein ausfällt. An dieser Stelle soll aber angemerkt werden, dass diese geringere Krümmungsempfindlichkeit wahrscheinlich nur indirekt vom Höhen-Breiten-Verhältnis abhängt. Möglicherweise reagieren gerade sportlich orientierte Reifen mit entsprechenden Gummimischungen anders auf eine Trommelkrümmung und diese sportlich orientierten Reifen sind eben in der Regel Niederquerschnittsreifen.

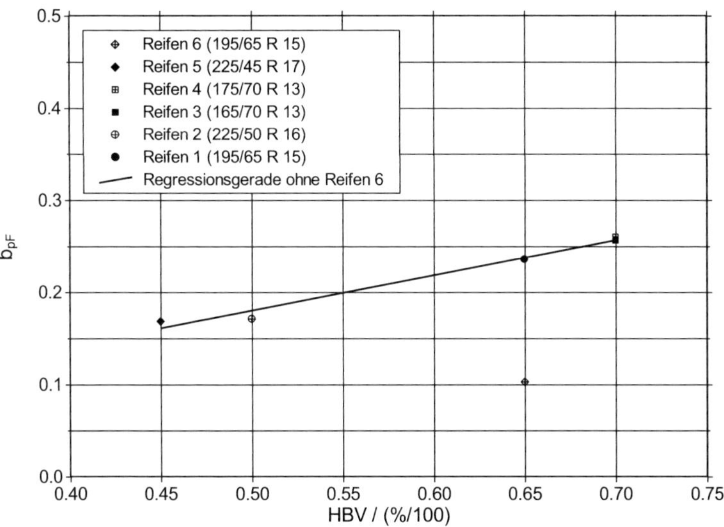

Abb. 3.5.1/1:   Zusammenhang zwischen dem Koeffizienten b_{pF} und dem Höhen-Breiten-Verhältnis der einzelnen Reifen [Fre1].

Aufgrund des Ergebnisses in *Abb. 3.5.1/1* konnte schließlich die Bestimmungsgleichung für b_{pF} hergeleitet werden, die durch die abgebildete Regressionsgerade repräsentiert wird:

$$b_{pF} = -0,012 + 0,383 \cdot HBV \qquad [3.38]$$

mit   HBV = Höhen-Breiten-Verhältnis des Reifens als Dezimalzahl

Auf der Grundlage dieser Bestimmungsgleichung wurden nun die in der *Tab. 3.5.1/1* aufgelisteten Zahlenwerte berechnet.

Tab. 3.5.1/1:   Zahlenwerte für den Koeffizienten b_{pF} für die Umrechnung des Rollwiderstands, ermittelt auf der Grundlage des Höhen-Breiten-Verhältnisses der einzelnen Reifen.

Reifen-Nr.	Reifengröße	b_{pF}
1	195/65 R 15 91H	0,237
2	225/50 R 16 92W	0,180
3	165/70 R 13 79T	0,256
4	175/70 R 13 82Q	0,256
5	225/45 R 17 91Y	0,160
6	195/65 R 15 91T	0,237

Durch Einsetzen der *Gleichung 3.38* in *Gleichung 3.37* erhält man für den Einflussfaktor e_{FR}:

$$e_{FR} = b_{pF} \cdot \frac{p}{F_Z} = (-0{,}012 + 0{,}383 \cdot HBV) \cdot \frac{p}{F_Z} \qquad [3.39]$$

mit

HBV = Höhen-Breiten-Verhältnis des Reifens

p = Reifenluftdruck

F_Z = Radlast

Auch die *Gleichung 3.39* stellt eine Zahlenwertgleichung dar, d.h. in der Gleichung sind nur die Maßzahlen der einzelnen physikalischen Größen verknüpft. Gültig ist diese Gleichung, wenn die folgenden Größen ohne Maßeinheit eingesetzt werden:

- das Höhen-Breiten-Verhältnis HBV als Dezimalzahl,

- der Reifenluftdruck p in bar und

- die Radlast F_Z in (%/100) der ETRTO-Last (d.h. als Dezimalzahl).

Die Genauigkeit dieses Verfahrens wurde nun überprüft, indem die Rollwiderstandswerte aller Trommelmessungen mit Hilfe der *Gleichungen 3.33* und *3.39* auf die ebene Fahrbahn umgerechnet wurden. Beim anschließenden Vergleich mit den tatsächlich auf der Ebene gemessenen Werten wurde eine mittlere quadratische Abweichung von 1,21 N ermittelt, was einem Wert von 1,75 % entspricht, wenn der größte gemessene Rollwiderstand (im Geschwindigkeitsbereich von 50 bis 120 km/h) F_R = 69,2 N als Bezugsgröße zugrunde gelegt wird. Dieser Wert ist akzeptabel, er ist aber dennoch deutlich schlechter als das Ergebnis, das mit den reifenindividuellen Koeffizienten aus *Tab. 3.5/1* erreicht wurde. Die Ursache hierfür ist das abweichende Verhalten von Reifen 6, das bereits in *Abb. 3.5.1/1* erkennbar war. Ohne Berücksichtigung von Reifen 6 wurde sogar eine mittlere quadratische Abweichung von nur 0,97 N bzw. 1,4 % berechnet. Es kann damit festgehalten werden, dass die Umrechnung der Trommelwerte auf die Ebene mit Hilfe des vorgestellten Verfahrens, auch bei Berücksichtigung von Reifen 6, mit ausreichender Genauigkeit erfolgt. Ob das Verfahren auf beliebige andere Reifen anwendbar ist, wird in *Abschnitt 3.6* überprüft.

Im Folgenden soll die Wirkung unterschiedlicher Radlasten und Luftdrücke auf den Trommelkrümmungseinfluss bei Rollwiderstandsmessungen nochmals genauer aufgezeigt werden. Hierzu wird der Quotient

$$\frac{F_{RE}}{F_{RT}} = f\left(F_Z\right) \qquad\qquad [3.40]$$

berechnet, wobei gilt:

F_{RE}	=	Rollwiderstand auf der Ebene
F_{RT}	=	Rollwiderstand auf der Trommel
F_Z	=	Radlast in % der ETRTO-Last

In *Abb. 3.5.1/2* ist dieses Rollwiderstandsverhältnis gemäß *Gleichung 3.40* in Abhängigkeit von der Radlast beispielhaft für die Reifen 1, 3 und 5 dargestellt. Die Ergebnisse für die anderen Reifen sind im *Anhang A.1.1* abgebildet.

Eingetragen sind die Punkte für verschiedene Reifen, die auf der Grundlage der Messungen bei unterschiedlichen Radlasten ermittelt wurden. Für die Darstellung wurden die einzelnen Punkte jeweils durch Mittelung der Ergebnisse bei 50, 90 und 120 km/h bestimmt. Die Näherungskurven wurden mit Hilfe der *Gleichungen 3.33* und *3.39* aus den Höhen-Breiten-Verhältnissen der Reifen berechnet. Diese Näherungskurven treffen die Punkte zwar nicht exakt, sie geben die Tendenz aber richtig wieder. Man erkennt deutlich, dass die Werte für alle Reifen kleiner als 1 sind, da der Rollwiderstand auf einer Trommel in jedem Fall größer ist als der auf der Ebene. Außerdem sieht man, dass der Zahlenwert des Verhältnisses mit zunehmender Radlast zunimmt. Dies bedeutet, dass der Krümmungseinfluss mit ansteigender Radlast, zumindest relativ gesehen, abnimmt. Auf dieses Phänomen wurde bereits in *Abschnitt 3.4* eingegangen. Des Weiteren ist eine leichte Krümmung der Näherungskurven zu erkennen, die daher kommt, dass die Radlast in der Berechnungsformel für e_{FR} im Nenner eingeht. Innerhalb des untersuchten Radlastbereichs, der für Rollwiderstandsmessungen als sinnvoll erachtet wird, ist die Kurvenkrümmung aber unerheblich. Wenn Messungen jedoch mit Radlasten durchgeführt werden, die kleiner sind als 40 % der ETRTO-Last, würden möglicherweise Korrekturen der Trommelkrümmung durch diese Kurvenform zu stark ausfallen. Daher sollte sich die Anwendung des vorgestellten Verfahrens, wie bereits zuvor erwähnt, auf den hier untersuchten Radlastbereich beschränken.

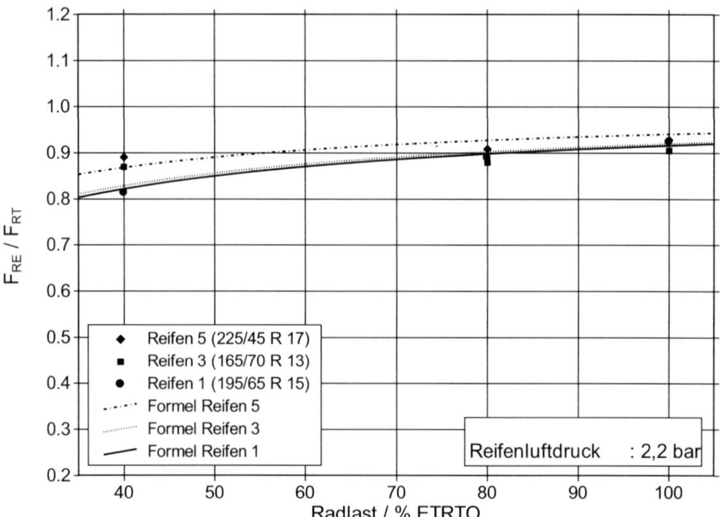

Abb. 3.5.1/2:   Verhältnis der Rollwiderstände F_{RE} / F_{RT}, ermittelt aus Messungen auf der Ebene und der 1,71-m-Trommel in Abhängigkeit von der Radlast. Zusätzlich sind berechnete Näherungskurven eingetragen.

Abschließend soll noch festgehalten werden, dass der Niederquerschnittsreifen, prozentual gesehen, in *Abb. 3.5.1/2* den geringsten Trommelkrümmungseinfluss der hier dargestellten drei Reifen zeigt, obwohl er den größten Außendurchmesser dieser Reifen aufweist. Wie bereits im Zusammenhang mit *Abb. 3.5.1/1* erläutert, ist dieses Verhalten möglicherweise auf einen Temperatureffekt zurückzuführen. Reifen 5 reagierte offensichtlich besonders stark mit einer Abnahme der Gummidämpfung, wenn die Reifentemperatur infolge der größeren Walkarbeit auf der gekrümmten Trommeloberfläche ansteigt (siehe auch *Abb. 3.4/6* und *3.4/7*).

In *Abb. 3.5.1/3* ist das entsprechende Diagramm für die Variation des Reifenluftdrucks dargestellt. Die Bestimmung der einzelnen Punkte erfolgte wieder jeweils durch Mittelung der Ergebnisse bei 50, 90 und 120 km/h. Eine Verminderung des Reifenluftdrucks erzeugt eine vergleichbare Wirkung auf den Trommelkrümmungseinfluss wie eine Erhöhung der Radlast. Dies erscheint schlüssig, da die Reifen bezüglich ihres Verformungsverhaltens auf eine Verminderung des Luftdrucks ähnlich reagieren wie auf eine Erhöhung der Radlast.

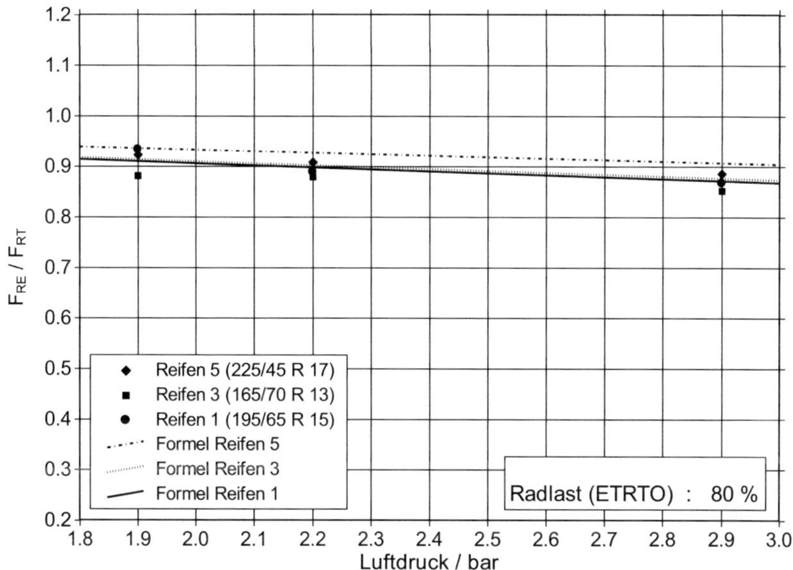

Abb. 3.5.1/3: Verhältnis der Rollwiderstände F_{RE} / F_{RT}, ermittelt aus Messungen auf der Ebene und der 1,71-m-Trommel in Abhängigkeit vom Reifenluftdruck. Zusätzlich sind berechnete Näherungskurven eingetragen.

Auch in *Abb. 3.5.1/3* liegen die Werte alle unterhalb von 1 und der Niederquerschnittsreifen mit dem größten Außendurchmesser reagiert auf die Trommelkrümmung im Vergleich zu den beiden anderen dargestellten Reifen am unempfindlichsten. Die mit dem Höhen-Breiten-Verhältnis ermittelten Näherungskurven treffen hier die Punkte ebenfalls nicht exakt, geben aber die Tendenzen richtig wieder. Die

Ergebnisse zum Luftdruckeinfluss bei den anderen drei Reifen sind im *Anhang A.1.1* abgebildet und weisen ein ähnliches Verhalten auf.

Um zeigen zu können, wie gut der Krümmungseinfluss auf die Rollwiderstandsergebnisse durch die ermittelte Gleichung korrigiert wird, sind in *Abb. 3.5.1/4* am Beispiel des Reifens 5 Rollwiderstandskurven in Abhängigkeit von der Geschwindigkeit für verschiedene Radlasten dargestellt. Eingetragen sind jeweils die Rollwiderstände,

- gemessen auf der 1,71-m-Trommel (als Messpunkte und Kurve),
- umgerechnet von der 1,71-m-Trommel auf die Ebene (als Kurve) mit Hilfe der Formel auf Grundlage des Höhen-Breiten-Verhältnisses HBV der Reifen (*Gleichungen 3.33* und *3.39*),
- umgerechnet von der 1,71-m-Trommel auf die Ebene (als Kurve) mit Hilfe der ISO-Umrechnungsformel (*Gleichung 3.8*) und
- gemessen auf der Ebene (als Messpunkte und Kurve).

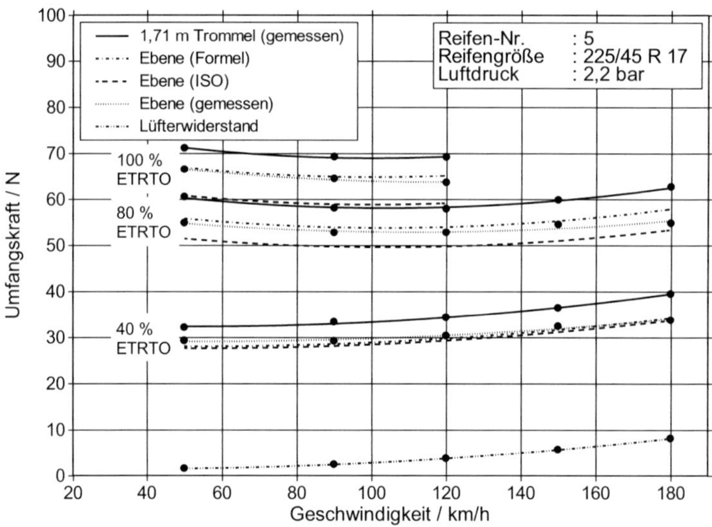

Abb. 3.5.1/4: Rollwiderstand von Reifen 5 (225/45 R 17), gemessen auf der 1,71-m-Trommel, umgerechnet auf die Ebene und gemessen auf der Ebene, variiert wurde die Radlast (40 %, 80 % und 100 % ETRTO).

Da sich die Messergebnisse der 2,0-m-Trommel nur unwesentlich von den Ergebnissen der 1,71-m-Trommel unterscheiden, sind die Messungen der größeren Trommel der Übersichtlichkeit halber nicht eingetragen.

Man erkennt, dass die Korrektur mit der Gleichung auf Grundlage des Höhen-Breiten-Verhältnisses HBV die Krümmung bei allen Radlasten gut korrigiert. Die korrigierten Kurven und die tatsächlich auf der Ebene gemessenen Punkte liegen dicht beieinander. Die Korrektur mit der ISO-Gleichung bringt allerdings nur für die niedrigste Radlast ein gutes Ergebnis. Bei den höheren Radlasten (80 % und 100 % ETRTO-Last) korrigiert die ISO-Formel deutlich zu stark.

In *Abb. 3.5.1/5* ist die entsprechende Darstellung für verschiedene Reifenluftdrücke zu sehen, betrachtet wird wieder der gleiche Reifen.

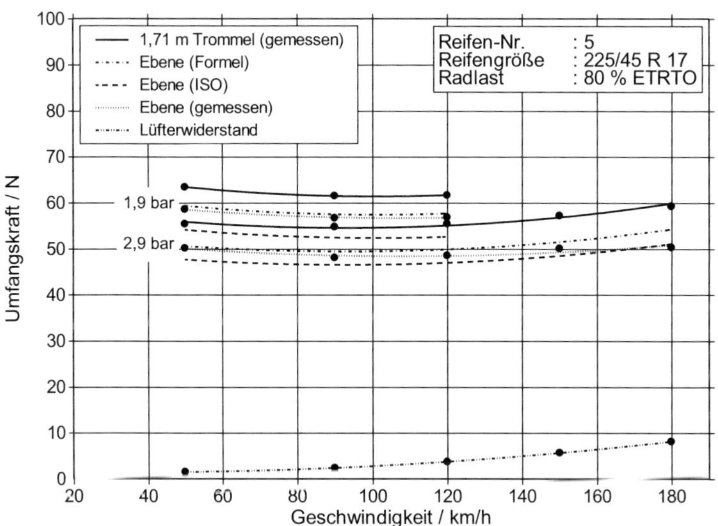

Abb. 3.5.1/5: Rollwiderstand von Reifen 5 (225/45 R 17), gemessen auf der 1,71-m-Trommel, umgerechnet auf die Ebene und gemessen auf der Ebene, variiert wurde der Reifenluftdruck (1,9 bar und 2,9 bar).

Auch in diesem Fall korrigiert die neue Gleichung den Krümmungseinfluss besser als die ISO-Formel. Es kommt lediglich beim großen Luftdruck im hohen Geschwindigkeitsbereich zu nennenswerten Abweichungen zwischen den Messwerten und den korrigierten Kurven. Hierbei muss aber beachtet werden, dass zur Ermittlung der Korrekturformel lediglich die Werte von 50 bis 120 km/h genutzt wurden, so dass die hohen Geschwindigkeiten außerhalb des Gültigkeitsbereichs der Formel liegen.

Die ISO-Formel korrigiert bei beiden Luftdrücken wieder zu stark. Dies bedeutet, dass der Niederquerschnittsreifen auf eine erhöhte Fahrbahnkrümmung weniger reagiert als bisher angenommen wurde.

In *Abb. 3.5.1/6* und *3.5.1/7* sind die entsprechenden Diagramme für den kleinen Reifen 3 der Größe 165/70 R 13 dargestellt. Bei diesem kleinen Reifen sind die Unterschiede zwischen den gemessenen Kurven von der Ebene und der Trommel bei 80 % und 100 % ETRTO-Last absolut gesehen ähnlich groß wie beim großen Reifen 5. Dies bedeutet aber, dass die Differenzen relativ gesehen, d.h. bezogen auf den vorliegenden Rollwiderstandswert, bei diesen Lasten größer sind.

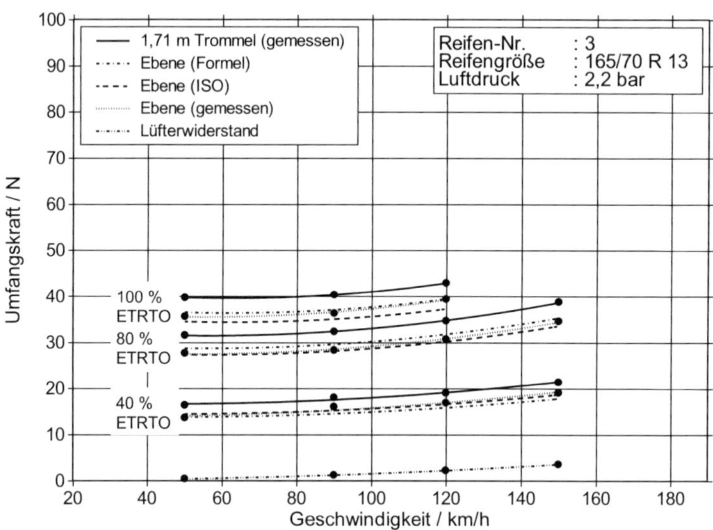

Abb. 3.5.1/6:   Rollwiderstand von Reifen 3 (165/70 R 13), gemessen auf der 1,71-m-Trommel, umgerechnet auf die Ebene und gemessen auf der Ebene, variiert wurde die Radlast (40 %, 80 % und 100 % ETRTO).

Aufgrund der größeren (relativen) Differenzen zwischen den gemessenen Kurven von der Ebene und der Trommel bringt die ISO-Formel, die bei Reifen 5 bei 80 % und

100 % ETRTO-Last zu stark korrigiert hat, in diesem Fall gute Ergebnisse. Die Abweichungen der ISO-Formel zu den auf der Ebene gemessenen Werten sind bei Reifen 3 im gesamten Radlast- und Luftdruckbereich ähnlich gering wie bei der neuen Formel, die zusätzlich das Höhen-Breiten-Verhältnis, die Radlast und den Luftdruck berücksichtigt.

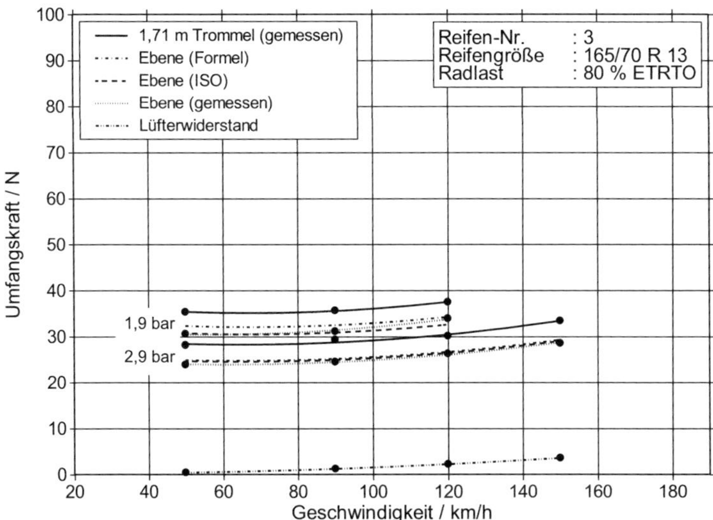

Abb. 3.5.1/7:   Rollwiderstand von Reifen 3 (165/70 R 13), gemessen auf der 1,71-m-Trommel, umgerechnet auf die Ebene und gemessen auf der Ebene, variiert wurde der Reifenluftdruck (1,9 bar und 2,9 bar).

Abschließend kann festgehalten werden, dass auch die Diagramme der anderen Reifen (siehe *Anhang A.1.2*) ein ähnliches Ergebnis zeigen. Die neue Formel korrigiert bei Niederquerschnittsreifen insbesondere bei großen Radlasten den Trommelkrümmungseinfluss deutlich besser als die ISO-Formel.

3.5.2 Zusammenfassende Übersicht

Eine zusammenfassende Übersicht zur Qualität der Trommelkrümmungskorrektur bei den sechs untersuchten Reifen ist in *Tab. 3.5.2/1* gegeben. In dieser Tabelle sind die

Ergebnisse für alle Radlasten und Luftdrücke im Geschwindigkeitsbereich von 50 km/h bis 120 km/h berücksichtigt, d.h. die korrigierten Ergebnisse beider Trommeln werden mit den Ergebnissen der Ebene verglichen.

In der Spalte „ohne Umrechnung" ist zum Vergleich eingetragen, welche Abweichungen sich ergeben, wenn keine Korrektur der Trommelmesswerte vorgenommen wird. In diesem Fall wurde direkt die Differenz zwischen den Daten der Trommel und den Daten der Ebene berechnet. Bei den prozentualen Angaben der Abweichung ist zu beachten, dass als Bezugswert der größte gemessene Rollwiderstandswert (69,2 N) zugrunde gelegt wurde.

Tab. 3.5.2/1:   Mittlere quadratische Abweichung zwischen den auf die Ebene umgerechneten Rollwiderständen und den tatsächlichen Messwerten von der Ebene; verglichen werden die verschiedenen Verfahren zur Trommelkrümmungskorrektur.

		Mittlere quadratische Abweichung σ [N]		
Reifen-Nr.	Reifengröße	Ohne Umrechnung	Umrechnung gemäß ISO (*Gleichung 3.8*)	Umrechnung mit neuer Formel (*Glg. 3.33 u. 3.39*)
1	195/65 R 15 H	4,14	2,32	0,64
2	225/50 R 16 W	4,69	3,26	0,89
3	165/70 R 13 T	3,63	0,77	0,87
4	175/70 R 13 Q	3,64	0,50	1,25
5	225/45 R 17 Y	4,95	3,40	1,15
6	195/65 R 15 T	2,29	3,49	2,03
Gesamte mittlere Abweichung *		3,92 (5,66 %)	2,57 (3,71 %)	1,21 (1,75 %)
* = %-Angabe bezogen auf den größten Rollwiderstandswert 69,2 N				

Mit der neuen Korrekturformel ist die Abweichung gegenüber dem tatsächlichen Rollwiderstand auf der Ebene deutlich geringer als bei Anwendung der Formel gemäß DIN ISO 8767 [Din1] und ISO 18164 [Iso1] bzw. ISO 28580 [Iso2]. Die mittlere quadratische Abweichung ist bei den Reifen 1 bis 5 kleiner als 1,25 N. Lediglich Reifen 6, dessen auffälliges Verhalten bereits in *Abschnitt 3.5.1* erwähnt wurde, weist eine Abweichung von ca. 2 N auf.

Die Anwendung der Formel gemäß ISO zeigt nur bei den kleinen Reifen 3 und 4 gute Ergebnisse. Insbesondere bei den Niederquerschnittsreifen kommt es aber zu deutlichen Abweichungen, da die ISO-Formel bei diesen Reifen zu stark korrigiert.

3.6 Überprüfung der aufgestellten Korrekturformel

3.6.1 Durchführung des zusätzlichen Messprogramms

Wie bereits in *Abschnitt 3.2.1* erwähnt, sollte überprüft werden, ob die auf der Grundlage von sechs Reifen hergeleitete Korrekturformel auf beliebige andere Reifen übertragbar ist. Daher wurden drei weitere Reifen, die in *Tab. 3.2.1/3* aufgelistet sind, mit einem zusätzlichen, weniger aufwändigen Messprogramm auf der 1,71-m-Trommel und der Flachbahn untersucht. Wie bereits beschrieben, unterscheiden sich diese Reifen von den bereits untersuchten sechs Reifen dadurch, dass es sich um einen Reifen mit größerem Innendurchmesser (18"), um einem Winterreifen mit vollem Profil (8,8 mm) und um einem Runflat-Reifen (RSC Runflat System Component) handelt.

Das Zusatzprogramm, das lediglich der Überprüfung der Korrekturformel diente, bestand aus zwei Radlast-Luftdruck-Kombinationen, die bei 50, 90 und 120 km/h gefahren wurden:

- 2,2 bar Reifenluftdruck bei 100 % ETRTO-Last und
- 2,9 bar Reifenluftdruck bei 80 % ETRTO-Last.

3.6.2 Beurteilung der Rollwiderstandskorrektur

Zur Überprüfung des aufgestellten Korrekturverfahrens wurden die Messwerte der 1,71-m-Trommel mit Hilfe der *Gleichung 3.33* auf die ebene Fahrbahn übertragen. Der Koeffizient b_{pF}, der für die Bestimmung des Faktors e_{FR} in dieser Gleichung bekannt sein muss, wurde für die einzelnen Reifen gemäß *Gleichung 3.39* mit Hilfe der Höhen-Breiten-Verhältnisse HBV bestimmt. Für die Reifen 7, 8 und 9 ergaben sich hierbei die in *Tab. 3.6.2/1* aufgelisteten Werte.

Mit den Messwerten und mit den umgerechneten Werten lassen sich nun in den *Abb. 3.6.2/1* bis *3.6.2/3* folgende Rollwiderstände in Abhängigkeit von der Fahrgeschwindigkeit darstellen:

- Messwerte von der 1,71-m-Trommel (als Messpunkte und Kurve),

- von der 1,71-m-Trommel auf die Ebene umgerechnete Werte (als Kurve) unter Anwendung der neuen Formel (*Gleichung 3.33* und *3.39*),

- von der 1,71-m-Trommel auf die Ebene umgerechnete Werte (als Kurve) unter Anwendung der ISO-Formel (*Gleichung 3.8*) und

- Messwerte von der ebenen Fahrbahn (als Messpunkte und Kurve).

Tab. 3.6.2/1: Zahlenwerte für den Koeffizienten b_{pF} für die Umrechnung des Rollwiderstands, ermittelt auf der Grundlage des Höhen-Breiten-Verhältnisses der einzelnen Reifen.

Reifen-Nr.	Reifengröße	b_{pF}
7	215/45 R 18 89W	0,160
8	205/55 R 16 91T M+S	0,199
9	205/55 R 16 91H RSC	0,199

Man erkennt in den drei Diagrammen für jede Radlast-Luftdruck-Kombination eine gute Übereinstimmung zwischen den auf der Ebene gemessenen Rollwiderständen und den Kurven, die mit der neuen Formel von der 1,71-m-Trommel auf die Ebene umgerechnet wurden. Selbst für den Runflat-Reifen werden gute Ergebnisse erzielt, obwohl er einen deutlich anderen Verlauf des Rollwiderstandes aufweist als der Winterreifen der gleichen Größe und obwohl bei diesem Reifen die Vermutung nahe lag, dass sich die verstärkte Reifenseitenwand negativ auf die Krümmungskorrektur auswirkt.

Dagegen korrigiert die Formel gemäß DIN ISO 8767 bzw. ISO 18164 den Krümmungseinfluss bei allen Reifen zu stark. Während die Abweichungen bei der Parameterkombination 80 % ETRTO-Last und 2,9 bar Reifenluftdruck noch relativ gering sind, stellen sich bei 100 % ETRTO-Last und 2,2 bar Reifenluftdruck deutliche Unterschiede zwischen den auf der Ebene gemessenen und denjenigen Kurven ein, die auf die Ebene umgerechnet wurden.

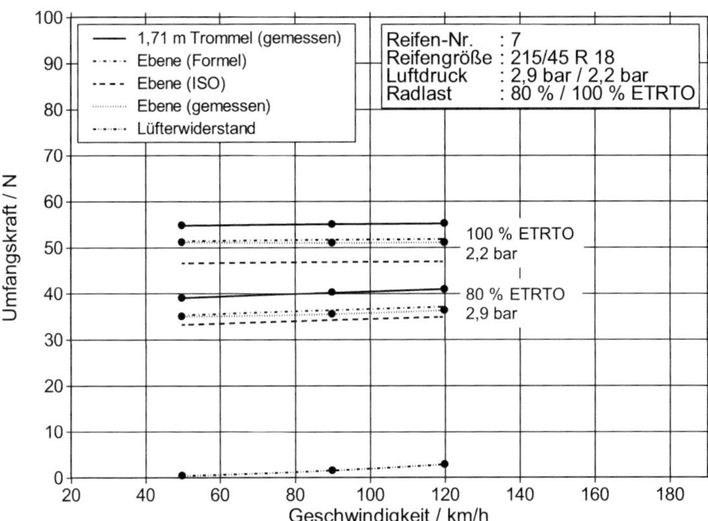

Abb. 3.6.2/1: Rollwiderstand von Reifen 7 (215/45 R 18), gemessen auf der 1,71-m-Trommel, umgerechnet auf die Ebene (Formel auf Grundlage des HBV sowie ISO-Formel) und gemessen auf der Ebene.

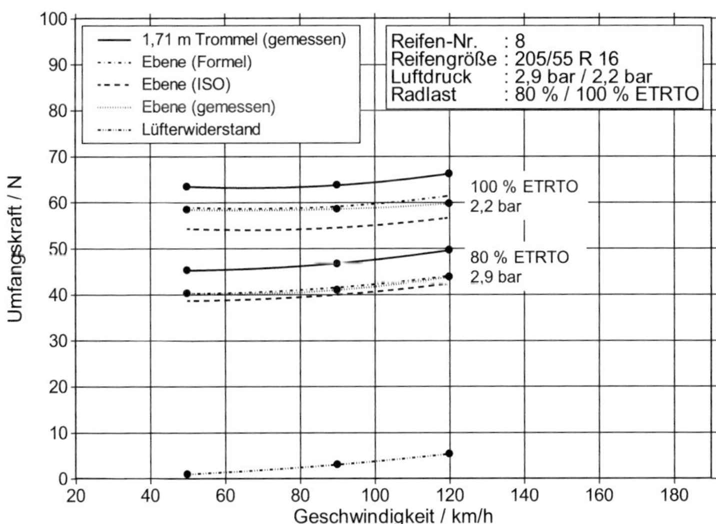

Abb. 3.6.2/2: Rollwiderstand von Reifen 8 (205/55 R 16 M+S), gemessen auf der 1,71-m-Trommel, umgerechnet auf die Ebene (Formel auf Grundlage des HBV sowie ISO-Formel) und gemessen auf der Ebene.

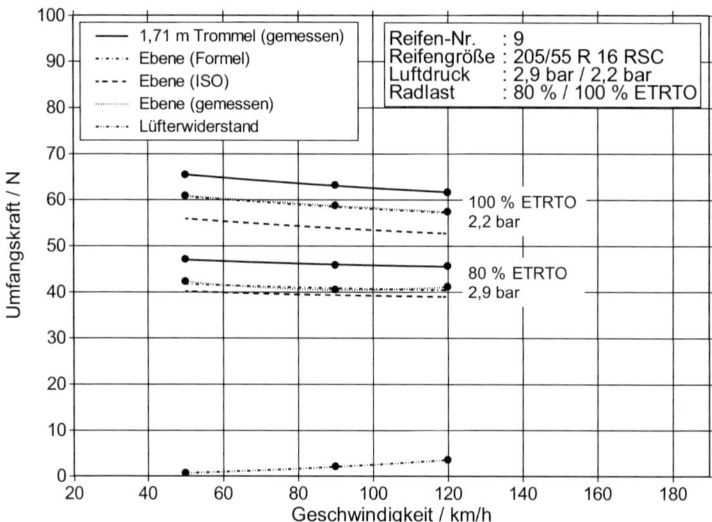

Abb. 3.6.2/3:   Rollwiderstand von Reifen 9 (205/55 R 16 RSC), gemessen auf der 1,71-m-Trommel, umgerechnet auf die Ebene (Formel auf Grundlage des HBV sowie ISO-Formel) und gemessen auf der Ebene.

3.7   Fazit zur Anwendbarkeit der aufgestellten Korrekturformel

Um Rollwiderstandsmessungen von der Trommel auf die Ebene übertragen zu können, wurde auf der Grundlage von Prüfstandsmessungen mit sechs Reifen eine Formel hergeleitet, die den Einfluss der Fahrbahnoberflächenkrümmung radlast- und luftdruckabhängig korrigiert. Das individuelle Verhalten der Reifen wurde bei dieser Formel durch die Einbeziehung des jeweiligen Höhen-Breiten-Verhältnisses berücksichtigt. Der Gültigkeitsbereich der Gleichung erstreckt sich von 40 % bis 100 % ETRTO-Radlast, so dass der technisch relevante Bereich abgedeckt ist. Die Gegenüberstellung der auf der Ebene gemessenen Kennlinien und der auf die Ebene umgerechneten Kennlinien zeigte insgesamt eine gute Übereinstimmung. Es zeigten sich sowohl bei den sechs Reifen, die zur Entwicklung der Formel herangezogen wurden, als auch bei den drei zusätzlich untersuchten Reifen positive Ergebnisse [Unr1]. Gegenüber der bisher in den DIN- und ISO-Normen angegebenen Formel [Din1, Iso1,

Iso2] wurden insbesondere bei Niederquerschnittsreifen Vorteile deutlich, da die bisherige Formel bei diesen Reifen die Wirkung der Trommelkrümmung zu stark korrigiert. Auch wenn von den neun betrachteten Reifen nicht auf das Krümmungsverhalten aller Pkw-Reifen geschlossen werden kann, ist davon auszugehen, dass die neue Formel brauchbare Ergebnisse hervorbringt, solange sich die Anwendung auf gängige Pkw-Reifen beschränkt.

4 Einfluss der Fahrbahnkrümmung auf die Cornering und Aligning Stiffness

4.1 Theoretische Grundlagen

In *Abschnitt 1* wurde bereits gezeigt, dass die Cornering-Stiffness- und die Aligning-Stiffness-Werte eines Reifens im Regelfall mit zunehmender positiver Fahrbahnkrümmung (Außentrommel) abnehmen und dass negative Fahrbahnkrümmungen (Innentrommel) im Vergleich zur ebenen Fahrbahn zu größeren Werten führen. Eine wichtige Rolle spielt hierbei die Latschlänge, da eine längere Reifenaufstandsfläche bei einem fest vorgegebenen (kleinen) Schräglaufwinkel zu einer größeren Seitenkraft führt.

Die Latschlänge hängt aber wiederum stark vom Einfederweg des Reifens ab, der auf der gekrümmten und der ebenen Fahrbahn bei gleicher Radlast nicht identisch ist, wie bereits in *Abschnitt 3.1* festgestellt wurde. Somit lässt sich der genaue Einfluss der Fahrbahnkrümmung auf die Latschlänge nicht durch eine einfache Analyse der geometrischen Kontaktverhältnisse bestimmen, da nicht von identischen Einfederwegen ausgegangen werden kann. Allerdings kann die Größe des Krümmungseinflusses auf die Latschlänge durch die folgende Betrachtung der beiden denkbaren Extremfälle zumindest eingegrenzt werden, wobei anzunehmen ist, dass die Realität zwischen diesen beiden Extremfällen liegt.

Der minimale Krümmungseinfluss auf die Cornering-Stiffness- und die Aligning-Stiffness-Werte wäre gegeben, wenn man davon ausgehen könnte, dass die Latschlängen auf Trommel und Ebene bei gleicher Radlast jeweils gleich groß und die Reifeneinfederungen entsprechend stark unterschiedlich wären. In diesem Fall erhält man bei einer einfachen Betrachtung auf beiden Fahrbahnen die gleiche seitliche Auslenkung der Gummielemente, wenn ein identischer (kleiner) Schräglaufwinkel eingestellt wird. Somit könnte man in dieser Situation theoretisch gar keine Unterschiede in den Cornering-Stiffness- und Aligning-Stiffness-Werten auf unterschiedlich gekrümmten Fahrbahnen feststellen.

Dagegen wäre der maximal mögliche Krümmungseinfluss gegeben, wenn man von der Annahme ausgehen könnte, dass die Einfederungen bei gleicher Radlast auf

Trommel und Ebene identisch wären. In diesem Fall würden die größten Unterschiede der Latschlängen vorliegen, die durch den Einfluss unterschiedlich gekrümmter Fahrbahnen denkbar wären. Um diese obere Grenze des Krümmungseinflusses auf die Cornering-Stiffness und die Aligning-Stiffness abschätzen zu können, sind in *Abb. 4.1/1* die Verhältnisse in der Aufstandsfläche unter dieser Annahme der gleich großen Einfederungen auf der gekrümmten und ebenen Fahrbahn dargestellt. Auch wenn diese Annahme, wie bereits erwähnt, nicht korrekt ist, kann so zumindest die Tendenz abgeschätzt werden, wie sich eine Latschlängenänderung infolge unterschiedlicher Fahrbahnkrümmung auf die Cornering Stiffness und auch auf die Aligning Stiffness auswirkt.

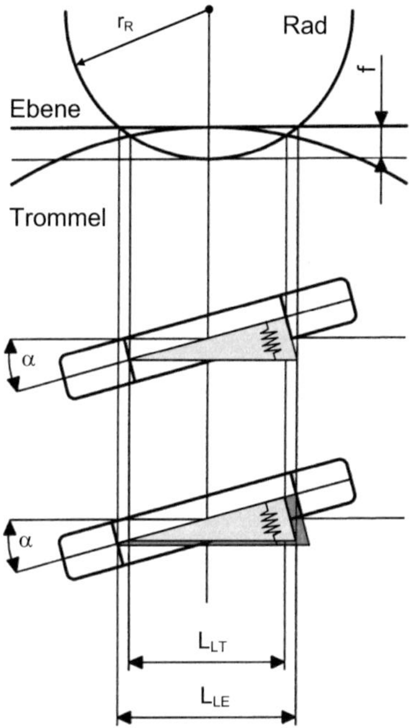

Abb. 4.1/1:   Auslenkung der Gummielemente in der Reifenaufstandsfläche, dargestellt für gleiche Einfederungswerte auf der Außentrommel und der Ebene; L_{LT} = Latschlänge auf der Trommel, L_{LE} = Latschlänge auf der Ebene.

Betrachtet man in *Abb. 4.1/1* die seitliche Auslenkung der Gummielemente bei kleinen Schräglaufwinkeln, ergibt sich (idealisiert dargestellt) eine dreieckförmige Bahn, wenn davon ausgegangen wird, dass die Gummielemente vollständig auf der Fahrbahn haften [Gna4].

Unter der Annahme gleich großer Einfederungen auf der gekrümmten und der ebenen Fahrbahn stellt sich, im Vergleich zur Außentrommel, eine längere Kontaktfläche auf der Ebene ein, so dass sich hier auch größere seitliche Auslenkungen ergeben. Da die einzelnen Gummielemente in der Modellvorstellung über seitlich wirkende Federn mit der starren Felge verbunden sind, wirkt sich eine Verlängerung des Latsches direkt auf die Erhöhung der Cornering Stiffness aus. Setzt man vereinfacht eine lineare Federcharakteristik an, kann näherungsweise davon ausgegangen werden, dass sich die Seitenkraft proportional zur Dreiecksfläche verhält, die sich durch die Kontaktlänge (L_L / cos α) (gemessen entlang der Reifen-Mittellinie) und durch die seitliche Verformung des Laufstreifens ergibt. Somit lässt sich folgender Zusammenhang für die Seitenkraft F_Y festhalten:

$$F_Y \sim \frac{1}{2} \cdot \left(\frac{L_L}{\cos\alpha} \right)^2 \cdot \tan\alpha \approx \cdot \frac{1}{2} \cdot L_L^2 \cdot \alpha \qquad [4.1]$$

worin bedeuten:

F_Y = Seitenkraft

L_L = Latschlänge

α = Schräglaufwinkel

Als Latschlänge wird hierbei die Projektion der Kontaktlänge in eine Ebene parallel zur Fahrtrichtung angenommen.

Bei einem kleinen, konstanten Schräglaufwinkel kann davon ausgegangen werden, dass die Cornering Stiffness C_α proportional zur Seitenkraft F_Y ist. Damit gilt für diesen Fall unter der Annahme einer konstanten Latschbreite:

$$C_\alpha = -\frac{dF_Y}{d\alpha} \sim F_Y \sim L_L^2 \qquad [4.2]$$

Die Cornering Stiffness müsste folglich überproportional zur Latschlänge zunehmen. Gemäß dem Ansatz von [Aug2] lässt sich für die Latschlänge der folgende Zusammenhang für eine vorgegebene Einfederung f herleiten.

$$L_{LT} = 2 \cdot \sqrt{r_R^2 - \left(\frac{-\left(\frac{1}{R_T}\right) \cdot \left(r_R^2 - f \cdot r_R + \frac{f^2}{2}\right) - r_R + f}{\left(\frac{1}{R_T}\right) \cdot (f - r_R) - 1} \right)^2} \qquad [4.3]$$

worin L_{LT} = Latschlänge auf der Trommel (Projektion in eine Ebene senkrecht zur Trommeldrehachse)

r_R = Reifenradius

R_T = Trommelradius (Außentrommel positiv, Innentr. negativ)

f = Einfederung

Mit den *Gleichungen 4.2* und *4.3* lässt sich somit die Abhängigkeit der Cornering Stiffness von der Fahrbahnoberflächenkrümmung bzw. dem Trommeldurchmesser tendenzmäßig abschätzen. Die Ergebnisse sind in *Abb. 4.1/2* für einen konstanten Einfederungswert von 3 cm dargestellt.

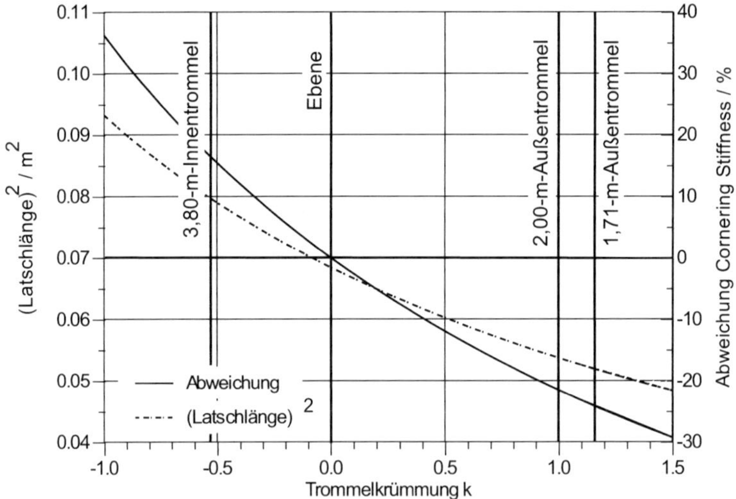

Abb. 4.1/2:   Vereinfachter theoretischer Zusammenhang zwischen (Latschlänge)^2 und Trommelkrümmung bei einer vorgegebenen Einfederung von 3 cm. Ergänzend ist die prozentuale Abweichung der Cornering Stiffness (bezogen auf den Wert der Ebene) dargestellt.

Da gemäß *Gleichung 4.2* die Cornering Stiffness von der Latschlänge quadratisch abhängt, wurde an der linken Ordinate des Diagramms das Quadrat der Latschlänge aufgetragen, so dass die zugehörige Kurve (gestrichelte Linie) die Abhängigkeit der Cornering Stiffness von der Fahrbahnkrümmung beschreibt. Zusätzlich ist die (theoretische) prozentuale Abweichung der Cornering Stiffness auf einer gekrümmten Fahrbahn bezogen auf die Cornering Stiffness auf der ebenen Fahrbahn $C_{\alpha E}$ eingetragen (durchgezogene Linie). Die prozentuale Abweichung $\Delta C_\alpha / C_{\alpha E}$ wurde dabei mit folgender *Gleichung 4.4* berechnet:

$$\frac{\Delta C_\alpha}{C_{\alpha E}} = \frac{\left(L_{LT}\right)^2 - \left(L_{LE}\right)^2}{\left(L_{LE}\right)^2} \tag{4.4}$$

wobei gilt:

L_{LT} = Latschlänge auf der Trommel

L_{LE} = Latschlänge auf der Ebene

Setzt man vereinfachend den Fall voraus, dass die Einfederungen auf der Innentrommel, der Ebene und der Außentrommel gleich wären (jeweils 3 cm), würde man an der 3,8-m-Innentrommel eine Cornering Stiffness messen, die ca. 17 % höher wäre als die Cornering Stiffness auf der ebenen Fahrbahn, während man auf einer 1,71-m-Außentrommel einen Wert ermitteln würde, der ca. 24 % niedriger ausfallen würde. Diese Angaben stellen gewissermaßen Obergrenzen dar, da in der Realität auf den verschiedenen Fahrbahnen nicht, wie hier angenommen, die gleiche Einfederung vorliegt.

Die genannten Werte hängen gemäß *Gleichung 4.3* vom Reifenradius und von der Einfederung ab. Der theoretische Einfluss der Einfederung f auf die prozentuale Abweichung $\Delta C_\alpha / C_{\alpha E}$ ist in *Abb. 4.1/3* dargestellt. Man erkennt, dass die prozentuale Abweichung der Cornering Stiffness geringer ist, umso größer die Einfederungswerte sind. Damit ist zu erwarten, dass die prozentuale Abweichung auch mit zunehmender Radlast abnimmt, da eine Abhängigkeit zwischen der Einfederung und der Radlast besteht. Diese Aussage steht mit den Ergebnissen aus dem TIME-Projekt im Einklang [Gna3, Oos3], so dass die oben genannte Beziehung zwischen der prozentualen Abweichung der Cornering Stiffness und der Einfederung in der Tendenz aufgrund von bereits vorhandenen Messungen bestätigt werden kann.

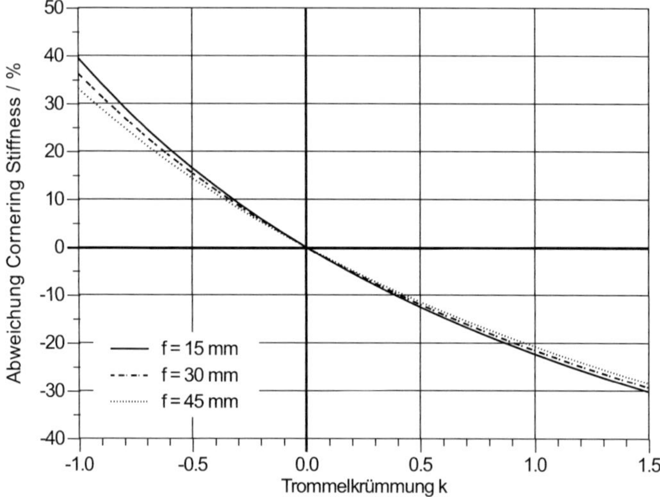

Abb. 4.1/3:   Prozentuale Abweichung der Cornering Stiffness auf einer gekrümmten Fahrbahn bezogen auf die Cornering Stiffness auf der ebenen Fahrbahn für verschiedene Reifeneinfederungen f (vereinfachte theoretische Betrachtung).

Im Zusammenhang mit den *Abb. 4.1/2* und *4.1/3* ist nochmals zu betonen, dass in der Praxis der Einfluss der Trommelkrümmung auf die Cornering Stiffness geringer ausfallen wird, als es in den Diagrammen dargestellt ist. Wie bereits erwähnt, werden sich bei Reifenversuchen mit gleicher Radlast auf unterschiedlichen Fahrbahnkrümmungen nicht die gleichen Einfederungswerte f einstellen. Daher werden die Latschlängenänderungen an einer Innentrommel und einer Außentrommel gegenüber der ebenen Fahrbahn jeweils geringer ausfallen. Daraus folgt, dass auch geringere Cornering-Stiffness-Abweichungen zwischen Trommeln und Ebene zu erwarten sind.

Um einen ersten Ansatz für eine Trommelkrümmungskorrektur herleiten zu können, soll nun aufgrund von *Gleichung 4.2* folgender Zusammenhang vereinfacht angenommen werden:

$$\frac{C_{\alpha E}}{C_{\alpha T}} = \frac{L_{LE}^2}{L_{LT}^2} \qquad\qquad [4.5]$$

Im nächsten Schritt kann *Gleichung 4.3* in *Gleichung 4.5* eingesetzt werden. Hierbei ist es auch möglich, die Latschlänge auf der Ebene L_{LE} mit Hilfe der *Gleichung 4.3* zu berechnen. In diesem Fall muss lediglich ein unendlich großer Trommelradius R_T eingesetzt werden, d.h. für die Ebene gilt $1/R_T = 0$. Durch das Einsetzen erhält man eine relativ komplizierte Formel [Göp1], die aber unter der Voraussetzung vereinfacht werden kann, dass die Einfederung f wesentlich kleiner ist als der Reifenradius r_R. Schließlich ergibt sich:

$$\frac{C_{\alpha E}}{C_{\alpha T}} = \frac{L_{LE}^2}{L_{LT}^2} = 1 + \frac{r_R}{R_T} \qquad [4.6]$$

Wie bereits betont, gilt diese Betrachtung nur für den Fall, dass die Einfederungen auf Trommel und Ebene identisch wären. Da dies in der Realität nicht der Fall ist, wird ein Faktor $e_{C\alpha}$ eingeführt, der diesen Umstand berücksichtigt. Über diesen Faktor sollen auch sonstige Abweichungen zwischen der vereinfachten Theorie und der Praxis einfließen. Dieser Faktor stellt keine unveränderliche Konstante dar, sondern er wird sich abhängig von den Reifen und von den Betriebsparametern ändern (siehe *Abschnitt 4.4*). Damit ergibt sich schließlich folgender Ansatz, um den Fahrbahnkrümmungseinfluss auf die Cornering Stiffness beschreiben bzw. korrigieren zu können:

$$\frac{C_{\alpha E}}{C_{\alpha T}} = 1 + e_{C\alpha} \cdot \frac{r_R}{R_T} \qquad [4.7]$$

mit

$C_{\alpha E}$ = Cornering Stiffness auf der Ebene

$C_{\alpha T}$ = Cornering Stiffness auf der Trommel

$e_{C\alpha}$ = Faktor zum Einfluss der Trommelkrümmung

r_R = Radius des unbelasteten Reifens

R_T = Trommelradius

Im Folgenden soll nun analog der Krümmungseinfluss auf die Aligning Stiffness tendenzmäßig abgeschätzt werden. Zu diesem Zweck wird zunächst die Beziehung zwischen dem Rückstellmoment M_Z und der Seitenkraft F_Y betrachtet, die durch die Formel

$$M_Z = -F_Y \cdot n_R \qquad [4.8]$$

gegeben ist, worin mit n_R der Reifennachlauf bezeichnet wird [Gna4]. Für die im Folgenden betrachteten kleinen Schräglaufwinkel $\alpha < 0{,}5°$ wird angenommen, dass der Reifennachlauf n_R konstant ist, da in diesem Fall noch keine wesentlichen Gleitungen in der Latschfläche zwischen Reifen und Fahrbahn auftreten. Somit kann folgende Abhängigkeit für die Aligning Stiffness A_α abgeleitet werden:

$$A_\alpha = \frac{dM_Z}{d\alpha} = -\frac{dF_Y}{d\alpha} \cdot n_R = C_\alpha \cdot n_R \qquad [4.9]$$

Des Weiteren gilt für sehr kleine Schräglaufwinkel, dass der Reifennachlauf n_R proportional zur Latschlänge L_L angenommen werden kann, so dass sich aus den *Gleichungen 4.2* und *4.9* ergibt:

$$A_\alpha \sim L_L{}^3 \qquad [4.10]$$

Folglich muss die Aligning Stiffness stärker als die Cornering Stiffness mit zunehmender Latschlänge ansteigen. Aus diesem Grund ist auch ein größerer Fahrbahnkrümmungseinfluss auf die Aligning Stiffness zu erwarten.

Um einen geeigneten Korrekturansatz für die Aligning Stiffness herleiten zu können, soll ähnlich vorgegangen werden wie bei den Betrachtungen zur Cornering Stiffness. Zunächst wird das Verhältnis der Aligning Stiffness auf der Ebene $A_{\alpha E}$ zur Aligning Stiffness auf der Trommel $A_{\alpha T}$ bestimmt:

$$\frac{A_{\alpha E}}{A_{\alpha T}} = \frac{L_{LE}^3}{L_{LT}^3} \qquad [4.11]$$

wobei gilt:
$$L_{LE} = \text{Latschlänge auf der Ebene}$$
$$L_{LT} = \text{Latschlänge auf der Trommel}$$

Wird analog zu den Überlegungen betreffend der Cornering Stiffness die *Gleichung 4.11* mit der *Gleichung 4.3* verknüpft, ergibt sich nach der Durchführung von Vereinfachungen:

$$\frac{A_{\alpha E}}{A_{\alpha T}} = \frac{L_{LE}^3}{L_{LT}^3} = \left(1 + \frac{r_R}{R_T}\right)^{3/2} \qquad [4.12]$$

Zur Trommelkrümmungskorrektur der Aligning Stiffness ist es nun ebenfalls erforderlich, einen Faktor einzuführen, über den berücksichtigt wird, dass in der Praxis die vereinfachenden Annahmen nicht zutreffen werden:

$$\frac{A_{\alpha E}}{A_{\alpha T}} = \frac{L_{LE}^3}{L_{LT}^3} = \left(1 + e_{A\alpha} \cdot \frac{r_R}{R_T}\right)^{3/2} \qquad [4.13]$$

Eine erste Plausibilitätskontrolle zeigt, dass die Ansätze gemäß *Gleichungen 4.7* und *4.13* sinnvoll sind, da beide Gleichungen den Wert 1 liefern, wenn für den Trommelradius ein unendlich großer Wert eingesetzt wird. Aufbauend auf diesen Gleichungen war nun mit Hilfe von umfangreichen Messdaten ein genaues Verfahren zur Trommelkrümmungskorrektur zu bestimmen. Auf die Durchführung der hierfür erforderlichen Messungen wird im folgenden *Abschnitt 4.2* eingegangen.

4.2 Durchführung der Messungen

4.2.1 Messprogramm

Wie in *Abschnitt 4.1* dargestellt, hat die Latschlänge einen entscheidenden Einfluss auf die Cornering Stiffness und Aligning Stiffness. Um einen allgemeingültigen Algorithmus für die Umrechnung von der Trommel auf die Ebene ermitteln zu können, mussten daher insbesondere die Parameter untersucht werden, die die Länge des Latsches beeinflussen. Wie bereits bei den Rollwiderstandsmessungen erwähnt, zählen zu diesen Parametern der Reifenaufbau, die Reifengröße, die Radlast und der Reifenluftdruck. Zusätzlich wurde auch die die Fahrgeschwindigkeit variiert, da sich mit zunehmender Geschwindigkeit die Latschlänge leicht verkürzen kann. Dies ist darauf zurückzuführen, dass der Reifen aufgrund der ansteigenden Fliehkräfte immer stärker ausfedert. Ferner ist auch zu beachten, dass die Quersteifigkeit mit zunehmender Fahrgeschwindigkeit aufgrund der höheren Reifentemperaturen abnehmen kann. Der Einfluss der Umgebungstemperatur wurde nicht untersucht, es konnte aber sichergestellt werden, dass die Versuche in einem engen Temperaturbereich von 22 ±2 °C gefahren wurden.

Für die Untersuchungen zur Cornering und Aligning Stiffness bot es sich an, die gleichen Reifen zu verwenden, die auch für die Rollwiderstandsmessungen eingesetzt wurden (siehe *Tab. 4.2.1/1*). Das zugehörige Messprogramm, das allerdings nicht mit dem Rollwiderstands-Messprogramm identisch ist, kann *Tab. 4.2.1/2* entnommen werden.

Tab. 4.2.1/1: Untersuchte Reifen mit den zugehörigen Daten.

Reifen-Nr.	Her-steller	Reifengröße	Profiltiefe (Sommer-/Winterreifen)	Felge	100 % ETRTO-Last [N]	Reifen-radius [mm]
1	A	195/65 R 15 91H	8,0 mm (Sommer)	6,5 x 15	6033	316,7
2	A	225/50 R 16 92W	7,2 mm (Sommer)	7,0 x 16	6180	315,0
3	A	165/70 R 13 79T	4,1 mm (Sommer)	5,0 x 13	4287	277,9
4	B	175/70 R 13 82Q	3,0 mm (Winter)	5,5 x 13	4660	283,7
5	C	225/45 R 17 91Y	7,5 mm (Sommer)	8,0 x 17	6033	318,6
6	B	195/65 R 15 91T	6,3 mm (Winter)	6,0 x 15	6033	316,3

Tab. 4.2.1/2: Messprogramm für Cornering- /Aligning-Stiffness-Messungen.

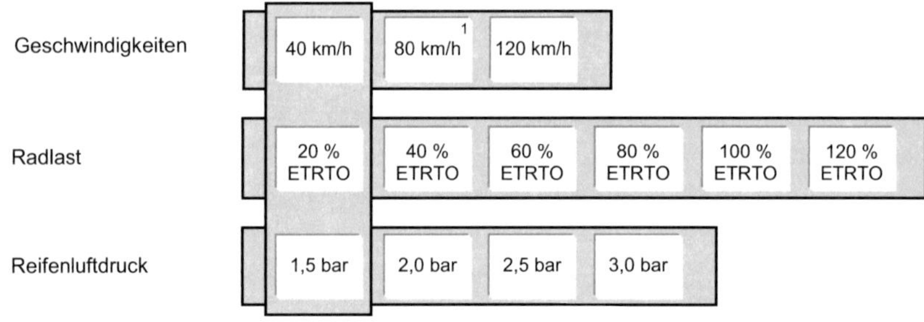

[1] = bei 80 km/h wurden nur die Reifen 1, 2 und 3 auf den Trommeln gemessen.

Da die Cornering- und Aligning-Stiffness-Werte im Zusammenhang mit Fahrdynamik-Untersuchungen interessant sind [Gna5, Hus1, Yu1], wurde der Einfluss der Radlast in einem deutlich größeren Variationsbereich untersucht, als dies bei den Rollwiderstandsmessungen der Fall war. Mit 100 % ETRTO-Last wurde hierbei diejenige Radlast bezeichnet, die gemäß ETRTO Standards Manual [Etr1] bei 2,5 bar Luftdruck für den jeweiligen Reifen zulässig ist.

Auch der Einfluss des Luftdruckes wurde in einem größeren Bereich untersucht. Da infolge der kürzeren Belastungszeiten nicht mit einem Reifendefekt zu rechnen war, konnten die Luftdruckwerte bei den Versuchen gefahrlos bis auf 1,5 bar gesenkt werden. Des Weiteren stellte sich bei den Versuchen heraus, dass der Geschwindigkeitseinfluss auf die Ergebnisse vergleichsweise gering war. Daher wurden nur die Reifen 1, 2 und 3 bei drei Geschwindigkeiten, die Reifen 4, 5 und 6 dagegen lediglich bei zwei Geschwindigkeiten untersucht.

Da der Zeitaufwand bei den Cornering-Stiffness-Messungen wesentlich geringer war als bei den Rollwiderstandsmessungen, konnten auch Wechselwirkungen analysiert werden. Dies bedeutet, dass bei den Messungen alle Radlasten mit allen Luftdrücken und Geschwindigkeiten kombiniert wurden.

Wie bereits beschrieben, sollte mit Hilfe des Messprogramms ein Algorithmus hergeleitet werden, um den Trommelkrümmungseinfluss auf die Cornering- und Aligning-Stiffness-Werte korrigieren zu können. Auch in diesem Fall sollte nach Abschluss der Algorithmus-Herleitung die Übertragbarkeit des Verfahrens auf andere Reifen überprüft werden. Diese Überprüfung wurde auch hier durch ein Zusatzmessprogramm mit drei weiteren Reifen vorgenommen, die außerhalb des ursprünglich untersuchten Reifenspektrums lagen. Hierzu wurden wieder diejenigen Reifen verwendet, die auch bei den Rollwiderstandsmessungen im Rahmen der Zusatzmessungen eingesetzt wurden. Die Reifen, auf deren Besonderheiten bereits in *Abschnitt 3.2.1* eingegangen wurde, sind nochmals in *Tab. 4.2.1/3* aufgelistet.

Die genauen Messbedingungen für diese zusätzlichen Untersuchungen wurden erst aufgrund der Erkenntnisse aus *Abschnitt 4.5* (Korrekturalgorithmen zum Einfluss der Fahrbahnkrümmung) festgelegt. Aus diesem Grund erfolgt auch eine genaue Beschreibung dieses Zusatzmessprogramms erst später in *Abschnitt 4.6.1*.

Für alle durchgeführten Messungen kann aber bereits festgehalten werden, dass es für die Ermittlung der Cornering- bzw. Aligning-Stiffness-Werte ausreichend ist, einen Schräglaufwinkelbereich von $\pm\,0{,}5°$ zu messen. Diese Schräglaufwinkelwerte konnten auch bei hohen Radlasten eingestellt werden, da der Messbereich der Seitenkraftmessstelle mit ± 2000 N (vgl. *Abschnitt 2.1.2*) genügend groß ausgelegt ist, um diese Schräglaufwinkelwerte zu erreichen. Da bei sehr niedrigen Radlasten die Seitenkräfte ebenfalls niedrig sind, konnten in diesem geringen Lastbereich auf den

Trommeln sogar Messungen durchgeführt werden, bei denen der gesamte Schräglaufwinkel-Verstellbereich der Radaufhängung von ±5° ausgenutzt wurde. Zur Ermittlung der Kennlinien wurde der jeweils mögliche Schräglaufwinkelbereich immer zweimal durchfahren, die Verstellgeschwindigkeit betrug 0,5 °/s.

Tab. 4.2.1/3:　　Reifen für Zusatzmessprogramm mit den zugehörigen Daten.

Reifen-Nr.	Her-steller	Reifengröße	Profiltiefe (Sommer-/Winterreifen)	Felge	100 % ETRTO-Last [N]	Reifen-radius [mm]
7	D	215/45 R 18 89W	7,8 mm (Sommer)	8,0 x 18	5690	325,9
8	E	205/55 R 16 91T M+S	8,8 mm (Winter)	6,5 x 16	6033	316,6
9	F	205/55 R 16 91H RSC	8,1 mm (Sommer)	7,0 x 16	6033	315,9

4.2.2　Messablauf

Alle Reifen wurden vor den eigentlichen Messungen nach einer festgelegten Prozedur eingefahren bzw. warmgefahren:

1. 5 Minuten bei 80 km/h, 1,5 bar Reifenluftdruck und 60 % ETRTO-Radlast freirollend geradeaus.

2. Achtmaliges Durchfahren des Schräglaufwinkelbereichs ±2° bei 80 km/h, 1,5 bar Reifenluftdruck und 20 % ETRTO-Radlast.

3. Nach jeder Geschwindigkeits- und Luftdruckänderung 5 Minuten bei der neuen Geschwindigkeit-Reifenluftdruck-Kombination bei 60 % ETRTO-Radlast freirollend geradeaus.

Der Luftdruck wurde bei den einzelnen Messungen jeweils geregelt konstant gehalten und konnte daher auch während der Durchführung des Versuchsprogramms geändert werden, ohne den Prüfstand herunterzufahren. Um den zeitlichen Aufwand in einem vertretbaren Rahmen zu halten, wurde die Phase mit freirollendem Zustand zwischen den einzelnen Radlastvarianten auf 2 Minuten begrenzt. Auch wenn sich somit kein vollständiges thermisches Gleichgewicht bei diesen Messungen einstellte, sind die Ergebnisse auf den verschiedenen Fahrbahnen dennoch vergleichbar, da die Vorgehensweise jeweils identisch war. Des Weiteren hat die Reifentemperatur zwar einen Einfluss auf die Cornering und Aligning Stiffness, dieser ist allerdings geringer als bei Rollwiderstandsmessungen.

Direkt nach der Durchführung der Messungen lagen die Ergebnisse zunächst als Seitenkraft-Schräglaufwinkel- und Rückstellmoment-Schräglaufwinkel-Messkurven vor. In *Abb. 4.2.2/1* sind beispielhaft die Seitenkraftkurven für den Reifen 1 mit 1,5 bar Luftdruck bei verschiedenen Radlasten auf der 1,71-m-Trommel dargestellt.

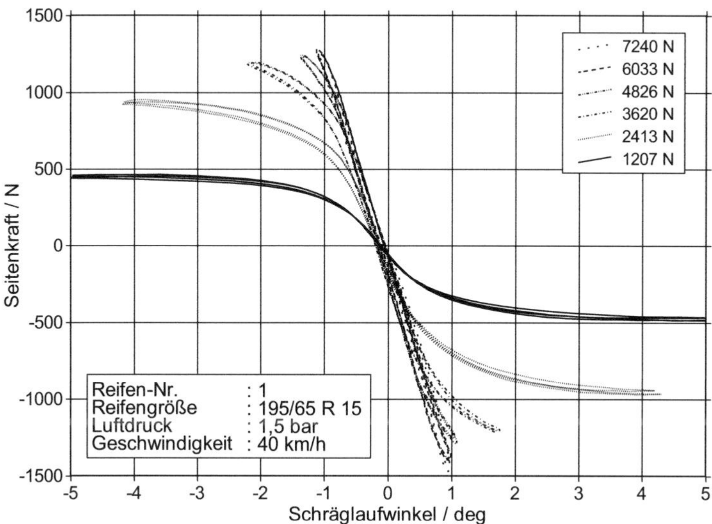

Abb. 4.2.2/1:   Seitenkraft-Schräglaufwinkel-Kurven bei verschiedenen Radlasten und 1,5 bar Reifenluftdruck auf der 1,71 m Außentrommel.

Bei der niedrigsten Radlast konnte, wie bereits erwähnt, der komplette Schräglauf-winkelbereich durchfahren werden. Gemäß DIN 70000 [Din2] und TYDEX [Oos1] erzeugt ein positiver Schräglaufwinkel α eine negative Seitenkraft F_Y.

Die Cornering Stiffness C_α nimmt zunächst mit wachsender Radlast zu. Bei sehr großen Radlasten kann sich die Tendenz aber umkehren, so dass dann die Cornering Stiffness mit weiter ansteigender Radlast auch wieder abfallen kann. Für diesen Effekt lässt sich eine mögliche Erklärung finden, wenn die Verhältnisse in der Reifenaufstandsfläche genauer betrachtet werden, als in *Abb. 4.1/1* dargestellt wurde.

Im Gegensatz zur vereinfachten Modellvorstellung ist der Laufstreifen in der Realität nicht direkt an der starren Felge elastisch angebunden. Beim realen Reifen stützt sich der Laufstreifen in einer genaueren Modellvorstellung zunächst über Querfedern am Gürtel ab, wobei der Gürtel aber wiederum elastisch gegenüber der Felge gebettet ist. Mit ansteigender Radlast nehmen nun die Einfederung und damit auch die Latschlänge zu, so dass gemäß *Abb. 4.1/1* auch die Cornering Stiffness zunächst ansteigt. Mit zunehmender Einfederung beult aber die Reifenseitenwand immer stärker aus, so dass die Bettung des Gürtels gegenüber der Felge in Querrichtung weicher wird. Dadurch wird bei gleichem Schräglaufwinkel der Laufstreifen gegenüber dem Gürtel weniger ausgelenkt, so dass die Seitenkraft und damit die Cornering Stiffness trotz zunehmender Latschlänge bei sehr hohen Radlasten auch abnehmen können.

In *Abb. 4.2.2/2* sind die zugehörigen Rückstellmomentkurven gezeigt.

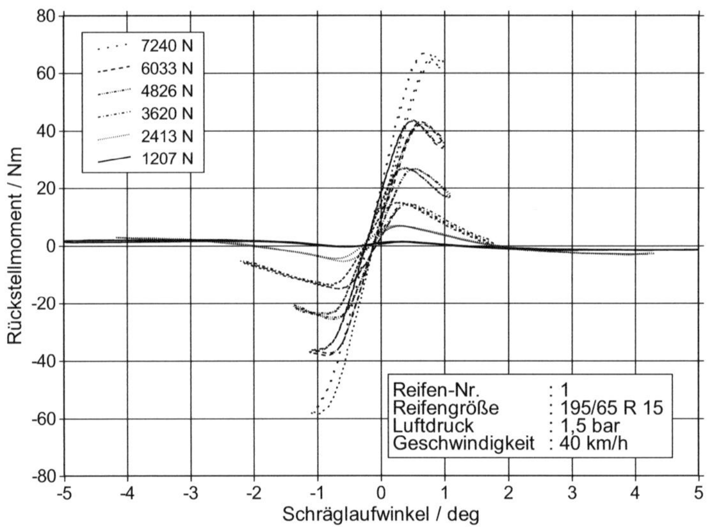

Abb. 4.2.2/2: Rückstellmoment-Schräglaufwinkel-Kurven bei verschiedenen Radlasten und 1,5 bar Reifenluftdruck auf der 1,71-m-Außentrommel.

In diesem Fall erzeugt gemäß DIN 70000 [Din2] und TYDEX [Oos1] ein positiver Schräglaufwinkel α ein positives Rückstellmoment M_Z. Auch hier konnte die Kurve für die niedrigste Radlast bis zu Schräglaufwinkeln von 5° dargestellt werden, weil die Belastungsgrenze des Messsystems nicht erreicht wurde. Da das Rückstellmoment M_Z gemäß *Gleichung 4.8* von der Seitenkraft F_Y und vom Reifennachlauf n_R abhängt und beide Größen wiederum von der Radlast beeinflusst werden, ist die Abhängigkeit der Aligning Stiffness von der Radlast, wie bereits erwähnt, besonders deutlich. Die Aligning-Stiffness-Werte steigen mit zunehmender Radlast an und nehmen, im Gegensatz zur Cornering Stiffness, auch bei hohen Radlasten weiter zu.

4.3   Weiterverarbeitung der Messdaten

4.3.1   Ermittlung der Cornering-Stiffness- und Aligning-Stiffness-Werte

Um den Trommelkrümmungseinfluss auf den Anstieg der Messkurven systematisch untersuchen zu können, wurde aus den Seitenkraft-Schräglaufwinkel-Kurven die Cornering Stiffness C_α gemäß

$$C_\alpha = -\frac{dF_Y}{d\alpha} \qquad\qquad [4.14]$$

mit

$$F_Y = \text{Seitenkraft}$$
$$\alpha = \text{Schräglaufwinkel}$$

berechnet. Hierzu wurde mit einem am Institut vorhandenen Matlab-Programm [Mat1] jeweils im Bereich $\alpha = \pm 0{,}2°$ um den Schräglaufwinkel α_0 herum eine lineare Regression durchgeführt. Hierbei bezeichnet α_0 den Schräglaufwinkel, bei dem die Seitenkraft F_Y ihren Nulldurchgang hat. Der enge Schräglaufwinkelbereich wurde gewählt, um in jedem Fall nur den linearen Bereich der Messkurven auszuwerten. Mit dieser Maßnahme wurde dem Umstand Rechnung getragen, dass die vorliegenden Messungen auf Stahloberflächen durchgeführt wurden. Auf diesen Oberflächen lagen niedrigere maximale Kraftschlussbeiwerte vor als auf realen Fahrbahnoberflächen, so dass der degressive Verlauf der Seitenkraft-Schräglaufwinkel-Kurven bereits bei kleineren Schräglaufwinkel-Werten begann. Wird dieser Umstand beachtet, ist es für vergleichende Messungen zwischen Trommel und Ebene durchaus zulässig, eine Stahloberfläche zu verwenden, wenn nur der Anstieg der Kurven betrachtet wird. Im kleinen Schräglaufwinkel-, aber genauso auch im kleinen Längsschlupfbereich wird der Anstieg der Kurven lediglich durch die Lauffflächen- bzw. Reifensteifigkeiten beeinflusst, nicht jedoch durch die Kraftschlusseigenschaften von Reifen- und Fahrbahnoberfläche [Hei6, Hei7]. Um den auswertbaren Schräglaufwinkelbereich der Seitenkraftkurven zu vergrößern, wird allerdings für zukünftige Messungen dennoch empfohlen, griffigere Oberflächen (z.B. Safety Walk) einzusetzen.

In *Abb. 4.3.1/1* ist das Ergebnis beispielhaft für Reifen 1 abhängig von der Radlast für Messungen auf der 1,71-m-Trommel dargestellt. Eingetragen sind die berechneten Cornering-Stiffness-Werte für unterschiedliche Reifenluftdrücke als Punkte, die Ausgleichskurven wurden mit dem Programm PlotIT [Plo1] als B-Spline-Kurven erstellt.

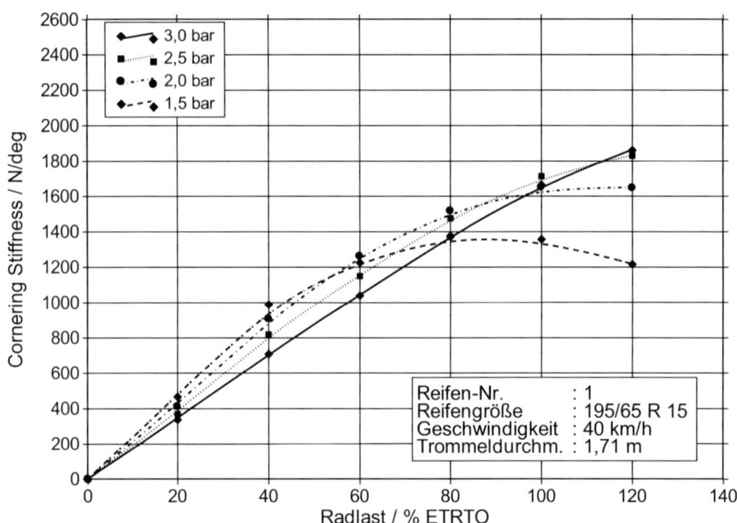

Abb. 4.3.1/1:   Cornering Stiffness in Abhängigkeit von der Radlast bei verschiedenen Reifenluftdrücken, gemessen auf der 1,71-m-Trommel.

Wie bereits erwähnt, nimmt die Cornering Stiffness, ausgehend von 0 % Radlast, zunächst mit wachsender Last für alle untersuchten Reifenluftdrücke zu. Dabei steigt im Bereich geringer Radlasten die Cornering Stiffness bei einem niedrigen Luftdruck zunächst stärker an als bei einem hohen Luftdruck. Dieses Verhalten resultiert aus der größeren Latschlänge, die bei einem kleineren Luftdruck vorliegt und gemäß *Gleichung 4.2* auf die Cornering Stiffness einen vergrößernden Einfluss hat.

Wie sich bereits in *Abb. 4.2.2/1* angedeutet hat, nimmt die Cornering Stiffness, zumindest für kleinere Luftdrücke, nach Erreichen eines Maximums mit weiter ansteigenden Radlast wieder ab. Dabei wird die Lage dieses Maximums entscheidend vom eingestellten Reifenluftdruck beeinflusst. Die Cornering-Stiffness-Verläufe erreichen bei kleineren Luftdrücken das Maximum früher, so dass sie in *Abb. 4.3.1/1* bei 1,5 bar bereits ab einer Radlast von etwa 80 % der ETRTO-Last [Etr1] wieder abfallen. Dagegen erreichen die Kurven bei einem hohen Luftdruck von 3,0 bar im untersuchten Radlastbereich das Maximum überhaupt nicht. Zur Erklärung dieses Effektes wird nochmals darauf hingewiesen, dass der Gürtel gegenüber der Felge elastisch gebettet ist und dass sich mit zunehmender Einfederung diese Bettung in Seitenrichtung weicher verhält. Bei sehr großen Einfederungen ist diese weichere Bettung in Querrichtung, wie bereits beschrieben, dominant gegenüber der gegenläufigen Wirkung der Latschverlängerung. Daher kann die Cornering Stiffness mit zunehmender Radlast wieder abnehmen. Bei niedrigem Luftdruck wird diese starke Einfederung früher erreicht, so dass in diesem Fall die Cornering Stiffness bereits ab kleineren Radlastwerten wieder abnimmt. Dadurch verschiebt sich auch die Lage des Cornering-Stiffness-Maximums mit abnehmendem Luftdruck zu kleineren Radlasten hin.

Analog zur Vorgehensweise bei der Ermittlung der Cornering Stiffness erfolgte die Berechnung der Aligning Stiffness A_α auf der Grundlage der Rückstellmoment-Schräglaufwinkel-Kurven gemäß

$$A_\alpha = \frac{dM_Z}{d\alpha} \qquad\qquad [4.15]$$

mit $\qquad\qquad M_Z$ = Rückstellmoment

$\qquad\qquad\qquad\ \alpha$ = Schräglaufwinkel

Da der lineare Bereich der Rückstellmoment-Schräglaufwinkel-Kurven insbesondere bei niedrigen Radlasten aber noch kleiner ausfällt als bei den Seitenkraft-Schräglaufwinkel-Kurven, wurde zur Aligning-Stiffness-Ermittlung ein anderes Matlab-Programm eingesetzt. Mit diesem modifizierten Programm wurde jeweils im Bereich $\alpha = \pm 0{,}2°$ eine Regression mit einem Polynom 3. Ordnung berechnet. Als Intervallmitte wurde hierbei der Wendepunkt der Rückstellmoment-Schräglaufwinkel-Kurven gewählt, der bei symmetrischen Verläufen mit dem Punkt der Kurve übereinstimmt, bei dem das Rückstellmoment seinen Nulldurchgang aufweist. Der für die weitere Auswertung genutzte Aligning-Stiffness-Wert ergab sich bei diesem Verfahren aus dem Regressionskoeffizienten des linearen Terms des Polynoms 3. Ordnung, über den die Steigung der Kurve im Wendepunkt bestimmt wird. Die beschriebene Vorgehensweise hat den Vorteil, dass das Schräglaufintervall nicht noch enger als $\alpha = \pm 0{,}2°$ gewählt werden musste, auch wenn die Rückstellmoment-Schräglaufwinkel-Kurven bei niedrigen Radlasten in diesem Bereich teilweise schon kein rein lineares Verhalten mehr zeigten. Bei Einsatz einer rein linearen Regression hätte dagegen das Intervall für korrekte Ergebnisse noch enger gewählt werden müssen. In diesem Fall hätten sich aber vereinzelte Messwertschwankungen infolge der dann geringeren Messpunkteanzahl sehr negativ auf die ermittelten Steigungswerte ausgewirkt. Daher kann auch für zukünftige Rückstellmomentmessungen eindeutig empfohlen werden, griffigere Fahrbahnoberflächen (z.B. Safety Walk) einzusetzen, um den linearen Bereich der Kurven zu vergrößern.

In *Abb. 4.3.1/2* ist das Ergebnis beispielhaft für Reifen 1 in Abhängigkeit von der Radlast für Messungen auf der 1,71-m-Trommel dargestellt, variiert wurde der Reifenluftdruck.

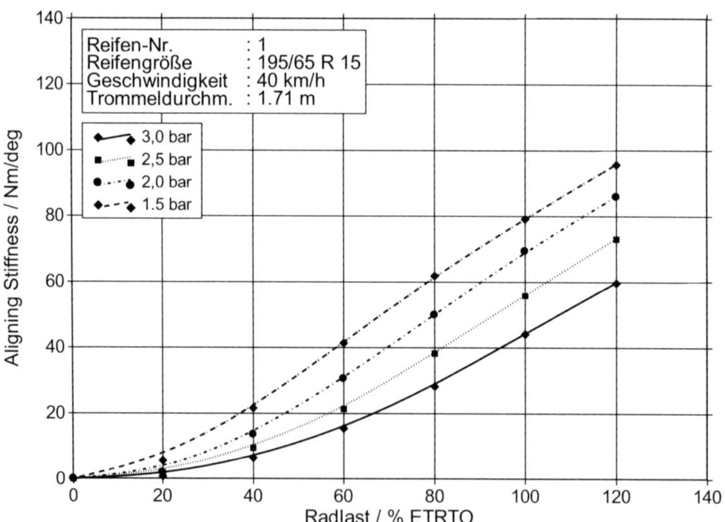

Abb. 4.3.1/2: Aligning Stiffness in Abhängigkeit von der Radlast bei verschiedenen Reifenluftdrücken, gemessen auf der 1,71-m-Trommel.

Die Aligning Stiffness nimmt mit der Radlast für alle untersuchten Reifenluftdrücke über den gesamten Lastbereich zu. Da gemäß *Gleichung 4.9* die Aligning Stiffness A_α linear von der Cornering Stiffness C_α und linear vom Reifennachlauf n_R abhängt und bei kleinen bis mittleren Radlasten sowohl die Cornering Stiffness als auch der Reifennachlauf mit zunehmender Last ansteigen, wächst die Aligning Stiffness in diesem Bereich sogar progressiv an, was in *Abb. 4.3.1/2* auch deutlich zu erkennen ist. Lediglich bei hohen Lasten und niedrigen Luftdrücken stellt sich ein leicht degressiver Verlauf ein, da in diesem Betriebsbereich mit zunehmender Last zwar der Reifennachlauf weiter ansteigt, die Cornering Stiffness aber bereits wieder abnimmt. Der degressive, aber dennoch ansteigende Verlauf weist darauf hin, dass in diesem Radlastbereich der Nachlauf jedoch stärker zunimmt, als die Cornering Stiffness abnimmt.

4.3.2   Reproduzierbarkeit der Messungen

Um den Trommelkrümmungseinfluss eindeutig erfassen zu können, muss die Reproduzierbarkeit der Messungen gewährleistet sein. Daher wurden im Rahmen des Projektes auch Wiederholungsmessungen durchgeführt. In *Abb. 4.3.2/1* sind die Einzelwerte von Cornering-Stiffness-Messungen und Wiederholungsmessungen, die zu verschiedenen Zeitpunkten auf der Ebene durchgeführt wurden, über deren Mittelwert aufgetragen.

Es ist zu erkennen, dass die Messpunkte in einem engen Streuband um die Winkelhalbierende herum liegen. Die mittlere quadratische Abweichung [Bei1, Ina1] beträgt 2,7 % (bezogen auf den größten gemessenen Cornering-Stiffness-Wert $C_\alpha = 2689$ N/°) und ist damit gering genug, um den Trommelkrümmungseinfluss zwischen der Ebene und den Trommeln eindeutig auflösen zu können. Die Krümmungsunterschiede zwischen den beiden Trommeln sind allerdings aufgrund des sehr ähnlichen Durchmessers so gering, dass hier die Grenze der Auflösung erreicht wurde und die Rangfolge der Cornering-Stiffness-Werte in Bezug auf die Trommelkrümmung nicht immer eindeutig ist (*vgl. Abschnitt 4.4*).

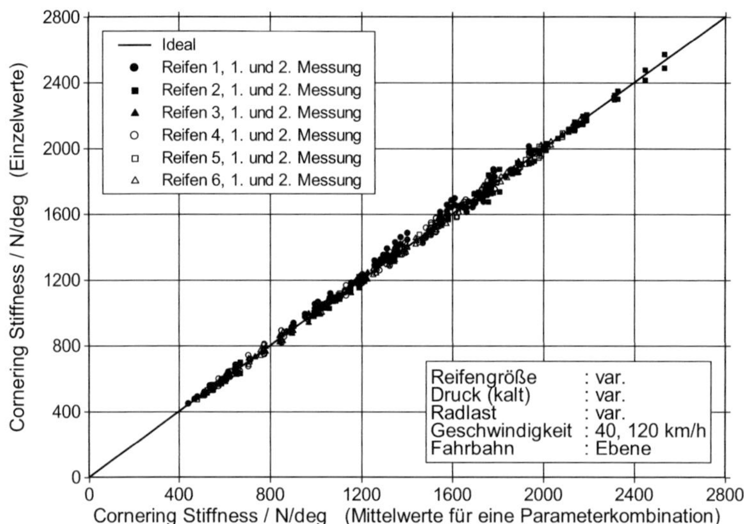

Abb. 4.3.2/1:   Cornering-Stiffness-Werte von erster und zweiter Messung bei jeweils einer Parameterkombination, gemessen auf der ebenen Fahrbahn, aufgetragen über deren Mittelwert.

4.3.3   Besonderheiten bei der Ermittlung der Cornering-Stiffness- und Aligning-Stiffness-Werte auf der ebenen Fahrbahn

Für die Bestimmung der Cornering und Aligning Stiffness muss der Schräglaufwinkel exakt bekannt sein. Für die Trommelmessungen kann hierfür der an der Radaufhängung gemessene Wert (siehe *Abschnitt 2.1.1*) direkt verwendet werden. Bei den Flachbahnmessungen ist dagegen zu berücksichtigen, dass das Stahlband im Fahrbetrieb durch die Reifenseitenkraft quer zur Fahrtrichtung um einen geringen Betrag ausgelenkt wird. Daher stimmt der an der Radaufhängung gemessene Winkel nicht exakt mit dem tatsächlichen Schräglaufwinkel zwischen Reifen und Fahrbahn überein. Um die Größe dieser Abweichung zu erfassen, wurde daher bei einem Teil des Messprogramms mit Abstandssensoren jeweils vor und hinter dem Reifen die Lage des Stahlbandes quer zur Fahrtrichtung gemessen. Durch Ableitung des Querweges nach der Zeit konnte zusätzlich die Quergeschwindigkeit des Bandes ermittelt werden.

Damit standen alle Größen zur Verfügung, um den gesamten Stahlbandschräglauf-winkel $\alpha_{St,ges}$ gemäß *Abb. 4.3.3/1* zu bestimmen.

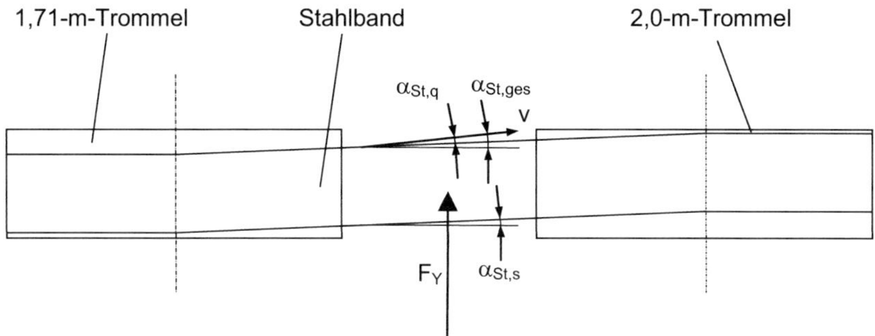

Abb. 4.3.3/1: Entstehung des Stahlbandschräglaufs durch Einleiten der Reifenseiten-kraft F_Y.

Der gesamte Stahlbandschräglaufwinkel $\alpha_{St,ges}$ ist der Winkel zwischen der aktuell vorliegenden Richtung des Stahlbandgeschwindigkeitsvektors in der Reifenauf-standsfläche und der Richtung des Geschwindigkeitsvektors bei $F_Y = 0$ N. Er setzt sich zusammen aus einem Anteil $\alpha_{St,s}$ durch schrägen Lauf des Stahlbandes und einem Anteil $\alpha_{St,q}$ durch eine Quergeschwindigkeit des Stahlbandes, die zusätzlich zur Geschwindigkeit längs des Stahlbandes auftreten kann.

Der reine schräge Lauf mit $\alpha_{St,s}$ liegt dann vor, wenn die Sensoren unterschiedliche Werte anzeigen, die Werte aber konstant sind. Damit erfassen die Sensoren jeweils keine Quergeschwindigkeit, es ist aber ein konstanter schräger Lauf des Stahlbandes vorhanden.

Ein reiner Schräglaufwinkel durch Quergeschwindigkeit liegt vor, wenn die Abstandssensoren die gleichen Werte anzeigen, wenn sich die Werte aber an beiden Sensoren gleichmäßig verändern. In diesem Fall überlagert sich der Längsgeschwin-digkeit des Stahlbandes eine Quergeschwindigkeit, die in der Reifenaufstandsfläche zu einem Schräglaufwinkel führt.

In der Summe bewirken beide Anteile einen effektiven Schräglaufwinkel, der in der Praxis etwas kleiner ist als der an der Radaufhängung gemessene Schräglaufwin-kel. In *Abb. 4.3.3/2* sind die Einzelanteile des gesamten Stahlbandschräglaufwinkels

$\alpha_{St,ges}$ dargestellt, d.h. der oben beschriebene Anteil $\alpha_{St,s}$ durch einen schrägen Lauf des Stahlbandes und der Anteil $\alpha_{St,q}$ durch eine Quergeschwindigkeit des Bandes, wobei beide Winkel um den Faktor 10 vergrößert eingetragen sind. Außerdem ist der an der Radaufhängung gemessene Schräglaufwinkel α_{mess} gezeigt (ohne Vergrößerungsfaktor), der um den gesamten Stahlbandschräglaufwinkel $\alpha_{St,ges}$ zum effektiven Schräglaufwinkel α gemäß folgender Gleichung korrigiert werden muss:

$$\alpha = \alpha_{mess} - \alpha_{St,ges} = \alpha_{mess} - (\alpha_{St,s} + \alpha_{St,q}) \qquad [4.16]$$

Man erkennt, dass die Korrektur zu etwas kleineren effektiven Schräglaufwinkeln führt, wobei der Einfluss aber relativ gering ist. Dargestellt sind die Werte für die größte untersuchte Radlast (120 % des ETRTO-Wertes), bei niedrigeren Radlasten fallen die Unterschiede entsprechend kleiner aus.

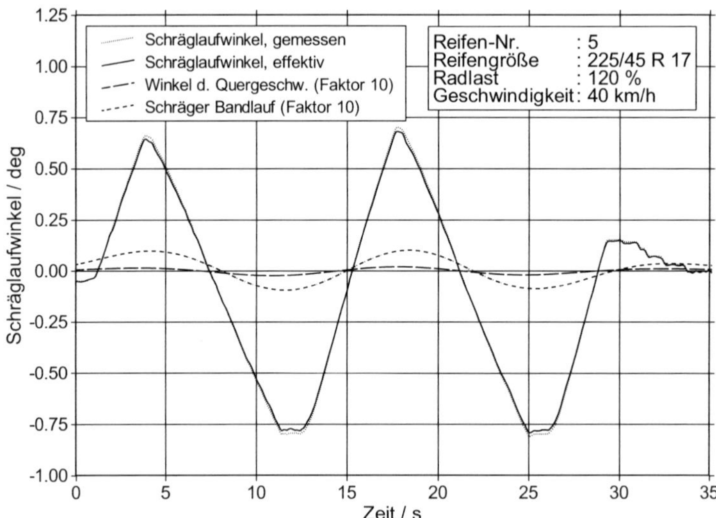

Abb. 4.3.3/2:   Auswirkung des Stahlbandschräglaufs (10-fach vergrößert dargestellt) auf den effektiven Schräglaufwinkel.

Obwohl insgesamt keine großen Einflüsse durch den Stahlbandschräglauf festzustellen waren, wurde dennoch eine entsprechende Korrektur der Messwerte vorgenommen, da der zu untersuchende Trommelkrümmungseinfluss ebenfalls nur relativ geringe Unterschiede hervorruft. Hierbei stellte sich heraus, dass der Einfluss des Stahlbandschräglaufwinkels $\alpha_{St,ges}$ bei der Bestimmung der Cornering Stiffness $C_{\alpha E}$ und der Aligning Stiffness $A_{\alpha E}$ durch eine relativ einfache Gleichung korrigiert werden kann. Da der Stahlbandschräglaufwinkel von der Größe der angreifenden Reifenseitenkraft abhängt, des Weiteren bei kleinen Schräglaufwinkeln ein direkter Zusammenhang zwischen der Größe dieser Seitenkraft und der Größe der Cornering Stiffness besteht, konnte eine relativ einfache Korrekturvorschrift für die Cornering Stiffness und Aligning Stiffness gefunden werden. In diese Korrekturgleichung geht lediglich der Cornering-Stiffness-Wert des untersuchten Reifens bei den aktuell vorliegenden Randbedingungen ein.

Zur Herleitung dieser Gleichung wurden diejenigen Messungen herangezogen, bei denen der Bandschräglaufwinkel $\alpha_{St,ges}$ aufgezeichnet wurde. Bei diesen Messungen lagen somit die an der Radaufhängung erfassten, unkorrigierten Schräglaufwinkel α_{mess} und der effektive Schräglaufwinkel α vor, der bereits um den Bandschräglaufwinkel $\alpha_{St,ges}$ korrigiert wurde. Somit konnten zum einen die Cornering-Stiffness-Werte $C_{\alpha E,gem}$ mit den unkorrigierten Schräglaufwinkeln α_{mess} und die Cornering-Stiffness-Werte $C_{\alpha E}$ mit den effektiven Schräglaufwinkeln α berechnet werden [Zit1]. Zur Herleitung der Korrekturformeln wurde dann das Verhältnis $C_{\alpha E}/C_{\alpha E,gem}$ gebildet und in *Abb. 4.3.3/3* über $C_{\alpha E,gem}$ aufgetragen.

Es ist zu erkennen, dass die Ausgleichsgeraden für alle Reifen und alle Luftdrücke in einem engen Streubereich liegen, so dass eine Korrektur der Cornering-Stiffness-Werte auf der Grundlage einer gemeinsamen Funktion möglich war. Aufgrund des geringen Streubereichs von $\pm0{,}004$ bei den berechneten Verhältnis-Werten $C_{\alpha E}/C_{\alpha E,gem}$ (in dem Cornering-Stiffness-Bereich, der für den jeweiligen Reifen relevant ist) lässt sich ablesen, dass durch die Anwendung dieser vereinfachten Korrektur lediglich mit Fehlern in der Größenordnung von 0,4 % bezogen auf das Verhältnis $C_{\alpha E}/C_{\alpha E,gem}$ gerechnet werden muss.

Für die Korrektur der Cornering Stiffness ergibt sich somit:

$$C_{\alpha E} = C_{\alpha E,gem} \cdot [0{,}994 + (1{,}997 \cdot 10^{-5}\ °/N) \cdot C_{\alpha E,gem}] \qquad [4.17]$$

Für die Korrektur der Aligning Stiffness ergibt sich:

$$A_{\alpha E} = A_{\alpha E,gem} \cdot [0{,}994 + (1{,}997 \cdot 10^{-5}\ °/N) \cdot C_{\alpha E,gem}] \qquad [4.18]$$

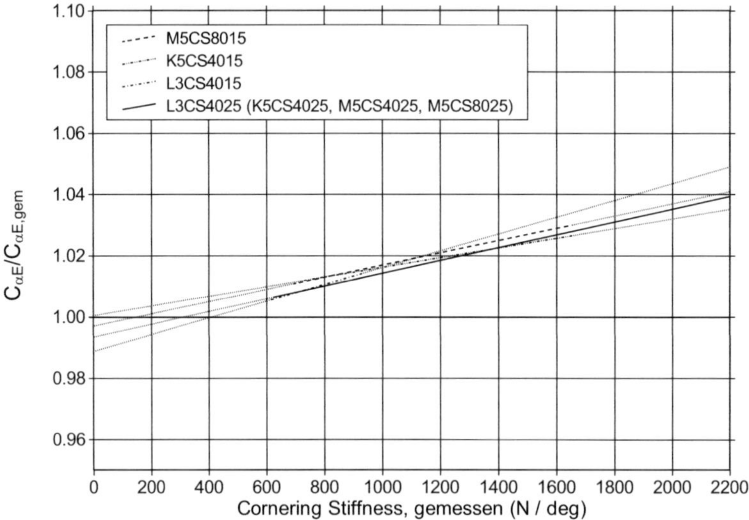

Abb. 4.3.3/3:   Verhältnis der effektiven Cornering-Stiffness-Werte auf der Ebene $C_{\alpha E}$ zu den unkorrigierten Werten $C_{\alpha E,gem}$, aufgetragen über den unkorrigierten Werten. Dargestellt sind die Ausgleichsgeraden für verschiedene Reifen und Luftdrücke, variiert wurde die Radlast.

In den Formeln bedeuten:

$C_{\alpha E,gem}$ = Cornering-Stiffness-Wert berechnet mit dem an der Radaufhängung gemessenen, unkorrigierten Schräglaufwinkel α_{mess}

$C_{\alpha E}$ = Cornering Stiffness auf der Ebene mit Korrektur des Stahlbandschräglaufwinkels

$A_{\alpha E,gem}$ = Aligning-Stiffness-Wert berechnet mit dem an der Radaufhängung gemessenen, unkorrigierten Schräglaufwinkel α_{mess}

$A_{\alpha E}$ = Aligning Stiffness auf der Ebene mit Korrektur des Stahlbandschräglaufwinkels

Die Auswirkung des Stahlbandschräglaufwinkels und die Güte der Korrektur können *Abb. 4.3.3/4* entnommen werden, in der beispielhaft der Aligning-Stiffness-Verlauf für den Reifen 5 bei 2,5 bar Luftdruck dargestellt ist. Die Aligning Stiffness ist abgebildet für drei unterschiedliche Vorgehensweisen bei der Auswertung:

- Aligning Stiffness $A_{\alpha E,gem}$, berechnet mit den an der Radaufhängung gemessenen, unkorrigierten Schräglaufwinkeln α_{mess},

- Aligning Stiffness $A_{\alpha E}$, berechnet mit den effektiven Schräglaufwinkeln α gemäß *Gleichung 4.16*,

- Aligning Stiffness $A_{\alpha E}$, zunächst berechnet mit den unkorrigierten Schräglaufwinkeln α_{mess} und anschließend korrigiert mit Hilfe *Gleichung 4.18*.

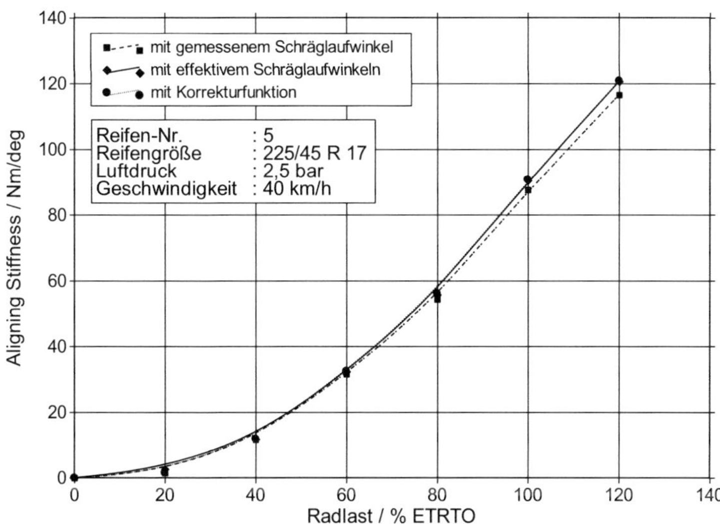

Abb. 4.3.3/4:   Aligning Stiffness, berechnet mit den gemessenen und den effektiven Schräglaufwinkeln sowie ermittelt mit Hilfe der Korrekturfunktion gemäß *Gleichung 4.18*.

Wie sich bereits in *Abb. 4.3.3/2* angedeutet hat, ist der Einfluss des Bandschräglaufwinkels auf die Ergebnisse der Messungen relativ gering. Des Weiteren ist zu erkennen, dass der zugehörige Fehler sehr gut mit der einfachen *Gleichung 4.18* korrigiert werden kann. Die Aligning-Stiffness-Werte, die mit dieser Korrekturfunktion berechnet wurden, und die Werte, die mit dem effektiven Schräglaufwinkel α gemäß *Gleichung 4.16* ermittelt wurden, stimmen praktisch exakt überein. Ähnlich gute Ergebnisse wurden auch bei der Korrektur der Cornering-Stiffness-Werte erzielt.

Neben den besonderen Verhältnissen bei der Bestimmung des Schräglaufwinkels musste auch die Ausrichtung der ebenen Fahrbahn relativ zur Richtung des Kraftmesssystems genau beachtet werden. Hier waren Zusammenhänge zu berücksichtigen, die vergleichbar mit der Problematik bei Rollwiderstandsmessungen sind. Hierzu wurde bereits in *Abschnitt 3.3.4* beschrieben, dass vom Messsystem eine Umfangskraft F_X erfasst wird, obwohl eine Belastung ausschließlich durch eine Radlast F_Z vorliegt, wenn die ebene Fahrbahn gegenüber dem Koordinatensystem der Kraftmesseinrichtung auch nur um einen sehr geringen Winkel geneigt ist. Zwischen dem Rückstellmoment M_Z und dem Kippmoment M_X sind vergleichbare Verhältnisse festzustellen, die sich wie ein Übersprechen des Kippmomentes in das Rückstellmoment auswirken. Allerdings reagiert das Rückstellmoment nicht so empfindlich auf Winkelabweichungen bei der Ausrichtung wie die Umfangskraft, da das Kippmoment lediglich etwa um den Faktor 10 größer ist als das Rückstellmoment. Dagegen ist zwischen der Radlast und dem Rollwiderstand, d.h. der gemessenen Umfangskraft, der Faktor 100 zu verzeichnen.

Eine Abweichung der Ausrichtung der ebenen Fahrbahn von der Ausrichtung des Kraftmesssystems kann zwei Ursachen haben. Zum einen kann durch die Montage eine Abweichung auftreten (siehe *Abschnitt 2.1.2*), die sich während des Betriebs nicht ändert, auch nicht bei Drehrichtungsumkehr des Prüfstandes. Zum anderen kann aber auch durch die bereits beschriebene Schmierkeilbildung des Flächenlagers (siehe *Abschnitt 3.3.4*) eine Neigung der ebenen Fahrbahn hervorgerufen werden. Diese Neigung stellt dann allerdings keinen konstanten Wert dar und ändert sich auch mit der Drehrichtung.

Die durch Montage hervorgerufene konstante Abweichung konnte dadurch überprüft bzw. korrigiert werden, dass die Messungen vorwärts und rückwärts durchgeführt wurden. Da sich bei Rückwärtsfahrt bei festgehaltenem Schräglaufwinkel die Richtung des Kippmoments ändert, die Richtung des Rückstellmoments aber beibehalten wird, wirkt sich ein Übersprechen des Kippmomentes bei Vorwärts- und Rückwärtsfahrt unterschiedlich aus. Dadurch werden in der einen Fahrtrichtung die gemessenen Rückstellmomentwerte durch das Übersprechen erhöht, in der anderen Fahrtrichtung dagegen vermindert. Daher konnte eine Verfälschung des Rückstellmoment-Messwertes infolge einer montagebedingten Fahrbahnneigung durch Vorwärts- und Rückwärtsfahrt herausgemittelt werden.

Der Einfluss der Schmierkeilbildung musste dagegen auf eine andere Weise überprüft werden, da sich bei Rückwärtsfahrt der Schmierkeil umdreht. Hierzu wurde ein ähnliches Verfahren wie bei den Rollwiderstandsmessungen angewendet. Die Aligning-Stiffness-Werte wurden bei verschiedenen Schmierwasservolumenströmen ermittelt, um die Auswirkung unterschiedlich ausgeprägter Schmierkeile zu untersuchen. Der sich jeweils einstellende Schmierkeil verändert sich abhängig vom Schmierwasservolumenstrom, wodurch die Neigung der Ebene beeinflusst wird. Dies müsste sich wiederum, zumindest theoretisch, auf das Kippmoment-Übersprechen auswirken. Bei diesen Untersuchungen wurde allerdings festgestellt, dass dieser Einfluss vernachlässigbar ist und in der geringen Streuung der Messergebnisse untergeht. Die Unempfindlichkeit ist darauf zurückzuführen, dass das Übersprechen in diesem Fall, wie bereits erwähnt, im Vergleich zu den Rollwiderstandsmessungen um den Faktor 10 kleiner angenommen werden kann.

Ergänzend wurde auch überprüft, wie sich ein Vorwärts- und ein Rückwärtslauf sowie eine Variation des Schmierwasservolumenstroms auf die ermittelten Cornering-Stiffness-Werte auswirken. Hierbei wurde aber in keinem Fall eine nennenswerte Beeinflussung der Ergebnisse festgestellt. Es kann also festgehalten werden, dass es lediglich bei den Aligning-Stiffness-Auswertungen erforderlich war, eine, wenn auch geringe, montagebedingte Abweichung der Ausrichtung der ebenen Fahrbahn gegenüber dem Messsystem zu korrigieren.

4.4   Messergebnisse auf den Trommeln und der Ebene

Mit der in *Abschnitt 4.3* beschriebenen Vorgehensweise wurden die Cornering-Stiffness- und Aligning-Stiffness-Werte für alle durchgeführten Reifenversuche ermittelt, so dass nun die Ergebnisse der Trommelmessungen und die Ergebnisse der Messungen auf der ebenen Fahrbahn direkt gegenübergestellt werden können. Im Folgenden ist dies beispielhaft für zwei Reifen durchgeführt, die verschiedene Größen aufweisen und sich auch deutlich unterschiedlich verhalten haben.

Zunächst sollen die Cornering-Stiffness-Ergebnisse des Reifens 6 der Größe 195/65 R 15 diskutiert werden. In *Abb. 4.4/1* sind die auf den unterschiedlichen Fahrbahnen ermittelten Werte für einen Reifenluftdruck von 3,0 bar als Punkte eingetragen.

Wie bereits erwähnt, wurden auch hier zur besseren Diskutierbarkeit der Ergebnisse mit dem Programm PlotIT [Plo1] durch die einzelnen Punkte B-Spline-Ausgleichskurven gelegt. Auch wenn diese mit PlotIT erzeugten Kurven die Punkte nicht optimal treffen, sind sie dennoch nützlich, da durch sie die Zuordnung der Punkte übersichtlicher wird. Für die später durchgeführte Erarbeitung der Korrekturformel sind die genannten Abweichungen der Splines ohne Bedeutung, da die Korrekturformel ausschließlich auf der Grundlage der Messwerte hergeleitet wird.

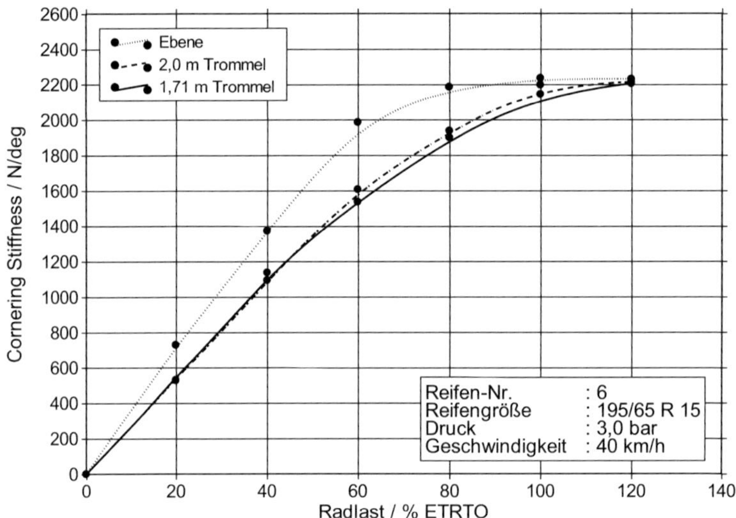

Abb. 4.4/1:   Cornering Stiffness für Reifen 6 (195/65 R 15) bei einem Reifenluftdruck von 3,0 bar, gemessen auf der ebenen Fahrbahn und den beiden Außentrommeln.

Vergleicht man in *Abb. 4.4/1* die Kurven der unterschiedlich gekrümmten Fahrbahnen miteinander, kann man zunächst feststellen, dass die Kurven der beiden Trommeln sehr dicht zusammen liegen. Wie später gezeigt wird, sind die Unterschiede bei anderen Reifen teilweise sogar so gering, dass sie nicht mehr aufgelöst werden können. Des Weiteren ist zu sehen, dass die Kurven der Trommeln, zumindest für kleine bis mittlere Radlasten, auf einem niedrigeren Niveau als die der Ebene liegen.

Wie bereits in *Abschnitt 4.1* beschrieben, liegt die Ursache für diesen Niveauunterschied in den unterschiedlichen Längen der Reifenaufstandsflächen auf Trommel und Ebene. Wie man der Abbildung entnehmen kann, werden bei höheren Radlasten die

Unterschiede kleiner. In diesem Betriebszustand liegen größere Einfederungen vor, was gemäß dem theoretischen Ergebnis aus *Abb. 4.1/3* dann auch zu geringeren Unterschieden führen muss. Hinzu kommt, dass sich mit zunehmender Radlast die tatsächlichen Latschlängen auf der Trommel und der Ebene, relativ gesehen, immer mehr angleichen. Dies konnte durch Anfertigen von Reifenabdrücken nachgewiesen werden, bei denen sich zeigte, dass sich das Verhältnis aus Latschlänge auf der Ebene zu Latschlänge auf der Trommel mit zunehmender Last dem Wert $L_{LE}/L_{LT} = 1$ nähert. Dies bedeutet, dass auch das Cornering-Stiffness-Verhältnis mit zunehmender Radlast dem Wert 1 zustreben muss. Bei den Messungen zeigte sich sogar, dass sich die Cornering-Stiffness-Verhältnisse bei hohen Lasten auch umkehren können, insbesondere bei niedrigen Luftdrücken. In diesem Betriebszustand werden auf der Außentrommel teilweise leicht größere Cornering-Stiffness-Werte erreicht als auf der ebenen Fahrbahn, was zunächst nicht plausibel erscheint. Eine Erklärung für dieses Phänomen könnte sein, dass die Reifenverformung beim starken Einfedern auf der Außentrommel durch die entgegengesetzten Krümmungen von Reifenlauffläche und Trommeloberfläche sehr inhomogen ist. Dies bedeutet, dass die Seitenwand in diesem Fall auf der Außentrommel nicht so gleichmäßig nach außen beult wie auf der Ebene. Durch diese ungleichmäßige Verformung lässt sich möglicherweise der Gürtel gegenüber der Felge bei Außentrommelmessungen in Querrichtung weniger leicht verschieben bzw. verdrehen als bei Messungen auf der Ebene.

Im vorliegenden Beispiel treffen sich die Cornering-Stiffness-Kurven der Ebene und der Trommeln für 3,0 bar Reifenluftdruck bei etwa 120 % der ETRTO-Last. Bei Messungen mit 1,5 bar Luftdruck (siehe *Abb. 4.4/2*) kommt es bei diesem Reifen zu einer kompletten Annäherung der Kurven sogar bereits bei einer Radlast um 80 % der ETRTO-Last.

In diesem Fall liegen bei einem niedrigeren Luftdruck bereits bei geringeren Radlasten ähnlich große Einfederungen vor wie bei 3,0 bar und 120 % der ETRTO-Last. Bei dem niedrigen Luftdruck ist außerdem auffällig, dass die Unterschiede zwischen den Messergebnissen auf der Ebene und den Ergebnissen auf den Trommeln insgesamt bedeutend kleiner sind als beim hohen Luftdruck. Auch dieses Phänomen könnte dadurch begründet sein, dass sich bei größeren Einfederungen, die ja bei niedrigen Luftdrücken vorliegen, die Latschlängen von Trommel und Ebene annähern, wodurch auch die Cornering-Stiffness-Unterschiede von Trommel und Ebene kleiner werden.

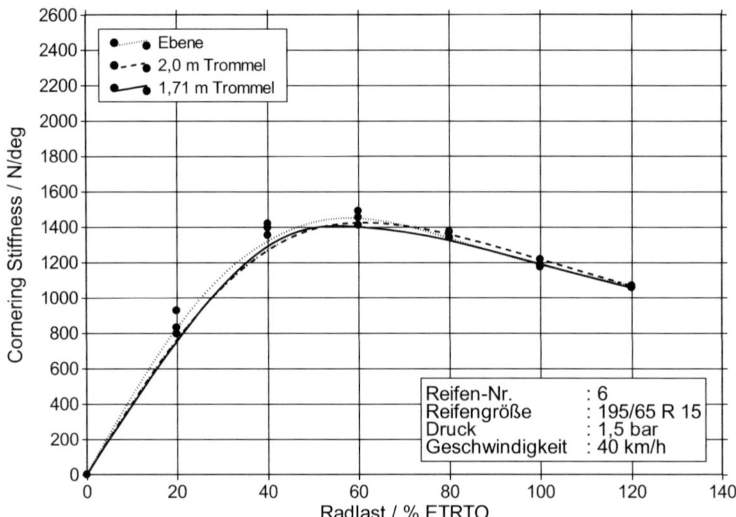

Abb. 4.4/2:   Cornering Stiffness für Reifen 6 (195/65 R 15) bei einem Reifenluftdruck von 1,5 bar, gemessen auf der ebenen Fahrbahn und den beiden Außentrommeln.

Die entsprechenden Kurven für den kleineren Reifen 4 der Dimension 175/70 R 13 sind in *Abb. 4.4/3* und *4.4/4* dargestellt. Bei den kleineren Reifen war festzustellen, dass ein Schnittpunkt zwischen den Cornering-Stiffness-Werten auf der Ebene und den Werten auf den Trommeln bereits bei geringeren Radlasten auftritt, bei Reifen 4 lag er bei einem Reifenluftdruck von 3,0 bar zwischen 100 % und 120 % der zulässigen ETRTO-Last.

Weiter ist anzumerken, dass die Unterschiede der Ergebnisse von 2,0-m- und 1,71-m-Trommel im vorliegenden Beispiel nicht mehr aufzulösen waren und im Bereich der Reproduzierbarkeit liegen.

Bei 1,5 bar Reifenluftdruck (*Abb. 4.4/4*) stellt sich das bereits bekannte Verhalten ein, dass die Cornering-Stiffness-Werte der Ebene und der beiden Trommeln sehr dicht beieinander liegen. Der Schnittpunkt zwischen den Cornering-Stiffness-Werten der Ebene und den Werten der Trommeln liegt im Vergleich zum höheren Luftdruck bei niedrigeren Radlastwerten, wie es auch bereits beim größeren Reifen festgestellt wurde.

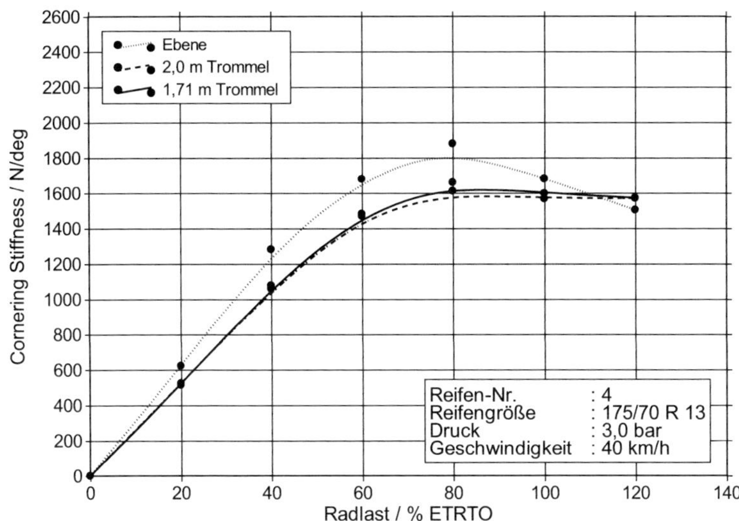

Abb. 4.4/3:   Cornering Stiffness für Reifen 4 (175/70 R 13) bei einem Reifenluftdruck von 3,0 bar, gemessen auf der ebenen Fahrbahn und den beiden Außentrommeln.

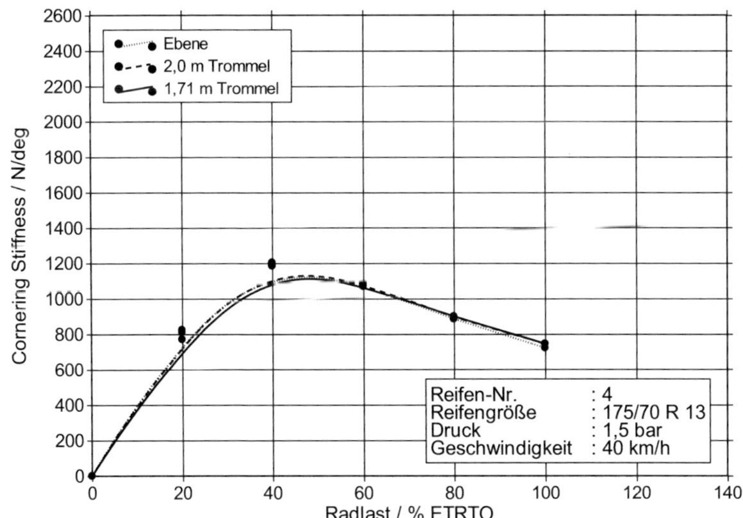

Abb. 4.4/4:   Cornering Stiffness für Reifen 4 (175/70 R 13) bei einem Reifenluftdruck von 1,5 bar, gemessen auf der ebenen Fahrbahn und den beiden Außentrommeln.

An dieser Stelle soll noch darauf hingewiesen werden, dass bei den Messungen mit den kleinen Reifen 3 und 4 bei 1,5 bar Luftdruck keine 120 % Radlast eingestellt werden konnte. Bei dieser Parameterkombination wäre der Abstand zwischen Radachse und Fahrbahn so klein geworden, dass die Werte außerhalb des Einstellbereichs des Prüfstands lagen und somit nicht angefahren werden konnten.

Zusammenfassend kann festgehalten werden, dass bei allen Reifen die Cornering-Stiffness-Werte der Ebene bei niedrigen und mittleren Radlasten über den Werten der Trommeln lagen. Zu hohen Radlasten hin wurden die Unterschiede kleiner und bei der Kombination hoher Radlasten mit niedrigen Luftdrücken kam es sogar zu Überschneidungen, so dass bei extremen Belastungszuständen die Cornering-Stiffness-Werte der Ebene sogar leicht unter den Werten der Trommeln lagen.

Entsprechend dem Vergleich der Cornering-Stiffness-Werte sollen Im Folgenden die zugehörigen Aligning-Stiffness-Werte diskutiert werden, die ebenfalls gemäß *Abschnitt 4.3* ermittelt wurden. In *Abb. 4.4/5* ist das Ergebnis der Messungen auf der ebenen Fahrbahn im Vergleich zu den Trommelergebnissen für den Reifen 6 der Größe 195/65 R 15 bei 3,0 bar Reifenluftdruck dargestellt.

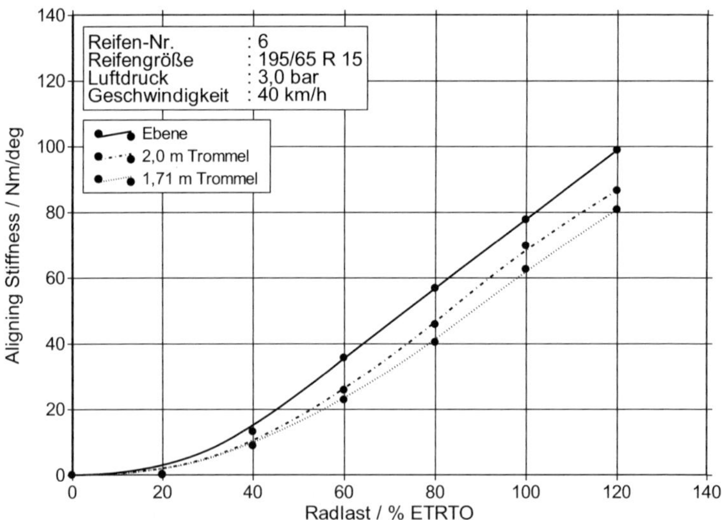

Abb. 4.4/5: Aligning Stiffness für Reifen 6 (195/65 R 15) bei einem Reifenluftdruck von 3,0 bar, gemessen auf der ebenen Fahrbahn und den beiden Außentrommeln.

Vergleicht man in *Abb. 4.4/5* das Niveau der Aligning-Stiffness-Werte der 1,71-m-Außentrommel mit denen der ebenen Fahrbahn, so kann man erkennen, dass die prozentualen Unterschiede, zumindest bei hohen Radlasten, größer sind als bei den entsprechenden Cornering-Stiffness-Werten. Diese deutlicheren Unterschiede sind darauf zurückzuführen, dass sich die größere Latschlänge auf der Ebene stärker auf die Aligning-Stiffness-Werte auswirkt als auf die Cornering-Stiffness-Werte, was bereits in *Abschnitt 4.1* hergeleitet wurde. Des Weiteren ist auffällig, dass auch bei sehr hohen Radlasten die Aligning-Stiffness-Werte auf der Ebene immer größer sind als die auf der Trommel. Diese deutlichen Differenzen auch bei sehr hohen Lasten resultieren aus den unterschiedlichen Reifennachläufen, die auf der Ebene größer sind als auf den Trommeln, auch wenn die Unterschiede bei den Cornering-Stiffness-Werten klein ausfallen.

In *Abb. 4.4/6* sind die entsprechenden Aligning-Stiffness-Werte für den Reifen 6 bei einem Luftdruck von 1,5 bar dargestellt. Gemäß *Gleichung 4.10* ist zu erwarten, dass die Aligning Stiffness A_α mit sinkendem Luftdruck zunimmt, da bei niedrigen Luftdrücken größere Latschlängen und damit auch größere Reifennachläufe n_R vorliegen.

Vergleicht man *Abb. 4.4/5* und *4.4/6* miteinander, lässt sich dies auf jeden Fall bestätigen. Ab etwa 80 % Radlast werden die Aligning-Stiffness-Verläufe bei 1,5 bar Luftdruck allerdings zunehmend degressiv. Dies ist darauf zurückzuführen, dass bei hoher Last und niedrigem Luftdruck zwar erwartungsgemäß ein großer Reifennachlauf n_R vorliegt, dass aber die Cornering Stiffness gemäß *Abb. 4.4/2* mit zunehmender Last in diesem Betriebsbereich abnimmt.

Der Trommelkrümmungseinfluss ist bei 1,5 bar ähnlich wie bei 3,0 bar. Bezieht man allerdings die Abweichungen zwischen der Ebene und der Trommel auf die absoluten Ergebnisse der Trommeln, ergeben sich im Mittel bei 1,5 bar, prozentual gesehen, leicht kleinere Werte. Das heißt, der relative Trommelkrümmungseinfluss ist bei niedrigen Luftdrücken etwas kleiner, was tendenzmäßig mit den Beobachtungen zur Cornering Stiffness übereinstimmt.

In *Abb. 4.4/7* ist der Trommelkrümmungseinfluss auf die Aligning Stiffness für den kleinen Reifen 4 der Dimension 175/70 R 13 bei 3,0 bar Luftdruck dargestellt.

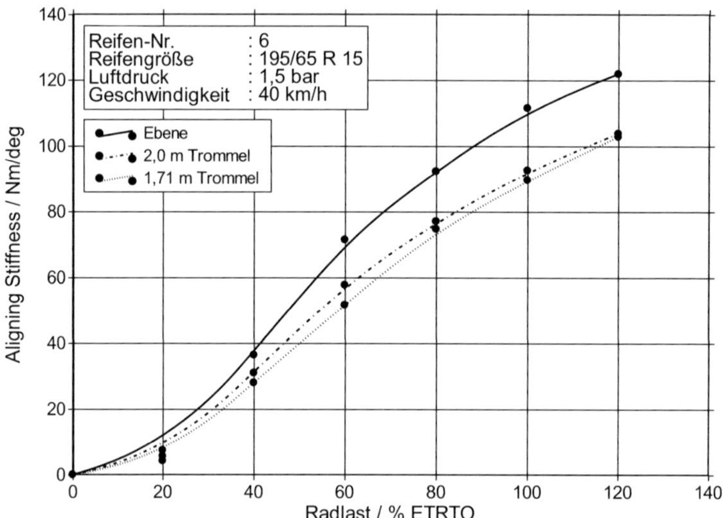

Abb. 4.4/6:   Aligning Stiffness für Reifen 6 (195/65 R 15) bei einem Reifenluftdruck von 1,5 bar, gemessen auf der ebenen Fahrbahn und den beiden Außentrommeln.

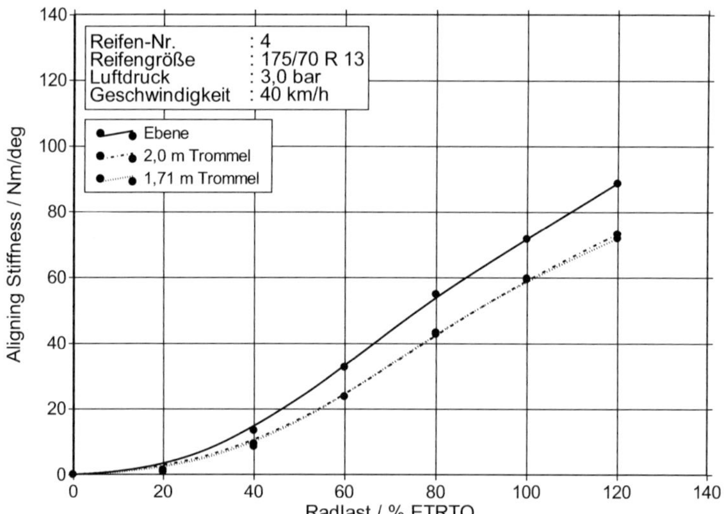

Abb. 4.4/7:   Aligning Stiffness für Reifen 4 (175/70 R 13) bei einem Reifenluftdruck von 3,0 bar, gemessen auf der ebenen Fahrbahn und den beiden Außentrommeln.

Auch bei diesem Reifen stellen sich auf der Ebene im gesamten Radlastbereich immer größere Aligning-Stiffness-Werte ein als auf den beiden Außentrommeln. Insgesamt liegen die Werte auf einem niedrigeren Niveau als bei Reifen 6, was zum großen Teil durch die niedrigeren absoluten Radlasten hervorgerufen wird.

In *Abb. 4.4/8* sind die entsprechenden Werte für 1,5 bar Luftdruck gezeigt. Bei Reifen 4 liegen die Aligning-Stiffness-Werte bei 1,5 bar für 100 % Radlast nur noch wenig über den Werten, die sich bei 3,0 bar ergeben (vgl. *Abb. 4.4/7*). Dies ist darauf zurückzuführen, dass sich bei diesem Reifen bei einem niedrigen Luftdruck zwar auch ein größerer Reifennachlauf n_R einstellt, dass die Cornering Stiffness C_α aber hier bei großen Radlasten stärker abnimmt, als es bei Reifen 6 der Fall war.

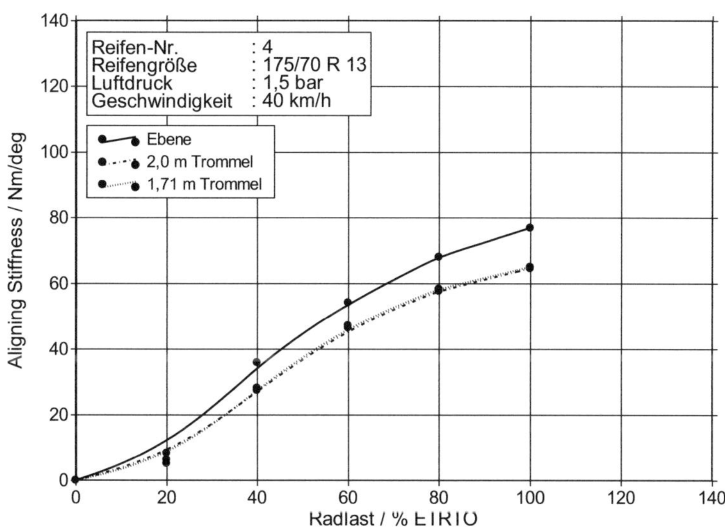

Abb. 4.4/8:   Aligning Stiffness für Reifen 4 (175/70 R 13) bei einem Reifenluftdruck von 1,5 bar, gemessen auf der ebenen Fahrbahn und den beiden Außentrommeln.

Auch bei Reifen 4 zeigt sich, dass der Trommelkrümmungseinfluss, prozentual gesehen, d.h. bezogen auf den vorliegenden Aligning-Stiffness-Wert auf der Trommel, bei niedrigen Luftdrücken etwas kleiner ist.

An dieser Stelle soll noch angemerkt werden, dass aus den gleichen Gründen wie bei der Cornering Stiffness bei den kleinen Reifen auch keine Aligning-Stiffness-Werte bei 1,5 bar Luftdruck und 120 % Radlast ermittelt werden konnten.

Zusammenfassend kann festgehalten werden, dass bei allen Reifen die Aligning-Stiffness-Werte der Ebene im gesamten Radlastbereich über den Trommelwerten lagen. Es ist weiter festzustellen, dass die prozentualen Unterschiede mit abnehmendem Luftdruck etwas kleiner wurden, was mit den Ergebnissen zur Cornering Stiffness im Einklang steht. Im Gegensatz zu den Cornering-Stiffness-Messungen kam es allerdings auch bei den niedrigen Luftdrücken in keinem Fall zu Überschneidungen derjenigen Kurven, die auf den Trommeln und der Ebene ermittelt wurden.

Abschließend soll noch der Geschwindigkeitseinfluss auf die Cornering Stiffness und die Aligning Stiffness erwähnt werden. Es ist festzustellen, dass die Cornering- und Aligning-Stiffness-Werte mit zunehmender Geschwindigkeit tendenzmäßig leicht abnehmen, je nach betrachtetem Reifen mehr oder weniger stark. Die Ursache hierfür ist dadurch begründet, dass bei größeren Geschwindigkeiten höhere Reifentemperaturen vorliegen, die sich auf die Reifensteifigkeiten auswirken. Da dieses Verhalten aber auf jeder Fahrbahnkrümmung ähnlich ist, wirken sich unterschiedliche Geschwindigkeiten auf das Verhältnis der Cornering Stiffness auf der Ebene zur Cornering Stiffness auf der Trommel nicht merklich aus. Da dies in gleicher Weise auf die Aligning Stiffness zutrifft, wurden für die weiteren Auswertungen die Werte bei den unterschiedlichen Geschwindigkeiten nicht separat betrachtet, sondern es wurde eine gemeinsame Auswertung vorgenommen.

4.5   Korrekturalgorithmen zum Einfluss der Fahrbahnkrümmung

Mit Hilfe der in *Abschnitt 4.4* erläuterten Cornering-Stiffness- und Aligning-Stiffness-Messungen auf unterschiedlich gekrümmten Fahrbahnen sollten nun Algorithmen entwickelt werden, mit denen Trommelmessergebnisse auf die Ebene umgerechnet werden können. Hierfür wurden die in *Abschnitt 4.1* hergeleiteten Zusammenhänge genutzt.

4.5.1 Korrekturalgorithmus für die Cornering Stiffness

Gemäß den theoretischen Betrachtungen in *Abschnitt 4.1* ist der Fahrbahnkrümmungseinfluss auf die Cornering Stiffness mit folgendem Ansatz zu beschreiben:

$$\frac{C_{\alpha E}}{C_{\alpha T}} = 1 + e_{C\alpha} \cdot \frac{r_R}{R_T} \qquad [4.19]$$

mit

$C_{\alpha E}$ = Cornering Stiffness auf der Ebene

$C_{\alpha T}$ = Cornering Stiffness auf der Trommel

$e_{C\alpha}$ = Faktor zum Einfluss der Trommelkrümmung

r_R = Radius des unbelasteten Reifens

R_T = Trommelradius

Wie bereits erwähnt, wird mit dem Faktor $e_{C\alpha}$ berücksichtigt, dass es bezüglich des Reifenverhaltens Abweichungen zwischen der vereinfachten Theorie und der Praxis gibt. Der Faktor $e_{C\alpha}$ stellt keine Konstante dar, sondern ist gemäß den in *Abschnitt 4.4* beschriebenen Ergebnissen vom Reifen, von der Radlast und vom Luftdruck abhängig. Eine Abhängigkeit von der Geschwindigkeit wurde in einem nur sehr geringen Maße festgestellt und wird daher im Folgenden nicht weiter berücksichtigt. Auf der Grundlage der Messergebnisse war nun herauszufinden, in welcher Weise der Faktor $e_{C\alpha}$ vom Reifen, von der Radlast und vom Luftdruck beeinflusst wird. Hierzu war ein geeigneter Term zu finden, mit dem diese Zusammenhänge beschrieben werden können. Im Rahmen einer Studienarbeit [Göp1] wurden daher verschiedene Ansätze auf Ihre Eignung hin untersucht, wobei folgende Kriterien zu berücksichtigen waren:

- Für alle Reifen soll der gleiche Formelansatz verwendbar sein, er soll sich reifenabhängig nur durch die Koeffizienten unterscheiden.

- Die Gleichung soll so einfach wie möglich sein.

- Auch außerhalb des untersuchten Radlast- und Luftdruckbereichs soll die ausgewählte Gleichung plausible Ergebnisse liefern.

Von den verschiedenen Ansätzen, die untersucht wurden, konnte der Krümmungseinfluss auf die Cornering Stiffness der einzelnen Reifen mit der im Folgenden beschriebenen Gleichung am besten dargestellt werden. Die Einflüsse von Radlast F_Z und Luftdruck p werden durch lineare und quadratische Terme, die Wechselwirkungen von Radlast und Luftdruck wiederum durch einen Term berücksichtigt, in dem das Produkt $p \cdot F_Z$ eingeht. Der Reifeneinfluss wird dadurch beachtet, dass die Koeffizienten c_c bis c_{pF} reifenabhängig sind.

$$e_{C\alpha} = c_c + c_{F1} \cdot F_Z + c_{F2} \cdot F_Z{}^2 + c_p \cdot p + c_{p2} \cdot p^2 + c_{pF} \cdot p \cdot F_Z \qquad [4.20]$$

mit c_c = Konstantanteil zur Berechnung des Einflussfaktors

   c_{F1} = Koeffizient zur Berücksichtigung des linearen Radlasteinflusses

   c_{F2} = Koeffizient zur Berücksichtigung des quadratischen Radlasteinflusses

   c_p = Koeffizient zur Berücksichtigung des linearen Luftdruckeinflusses

   c_{p2} = Koeffizient zur Berücksichtigung des quadratischen Luftdruckeinflusses

   c_{pF} = Koeffizient zur Berücksichtigung des kombinierten Luftdruck-Radlast-Einflusses

   F_Z = Radlast

   p = Reifenluftdruck

Die *Gleichung 4.20* stellt eine Zahlenwertgleichung dar, d.h. in der Gleichung sind nur die Maßzahlen der einzelnen physikalischen Größen verknüpft. Gültig ist diese Gleichung, wenn

- die Radlast F_Z in (%/100) der ETRTO-Last (d.h. als Dezimalzahl) und

- der Reifenluftdruck p in bar,

jedoch nur als Maßzahl ohne Maßeinheit eingesetzt werden.

Im Vergleich zu den Ansätzen, die zur Beschreibung des Krümmungseinflusses auf den Rollwiderstand in Frage kamen, wurde hier eine andere geeignete Ausgangsgleichung gefunden. Dies hat folgende Gründe:

1. Terme, bei denen die Radlast F_Z im Nenner steht, sind im vorliegenden Fall nicht geeignet, da sich die Gültigkeit der Formel auf einen viel größeren Radlastbereich erstrecken muss. Hier sind mindestens Radlasten von 20 bis 120 % der ETRTO-Last abzudecken, so dass untersuchte Terme der Form c_{F1}/F_Z bei kleinen Radlasten von 20 % der ETRTO Last zu große Werte annahmen.

2. Quadratische Terme waren erforderlich, um die hier vorliegenden komplizierteren Zusammenhänge wiedergeben zu können.

Terme noch höherer Ordnung waren aber ungeeignet, da hiermit offensichtliche Messausreißer zu detailliert nachgebildet wurden. Eine günstige glättende Wirkung der Formel war nur bis zu Termen zweiter Ordnung gegeben.

Ergänzend wurden durch den Einsatz des Programms TableCurve 3D [Tab1] weitere nichtlineare Gleichungsansätze für diesen Einflussfaktor $e_{C\alpha}$ ermittelt [Göp1]. Table-Curve 3D ist ein Programm, mit dem eine passende mathematische Funktion zur Beschreibung gegebener dreidimensionaler empirischer Daten gefunden werden kann. Im vorliegenden Fall entsprechen die drei Dimensionen dem Faktor $e_{C\alpha}$, der Radlast F_Z und dem Luftdruck p. Zur Ermittlung der passenden Funktion wird eine spezielle Auswahlprozedur verwendet, um automatisch 36.000 von 453.697.490 eingebauten Gleichungen aus allen wissenschaftlichen Disziplinen an die Daten anzupassen. Die optimierten Gleichungen werden sortiert nach der Genauigkeit ausgegeben. Aber auch mit diesem Programm konnte keine besser geeignete Gleichung gefunden werden, die für alle Reifen passend ist und dennoch eine relativ einfache Form aufweist.

Aus diesem Grund wurde auf der Basis der *Gleichung 4.20* mit Hilfe eines am Institut vorhandenen Matlab-Programms [Mat1] die Koeffizienten c_c bis c_{pF} so optimiert, dass die Trommelmessungen mit möglichst geringem Fehler auf die ebene Fahrbahn umgerechnet werden können. Wie bereits in *Abschnitt 3.5* beschrieben, wurde hierfür die Matlab-Routine LSQCURVEFIT verwendet, um mit Hilfe der Methode der kleinsten Quadrate die Koeffizienten zu bestimmen. Da sich die Reifen bezüglich des Trommelkrümmungseinflusses auf die Cornering Stiffness sehr deutlich unterscheiden, wurde diese Optimierung der Koeffizienten zunächst für alle Reifen separat vorgenommen. Somit lagen als Ergebnis für die sechs Reifen auch sechs unterschiedliche Koeffizientensätze vor, mit denen jeweils der reifen-, radlast- und luftdruckabhängige Faktor $e_{C\alpha}$ ermittelt werden konnte. Berechnet man nun die mittlere quadratische Abweichung σ (Standardabweichung, siehe *Abschnitt 3.5*) [Bei1, Ina1] zwischen den Werten, die aus den Trommeldaten umgerechnet wurden, und den tatsächlichen Messwerten auf der Ebene, ergibt sich $\sigma = 57,8$ N/°. Bezieht man diese Abweichung, analog zu der in der Messtechnik üblichen Vorgehensweise, auf den größten gemessenen Cornering-Stiffness-Wert $C_\alpha = 2689$ N/°, erhält man eine prozentuale Abweichung von 2,15 %. Dieser Wert kann als gutes Ergebnis interpretiert werden, da die Reproduzierbarkeit der Cornering-Stiffness-Messungen in einer ähnlichen Größenordnung liegt. Der Mittelwert aller auf der Ebene gemessenen Cornering-Stiffness-Werte (d.h. aller Reifen, aller Lasten, aller Luftdrücke) liegt bei $C_\alpha = 1352$ N/°. Bezieht man die Abweichung auf diesen Mittelwert, ergibt sich eine größere prozentuale Abweichung von 4,3 %. Dieser Wert ist zwar nicht mehr vernachlässigbar klein, allerdings sind in diesem Fall natürlich auch die prozentualen Abweichungen der Messwerte auf den Trommeln bezogen auf die Werte der Ebene größer, wie später noch in *Tab. 4.5.1.3/1* gezeigt wird.

Im nächsten Schritt wurde untersucht, ob sich die *Gleichung 4.20* vereinfachen lässt, ohne eine wesentliche Verschlechterung der Ergebnisse zu erhalten. Hierzu wurden die Koeffizienten, die sehr klein waren und für die einzelnen Reifen positive und negative Werte um null herum annahmen, exakt auf null gesetzt. Anschließend wurden die verbleibenden Koeffizienten wieder mit Matlab neu optimiert. Da auch die mittleren Abweichungen neu berechnet wurden, konnte die Verschlechterung im Vergleich zur Güte der *Gleichung 4.20* beurteilt werden. Hierbei zeigte sich, dass auf die Faktoren c_c und c_{p2} verzichtet werden kann, ohne wesentliche Einbußen in der Genauigkeit zu erhalten. Somit ergab sich als vereinfachter endgültiger Ansatz:

$$e_{C\alpha} = c_{F1} \cdot F_Z + c_{F2} \cdot F_Z^2 + c_p \cdot p + c_{pF} \cdot p \cdot F_Z \qquad [4.21]$$

Die zugehörigen Zahlenwerte der Koeffizienten sind in *Tab. 4.5.1/1* aufgelistet.

Tab. 4.5.1/1:   Koeffizienten für die Umrechnung der Cornering Stiffness, optimiert mit Hilfe der Messdaten von Trommeln und Ebene.

Reifen-Nr.	Reifengröße	c_{F1}	c_{F2}	c_p	c_{pF}
1	195/65 R 15 91H	-0,710	0,24	0,418	-0,157
2	225/50 R 16 92W	-1,055	0,38	0,535	-0,102
3	165/70 R 13 79T	-1,779	0,82	0,553	-0,209
4	175/70 R 13 82Q	-0,701	0,09	0,291	-0,017
5	225/45 R 17 91Y	-1,049	0,23	0,617	-0,119
6	195/65 R 15 91T	-0,635	0,12	0,368	-0,143

Mit diesem Ansatz wird eine mittlere quadratische Abweichung von $\sigma = 62{,}6$ N/° erzielt, was bei einer Bezugsgröße von $C_\alpha = 2689$ N/° einer prozentualen Abweichung von 2,3 % entspricht. Bei Bezug auf den Mittelwert aller auf der Ebene gemessenen Cornering-Stiffness-Werte $C_\alpha = 1352$ N/° ergibt sich eine prozentuale Abweichung von 4,6 %. Somit ist auch mit dieser Formel eine ausreichend genaue Umrechnung von Trommelmessungen auf die ebene Fahrbahn möglich. Hierbei ist jedoch zu beachten, dass die Bestimmung der Koeffizienten bisher mit Hilfe von umfangreichen Messdaten erfolgte. Nun wäre es aber wünschenswert, wenn die Koeffizienten auf einfachere Weise ermittelt werden könnten, ohne ein aufwändiges Messprogramm auf Trommel und Ebene durchführen zu müssen. Hierzu wurden zwei verschiedene Vorgehensweisen für die Bestimmung der Koeffizienten aus *Gleichung 4.21* untersucht:

1. Ermittlung der Koeffizienten aus Geometriedaten der Reifen.

2. Ermittlung der Koeffizienten aus einem Kurzmessprogramm auf Trommel und Ebene.

Diese beiden Verfahren werden im Folgenden näher beschrieben.

4.5.1.1 Ermittlung der Koeffizienten aus Reifengeometriedaten

Für einen Betreiber eines Außentrommelprüfstandes wäre es ideal, wenn zur Ermittlung der Koeffizienten für die Umrechnungsformel keine Flachbahnmessungen erforderlich wären. Daher sollte der Ansatz untersucht werden, die Koeffizienten nur auf der Grundlage von Geometriedaten des betreffenden Reifens herzuleiten. Die Grundlage für diesen Ansatz beruht darauf, dass ein Zusammenhang zwischen der Cornering Stiffness und der Steifigkeit des Reifens besteht und somit die Cornering Stiffness mehr durch den Reifenunterbau beeinflusst wird als von der Gummimischung des Laufstreifens. Somit war anzunehmen, dass auch die Empfindlichkeit der Cornering Stiffness gegenüber einer Änderung der Fahrbahnkrümmung deutlich vom Reifenunterbau abhängt. Da sich die Unterbaukonstruktionen bei gleicher Reifengröße in der Regel nicht extrem unterscheiden, auch wenn Reifen verschiedener Hersteller verglichen werden, sollte der Versuch unternommen werden, eine Korrelation zwischen den einzelnen Koeffizienten c_{F1} bis c_{pF} und aussagekräftigen Reifen-Geometriedaten herzustellen.

Während der Durchführung dieser Korrelationsuntersuchung wurde nach Möglichkeiten gesucht, die Ermittlung der Koeffizienten in *Gleichung 4.21* so einfach wie möglich zu machen. Hierbei wurde festgestellt, dass auch noch für den Fall gute Ergebnisse erzielt werden, wenn der Koeffizient c_p auf den Mittelwert aller Reifen $c_p = 0{,}46$ gesetzt wird. Mit diesem festgesetzten Wert wurden dann die restlichen Koeffizienten erneut mit Hilfe von Matlab optimiert, um mit dieser neuen Randbedingung wieder optimal passende Koeffizienten zu erhalten. Diese neuen Koeffizienten sind in *Tab. 4.5.1.1/1* zusammengestellt.

Tab. 4.5.1.1/1:   Koeffizienten für die Umrechnung der Cornering Stiffness, wobei c_p festgelegt und die restlichen Koeffizienten mit Hilfe der Messdaten von Trommeln und Ebene neu optimiert wurden.

Reifen-Nr.	Reifengröße	c_{F1}	c_{F2}	c_p	c_{pF}
1	195/65 R 15 91H	-0,845	0,38	0,46	-0,202
2	225/50 R 16 92W	-0,824	0,16	0,46	-0,026
3	165/70 R 13 79T	-1,454	0,46	0,46	-0,099
4	175/70 R 13 82Q	-1,307	0,76	0,46	-0,222
5	225/45 R 17 91Y	-0,569	-0,24	0,46	0,045
6	195/65 R 15 91T	-0,955	0,44	0,46	-0,242

Um nun einen Zusammenhang zwischen den nicht festgelegten Koeffizienten c_{F1}, c_{F2} und c_{pF} aus *Tab. 4.5.1.1/1* und aussagekräftigen Geometriedaten herzuleiten, wurde eine Korrelationsanalyse mit dem Programm Excel durchgeführt. Hierbei wurde die Korrelation zwischen den oben genannten Koeffizienten und der jeweiligen Reifenbreite, der Reifenseitenwandhöhe, dem Höhen-Breiten-Verhältnis, dem Innendurchmesser, dem Außendurchmesser und der Profiltiefe bestimmt. Ergänzend wurde auch die Korrelation zwischen diesen Koeffizienten und der Vertikalelastizität sowie der zulässigen Höchstgeschwindigkeit des jeweiligen Reifens untersucht [Göp1]. Gute Korrelationen (Korrelationskoeffizient > 0,9) wurden gefunden zwischen c_{F1} und der Reifenbreite B sowie zwischen c_{F2} und dem Höhen-Breiten-Verhältnis HBV. Für c_{pF} konnte nur dann ein befriedigendes Ergebnis erzielt werden, wenn die Korrelation zwischen diesem Koeffizienten und einer linearen Kombination aus Reifenbreite B und Reifenseitenwandhöhe H bestimmt wurde.

Dass die Reifenbreite eine wichtige Größe darstellt, die die Wirkung der Radlast auf den Trommelkrümmungseinfluss bei der Cornering Stiffness beeinflusst, erscheint plausibel. Schließlich ist zwischen Reifenbreite und Latschlänge eine enge Abhängigkeit festzustellen, da mit zunehmender Reifenbreite tendenzmäßig die Latschlänge abnimmt (bei gleicher Radlast und gleichem Luftdruck). Die Latschlänge, die also von der Reifenbreite, aber eben auch von der Radlast und der Trommelkrümmung beeinflusst wird, steht wiederum in engem Zusammenhang mit der Cornering Stiffness, so dass folglich Reifenbreite, Radlast, Trommelkrümmung und Cornering Stiffness eng miteinander verknüpft sind.

Auch der Einfluss der Reifenseitenwandhöhe erscheint schlüssig, da eine gekrümmte Fahrbahnoberfläche auf eine niedrige Seitenwand eine andere Wirkung haben wird als auf eine hohe Seitenwand. Schließlich verformt die gekrümmte Trommeloberfläche bei gleicher Latschlänge relativ gesehen eine niedrige Seitenwand stärker als eine hohe Seitenwand, bzw. bei einer vergleichbarer Verformung der Seitenwand auf einer gekrümmten Fahrbahnoberfläche wird sich bei verschiedenen Seitenwandhöhen eine unterschiedliche Latschlänge einstellen. Da bei diesen Vorgängen ebenfalls die Radlast eine wichtige Rolle spielt, wird letztlich durch dieses Verhalten die Cornering Stiffness bei verschiedenen Seitenwandhöhen radlastabhängig unterschiedlich durch die Trommelkrümmung beeinflusst werden.

Dass eine Korrelation zwischen c_{F2} und dem Höhen-Breiten-Verhältnis HBV gefunden wurde, ist aus den vorher genannten Zusammenhängen auch einsehbar. Allerdings lassen sich alle hier gefundenen Korrelationen nur anschaulich erläutern, eine exakte Begründung der Abhängigkeiten ist durch eine einfache Betrachtung nicht möglich. So lässt sich nicht ohne zusätzlichen Aufwand klären, warum ausgerechnet zwischen c_{F1} und der Reifenbreite B, zwischen c_{F2} und dem Höhen-Breiten-Verhältnis HBV und zwischen c_{pF} und einer linearen Kombination aus Reifenbreite B und Reifenseitenwandhöhe H eine Abhängigkeit gefunden werden konnte. Hier könnten Simulationsrechnungen mit einem geeigneten Reifenmodell die genauen Zusammenhänge aufdecken, was aber den Rahmen der Arbeit sprengen würde.

Im Gegensatz zur komplizierten Abhängigkeit des Krümmungseinflusses von der Radlast konnte eine relativ einfache Abhängigkeit vom Reifenluftdruck gefunden werden. Diese einfacheren Zusammenhänge könnten darauf zurückzuführen sein, dass die Variationsbreite beim Luftdruck geringer war als bei der Radlast. Die Erhöhung des Luftdrucks von 1,5 bar auf 3,0 bar entspricht einer Steigerung um den Faktor 2, während die Erhöhung der Radlast von 20 % auf 120 % einer Steigerung um den Faktor 6 entspricht. Die geringere Variationsbreite des Luftdrucks führt somit zu geringeren Änderungen des Krümmungseinflusses und somit zu einer einfacheren Abhängigkeit.

Nachdem nun feststand, mit welchen Geometriedaten die einzelnen Koeffizienten am besten korrelieren, wurden die Gleichungen zur Bestimmung von c_{F1}, c_{F2} und c_{pF} hergeleitet. Die Faktoren dieser linearen Bestimmungsgleichungen wurden wieder mit einem Matlab-Programm [Mat1] so optimiert, dass sich in der Umrechnungsformel gemäß *Gleichung 4.21* schließlich Werte für c_{F1}, c_{F2} und c_{pF} ergaben, mit denen die

Cornering-Stiffness-Daten der Trommelmessungen möglichst genau auf die Ebene umzurechnen sind. Als Ergebnis können folgende Gleichungen festgehalten werden.

$$c_{F1} = -3{,}41 + 0{,}0123 \cdot B \qquad [4.22]$$

$$c_{F2} = -1{,}45 + 3{,}0 \cdot HBV \qquad [4.23]$$

$$c_{p} = 0{,}46 \qquad [4.24]$$

$$c_{pF} = 0{,}973 - 0{,}0105 \cdot H + 0{,}0007 \cdot B \qquad [4.25]$$

mit
B = Reifenbreite
HBV = Höhen-Breiten-Verhältnis als Dezimalzahl
H = Reifenseitenwandhöhe

Auch diese Gleichungen stellen Zahlenwertgleichungen dar, d.h. es sind nur die Maßzahlen der einzelnen physikalischen Größen verknüpft. Gültig sind diese Gleichungen, wenn die folgenden Größen ohne Maßeinheit eingesetzt werden:

- die Reifenbreite B in mm,

- das Höhen-Breiten-Verhältnis HBV als Dezimalzahl und

- die Reifenseitenwandhöhe H in mm.

Auf der Grundlage dieser Bestimmungsgleichungen wurden die in der *Tab. 4.5.1.1/2* aufgelisteten Koeffizienten berechnet.

Tab. 4.5.1.1/2: Koeffizienten für die Umrechnung der Cornering Stiffness, ermittelt auf der Grundlage der Reifengeometriedaten.

Reifen-Nr.	Reifengröße	c_{F1}	c_{F2}	c_p	c_{pF}
1	195/65 R 15 91H	-1,012	0,50	0,46	-0,222
2	225/50 R 16 92W	-0,642	0,05	0,46	-0,051
3	165/70 R 13 79T	-1,380	0,65	0,46	-0,125
4	175/70 R 13 82Q	-1,257	0,65	0,46	-0,191
5	225/45 R 17 91Y	-0,642	-0,10	0,46	0,067
6	195/65 R 15 91T	-1,012	0,50	0,46	-0,222

Vergleicht man die Zahlenwerte dieser Tabelle mit den Zahlenwerten von *Tab. 4.5.1.1/1*, so fällt auf, dass sich die Werte um typisch 20 % unterscheiden. Die Ursache hierfür liegt darin, dass die Optimierung der Vorfaktoren in den *Gleichungen 4.22* bis *4.25* nicht mit dem Ziel durchgeführt wurde, exakt die Zahlenwerte aus *Tab. 4.5.1.1/1* zu treffen. Vielmehr wurden die Vorfaktoren derart optimiert, dass die Umrechnung der Trommelmessergebnisse auf die Ergebnisse der Ebene bestmöglich erfolgt. Es hat sich gezeigt, dass es auf diese Weise zwar zu den genannten Abweichungen zwischen *Tab. 4.5.1.1/2* und *Tab. 4.5.1.1/1* kommt, dass diese Vorgehensweise aber dennoch zu den genaueren Umrechnungsformeln führt. Die Abweichungen zwischen den einzelnen Koeffizienten aus den beiden Tabellen kompensieren sich letztendlich, so dass in der Gesamtwirkung mit der Trommelkorrekturformel ein gutes Ergebnis erzielt wird.

Die Genauigkeit dieses Verfahrens, im Folgenden „Ermittlung der Koeffizienten mit Hilfe von Geometriedaten" genannt, wurde überprüft, indem die Cornering-Stiffness-Werte aller Trommelmessungen, die mit diesen sechs Reifen durchgeführt wurden, auf die ebene Fahrbahn umgerechnet und mit den tatsächlich auf der Ebene gemessenen Werten verglichen wurden. Hierbei wurde eine mittlere quadratische Abweichung von 73,6 N/° ermittelt, was einem Wert von 2,7 % entspricht, wenn die größte gemessene Cornering Stiffness C_α = 2689 N/° als Bezugsgröße zugrunde gelegt wird. Bei Bezug auf den Mittelwert aller auf der Ebene gemessenen Cornering-Stiffness-Werte C_α = 1352 N/° ergibt sich eine prozentuale Abweichung von 5,4 %.

Es kann damit festgehalten werden, dass die Umrechnung der Trommelwerte auf die Ebene mit Hilfe dieses Verfahrens mit ausreichender Genauigkeit erfolgt, zumindest wenn man die Formel lediglich auf die Daten der untersuchten sechs Reifen anwendet. Ob dieses Verfahren auch auf beliebige andere Reifen übertragbar ist, wird in *Abschnitt 4.6.2* überprüft.

Im Folgenden soll als nächstes die Wirkung unterschiedlicher Radlasten und Luftdrücke auf den Trommelkrümmungseinfluss bei Cornering-Stiffness-Messungen in der Darstellung

$$\frac{C_{\alpha E}}{C_{\alpha T}} = f\left(F_Z\right) \qquad\qquad [4.26]$$

aufgezeigt werden, wobei gilt:

$C_{\alpha E}$ =   Cornering Stiffness auf der Ebene

$C_{\alpha T}$ = Cornering Stiffness auf der Trommel

F_Z = Radlast in % der ETRTO-Last

In *Abb. 4.5.1.1/1* ist dieses Cornering-Stiffness-Verhältnis gemäß *Gleichung 4.26* in Abhängigkeit von der Radlast beispielhaft für den großen Reifen 5 der Dimension 225/45 R 17 dargestellt. Variiert wurde der Reifenluftdruck.

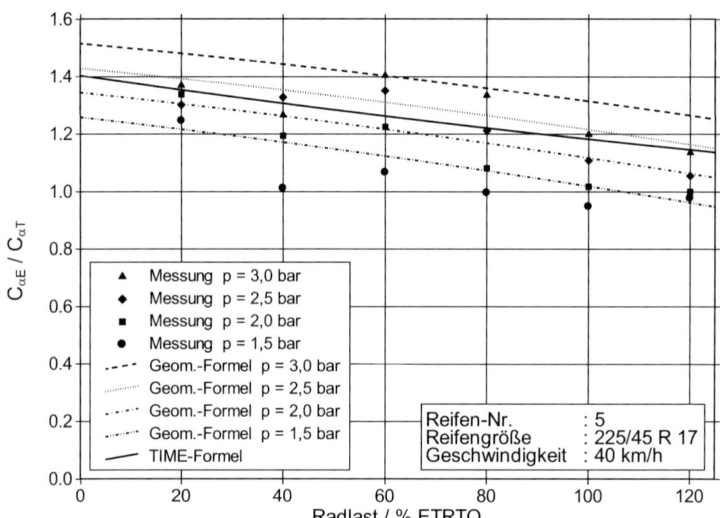

Abb. 4.5.1.1/1: Cornering-Stiffness-Verhältnis $C_{\alpha E}$ / $C_{\alpha T}$, ermittelt aus den Werten von Ebene und 1,71-m-Trommel in Abhängigkeit von der Radlast für Reifen 5 (225/45 R 17).

Eingetragen sind die Verhältnisse von den auf der Ebene ermittelten Cornering-Stiffness-Werten zu den auf der 1,71-m-Trommel ermittelten Werten. Die mit Einzelpunkten dargestellten Werte wurden aus den Messergebnissen von Ebene und Trommel berechnet. Die gestrichelten Kurven (verschiedene Luftdruckvarianten) wurden mit den *Gleichungen 4.19* sowie *4.21* bis *4.25* aus den Reifengeometriedaten ermittelt, stellen also Prognosewerte dar. Man erkennt, dass die Messpunkte zwar deutlich streuen, im Mittel decken die Prognosekurven den Streubereich aber gut ab. Des Weiteren ist zu sehen, dass der Trommelkrümmungseinfluss mit zunehmender Radlast abnimmt. Außerdem wird der Trommelkrümmungseinfluss mit abnehmendem Luftdruck kleiner. Dieser Luftdruckeinfluss kann sogar dazu führen, dass das Verhältnis gemäß *Gleichung 4.26* bei sehr großen Radlasten kleiner als eins wird, was wiederum bedeutet, dass die Cornering Stiffness auf der Ebene geringer sein kann als auf der Trommel. Dieses Phänomen wurde bereits in *Abschnitt 4.4* diskutiert und ist z.B. auch in *Abb. 4.4/3* bei hoher Radlast deutlich zu erkennen.

Ergänzend ist in *Abb. 4.5.1.1/1* als durchgezogene Linie der Kurvenverlauf eingetragen, der sich aufgrund der Korrekturformel ergibt, die im Rahmen des TIME-Projektes am KIT (damals Universität Karlsruhe) aufgestellt wurde (siehe *Abschnitt 1.1.2* und [Aug1, Gna3]). Gemäß dieser Formel besteht folgendes Verhältnis zwischen der Cornering Stiffness auf der Ebene und der Cornering Stiffness auf der Trommel:

$$\frac{C_{\alpha E}}{C_{\alpha T}} = \left(0{,}914 + 0{,}134 \cdot F_Z - 0{,}539 \cdot \frac{r_R}{R_T} \right)^{-1} \qquad [4.27]$$

mit

$C_{\alpha E}$ = Cornering Stiffness auf der Ebene

$C_{\alpha T}$ = Cornering Stiffness auf der Trommel

F_Z = Radlast in (%/100) der ETRTO-Last (d.h. als Dezimalzahl)

r_R = Radius des unbelasteten Reifens

R_T = Trommelradius

Man erkennt in *Abb. 4.5.1.1/1,* dass diese Korrektur bei diesem Reifen einen ähnlichen Radlasteinfluss berücksichtigt wie die aktuell aufgestellte Formel. Insbesondere ist eine sehr gute Übereinstimmung zwischen der Kurve, die mit der Formel aus dem TIME-Projekt ermittelt wurde, und der neuen Kurve bei 2,5 bar Luftdruck zu erkennen. Diese gute Übereinstimmung für diesen Luftdruck ist auch nachvollziehbar, da im TIME-Projekt Reifenmessungen mit 2,3 bar und 2,6 bar Luftdruck durchgeführt wurden. Da im Rahmen dieses Projektes aber nur sehr wenige Messpunkte bei unterschiedlichen Luftdrücken ermittelt wurden, konnte die Wirkung dieses Betriebsparameters auf den Krümmungseinfluss zu diesem Zeitpunkt nicht berücksichtigt werden. Daher existieren keine älteren Daten zur Wirkung des Reifenluftdruckes auf den Krümmungseinfluss bei Cornering-Stiffness-Messungen.

Die Wirkung der Trommelkrümmung auf die Cornering Stiffness des kleinen Reifens 4 (175/70 R 13) ist in *Abb. 4.5.1.1/2* dargestellt. Das Verhalten ist prinzipiell ähnlich wie zuvor, allerdings ist der Trommelkrümmungseinfluss bei diesem Reifen deutlich kleiner. Des Weiteren ist festzustellen, dass die Messpunkte und die Prognosekurven bei einer Variation des Luftdrucks weniger aufspreizen. Außerdem fällt auf, dass die Prognosekurven für das Cornering-Stiffness-Verhältnis mit zunehmender Radlast nicht linear abfallen. Beim niedrigsten Luftdruck (1,5 bar) werden Cornering-Stiffness-Verhältnisse unter eins bereits ab etwa 60 % der ETRTO-Radlast erreicht.

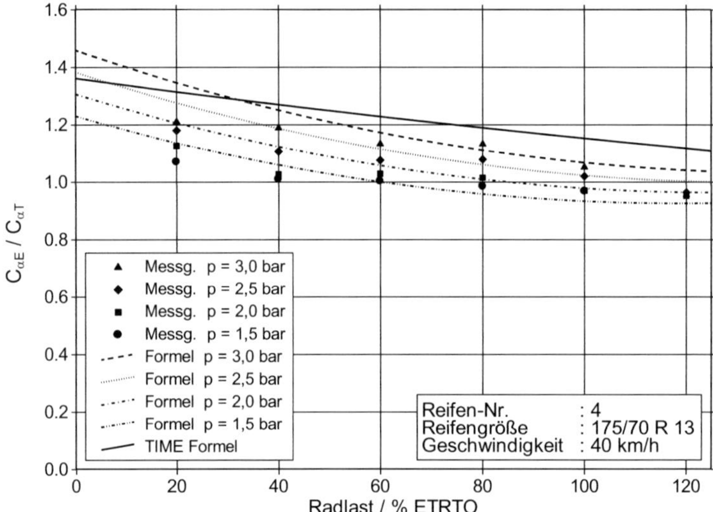

Abb. 4.5.1.1/2:   Cornering-Stiffness-Verhältnis $C_{\alpha E}$ / $C_{\alpha T}$, ermittelt aus den Werten von Ebene und 1,71-m-Trommel in Abhängigkeit von der Radlast für Reifen 4 (175/70 R 13).

Auch die Ergebnisse, die mit Hilfe der Umrechnungsformel aus dem TIME-Projekt ermittelt wurden (durchgezogene Linie), zeigen eine vergleichbare Radlastabhängigkeit. Allerdings liegen diese Berechnungsergebnisse auf einem höheren Niveau. Hierbei ist aber zu beachten, dass die Ermittlung des Krümmungseinflusses im Rahmen des TIME-Projektes mit Unsicherheiten behaftet war. Die Streuung der Ergebnisse fiel in diesem Projekt aufgrund des Einsatzes verschiedener Prüfstände unterschiedlicher Prüfstandsbetreiber erheblich größer aus als im vorliegenden Fall (siehe *Abschnitt 1.1.2*). Wie schon des Öfteren darauf hingewiesen, liegt ein entscheidender Vorteil der aktuellen Untersuchungen darin, dass alle Ergebnisse mit der gleichen Radaufhängung ermittelt wurden, so dass Streuungen aufgrund des Einsatzes unterschiedlicher Messeinrichtungen nicht auftreten konnten.

Die entsprechenden Diagramme für die anderen vier Reifen sind im *Anhang A.2.1* abgebildet. Sie zeigen alle eine vergleichbare Radlast- und Luftdruckabhängigkeit, wobei sich insbesondere die großen und die kleinen Reifen vom Niveau her deutlich unterscheiden. Die Übereinstimmung mit den Ergebnissen aus dem TIME-Projekt ist jeweils für die großen Reifen gut, bei den kleineren Reifen kommt es allerdings, wie bereits dargestellt, zu merklichen Unterschieden.

Um zeigen zu können, wie sich die Abweichungen zwischen den formelmäßigen Krümmungskorrekturen und dem realem Krümmungseinfluss auf den Verlauf der Cornering-Stiffness-Kurven auswirken, ist in *Abb. 4.5.1.1/3* ein entsprechender Vergleich dargestellt.

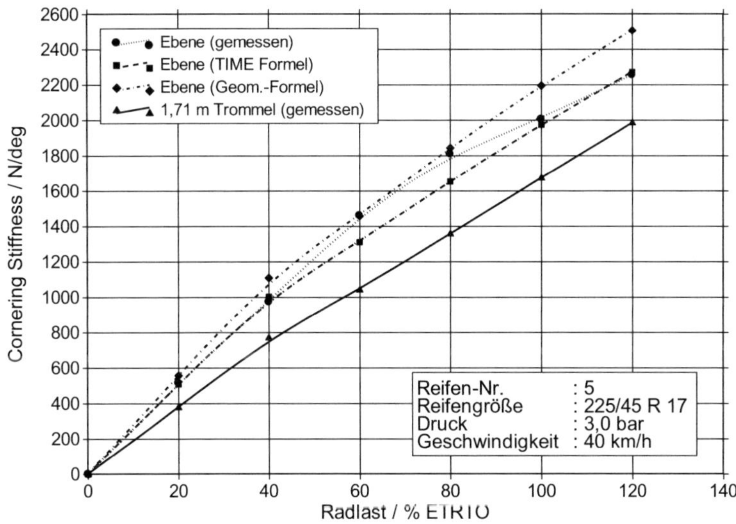

Abb. 4.5.1.1/3:   Cornering Stiffness für Reifen 5 (225/45 R 17), gemessen auf der Ebene, umgerechnet auf die Ebene und gemessen auf der 1,71-m-Trommel, eingestellt war ein Luftdruck von 3,0 bar.

Eingetragen sind am Beispiel des großen Reifens 5 die Cornering-Stiffness-Verläufe in Abhängigkeit von der Radlast für 3,0 bar Reifenluftdruck. Grundlage für dieses Diagramm und für die folgenden Diagramme sind jeweils die gemessenen Cornering-Stiffness-Werte auf der Trommel (in *Abb. 4.5.1.1/3* sechs Messpunkte bei sechs

Radlasten), die dann mit den Formeln auf die Ebene umgerechnet wurden. Als Vergleichsmaßstab dienen die tatsächlich auf der Ebene gemessenen Cornering-Stiffness-Werte. Zur besseren Erkennbarkeit der Verläufe wurden jeweils wieder mit dem Programm PlotIT [Plo1] B-Spline-Ausgleichskurven durch die einzelnen Punkte gelegt. Dargestellt sind also die Cornering-Stiffness-Verläufe

- gemessen auf der Ebene,

- umgerechnet von der 1,71-m-Trommel auf die Ebene mit Hilfe der Umrechnungsformel aus dem TIME-Projekt,

- umgerechnet von der 1,71-m-Trommel auf die Ebene mit Hilfe der Formel auf Grundlage der Reifen-Geometriedaten und

- gemessen auf der 1,71-m-Trommel.

Man erkennt zunächst einen deutlichen Unterschied zwischen der Messkurve von der Ebene und der Messkurve von der Trommel, d.h. der Fahrbahnkrümmungseinfluss ist erheblich. Dagegen liegen die auf die Ebene umgerechneten Kurven und die Messkurve von der Ebene wesentlich näher zusammen.

Die Kurve, die mit der Formel aus dem TIME-Projekt ermittelt wurde, zeigt bei diesem Reifen und 3,0 bar Luftdruck im Bereich der hohen Radlasten gute Ergebnisse, dagegen weist die neue Formel auf der Grundlage der Reifen-Geometriedaten bei mittleren Radlasten Vorteile auf. Über den gesamten Radlastbereich betrachtet ist bei diesen Randbedingungen kein Umrechnungsverfahren gegenüber dem anderen zu bevorzugen.

In *Abb. 4.5.1.1/4* ist die entsprechende Darstellung für den gleichen Reifen bei 1,5 bar Luftdruck zu sehen. In diesem Fall liegen die auf Trommel und Ebene gemessenen Kurven sehr nahe zusammen, wobei die Kurve der Ebene nur im Bereich niedriger bis mittlerer Lasten über der Kurve der Trommel liegt. Im Bereich hoher Lasten kommt es dann zu Überschneidungen, so dass sich die Reihenfolge der Kurven umdreht.

Die Kurve, die mit der Formel aus dem TIME-Projekt ermittelt wurde, liegt im gesamten Radlastbereich zu hoch, d.h. die Korrekturfaktoren sind für den eingestellten niedrigen Luftdruck zu groß. Dagegen passt die Kurve, die mit der Geometrieformel bestimmt wurde, insgesamt deutlich besser. Sie bildet die oben genannten Überschneidungen nach und liegt nur im Bereich mittlerer Radlasten etwa 10 % zu hoch.

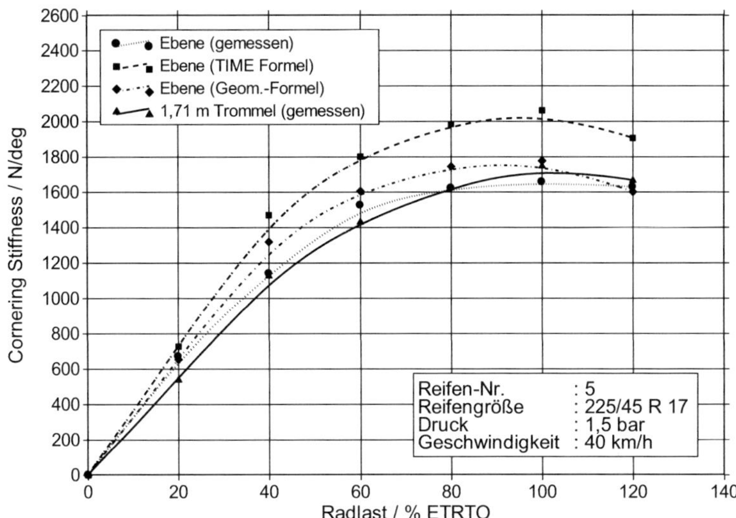

Abb. 4.5.1.1/4: Cornering Stiffness für Reifen 5 (225/45 R 17), gemessen auf der Ebene, umgerechnet auf die Ebene und gemessen auf der 1,71-m-Trommel, eingestellt war ein Luftdruck von 1,5 bar.

In *Abb. 4.5.1.1/5* und *4.5.1.1/6* sind die entsprechenden Diagramme für den kleinen Reifen 4 der Größe 175/70 R 13 dargestellt. Bei diesem kleinen Reifen sind die Unterschiede zwischen den gemessenen Kurven auf der Ebene und der Trommel kleiner, bei 1,5 bar Luftdruck sind sie sogar minimal.

Wie in den Abbildungen zu erkennen ist, liegen bei beiden Luftdrücken die mit Hilfe der TIME-Formel auf die Ebene umgerechneten Kurven im Vergleich zu den gemessenen Kurven zu hoch. Dagegen zeigt die neue Geometrieformel in beiden Fällen gute Ergebnisse.

Abschließend kann festgehalten werden, dass bei den anderen, hier nicht dargestellten Reifen, ähnliche Ergebnisse ermittelt wurden. Insgesamt konnten mit der neuen Formel, deren Koeffizienten mit Hilfe von Reifengeometriedaten bestimmt wurden, speziell bei den kleinen Reifen genauere Krümmungskorrekturen durchgeführt werden als mit der Formel, die im TIME-Projekt hergeleitet wurde. Besonders deutlich waren die Vorteile bei niedrigen Reifenluftdrücken, was darauf zurückzuführen ist, dass dieser Druckbereich im TIME-Projekt nicht untersucht wurde.

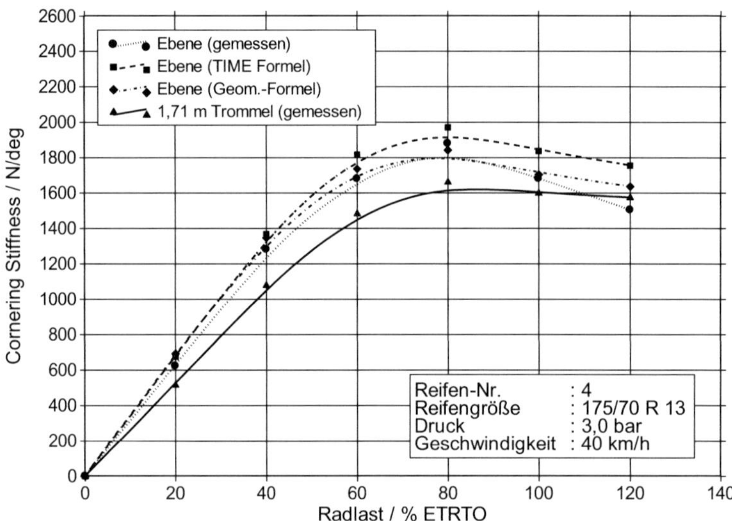

Abb. 4.5.1.1/5:   Cornering Stiffness für Reifen 4 (175/70 R 13), gemessen auf der Ebene, umgerechnet auf die Ebene und gemessen auf der 1,71-m-Trommel, eingestellt war ein Luftdruck von 3,0 bar.

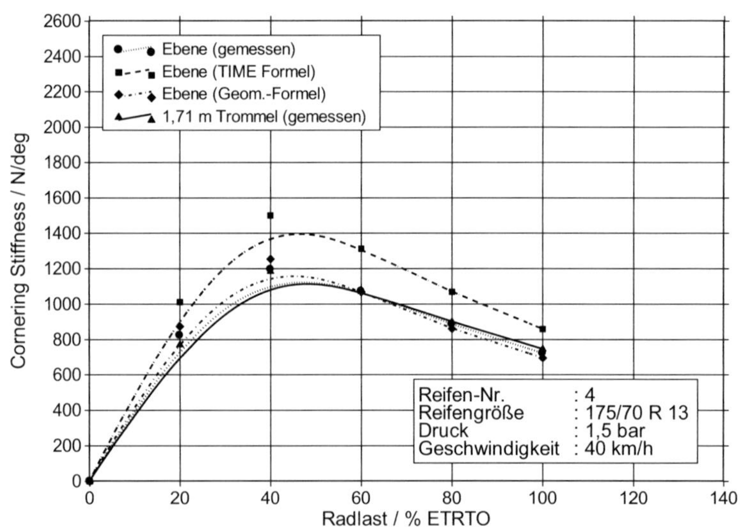

Abb. 4.5.1.1/6:   Cornering Stiffness für Reifen 4 (175/70 R 13), gemessen auf der Ebene, umgerechnet auf die Ebene und gemessen auf der 1,71-m-Trommel, eingestellt war ein Luftdruck von 1,5 bar.

4.5.1.2 Ermittlung der Koeffizienten aus dem Kurzmessprogramm

Wie in *Abschnitt 4.5.1.1* erwähnt, kam es bei manchen Parameter-Kombinationen bei Anwendung der Geometrieformel zu Abweichungen zwischen den umgerechneten und den tatsächlichen Messkurven auf der Ebene. Da außerdem die Übertragbarkeit des beschriebenen Verfahrens auf jeden beliebigen anderen Reifen nicht gewährleistet ist, wurde zusätzlich ein zweites Verfahren untersucht, um Messdaten von der Trommel auf die Ebene umzurechnen. Bei diesem Verfahren ist vorgesehen, die Koeffizienten der *Gleichung 4.21* mit Hilfe eines kurzen Messprogramms auf der Trommel und auf der Ebene zu ermitteln.

Hierfür mussten zunächst geeignete Parameterkombinationen festgelegt werden. Um den relevanten Radlast-Luftdruck-Bereich abzudecken, wurden für dieses Kurzmessprogramm die Parameter der Eckpunkte ausgewählt, d.h. die Kombination 1,5 bar Luftdruck mit 20 % und 100 % Last sowie 3,0 bar Luftdruck mit 20 % und 120 % Last. Der Messpunkt 1,5 bar Luftdruck mit 120 % Last wurde nicht vorgesehen, da diese Kombination, wie bereits in *Abschnitt 4.4* erwähnt, aus technischen Gründen nicht bei allen Reifen einstellbar war. Außerdem ist dieser Punkt als nicht repräsentativ anzusehen, da bei dieser extremen Parameterkombination (niedriger Luftdruck bei höchster Last) die Reifen erheblich überlastet werden. Die genannten weit auseinander liegenden Eckpunkte wurden gewählt, damit sich die Radlast- und Luftdruckeinflüsse deutlich in den Messergebnissen zeigen und sich klar von den vorhandenen Messwertschwankungen abheben.

Da der Luftdruck gemäß *Gleichung 4.21* lediglich linear in die Korrekturformel eingeht, wurde darauf verzichtet, weitere Luftdruck-Zwischenwerte in das Kurzmessprogramm aufzunehmen. Dagegen wurden noch zwei Werte bei mittlerer Radlast ergänzt, nämlich die Kombination 60 % Radlast mit 1,5 bar Luftdruck und 60 % Radlast mit 3,0 bar Luftdruck.

Mit diesen sechs Messpunkten, die auf der Trommel und der Ebene zu messen sind, stehen nun theoretisch sogar zu viele Daten zur Verfügung, um die vier Koeffizienten der *Gleichung 4.21* eindeutig bestimmen zu können. Es ist allerdings zu beachten, dass die Messwerte in der Praxis erheblich streuen. Würde man tatsächlich nur vier Messwerte pro Fahrbahn zur Verfügung stellen, könnte man zwar vier Koeffizienten ermitteln, die Umrechnungsformel würde dann aber nur für diese vier Messpunkte exakt passen. Da jedoch auch diese vier Messpunkte Streuungen unterliegen, käme es bei anderen Radlast-Luftdruck-Kombinationen zu erheblichen Abweichungen bei der

Umrechnung von einer Fahrbahnkrümmung auf die andere. Bei der Entwicklung des Verfahrens stellte sich sogar heraus, dass selbst mit einer erheblich größeren Anzahl von Messpunkten nicht alle vier Koeffizienten derart zuverlässig bestimmt werden können, dass sich für alle Radlast-Luftdruck-Varianten eine gute Genauigkeit bei der Umrechnung ergibt. Als günstig erwies sich daher eine Kombination aus den beiden Verfahren „Ermittlung der Koeffizienten aus Reifengeometriedaten" (siehe *Abschnitt 4.5.1.1*) und „Ermittlung der Koeffizienten aus den Messdaten des Kurzmessprogramms".

Bei diesem kombinierten Verfahren wird zunächst der Koeffizient c_p auf den Wert $c_p = 0{,}46$ festgelegt, da auch mit dieser Festlegung gute Ergebnisse erzielt werden, wie bereits in *Abschnitt 4.5.1.1* festgestellt wurde. Dann wird ein weiterer Koeffizient mit Hilfe der *Gleichungen 4.22* bis *4.25* auf der Grundlage von Reifengeometriedaten bestimmt. Die restlichen beiden der insgesamt vier Koeffizienten werden anschließend mit Hilfe eines Matlab-Programms so optimiert, dass die Umrechnungsformel für die Messpunkte des Kurzmessprogramms die bestmöglichen Ergebnisse liefert. Mit Hilfe der Geometriedaten wird somit gewissermaßen eine Grundform der Kurven gemäß *Abb. 4.5.1.1/1* und *4.5.1.1/2* festgelegt, die dann mit Hilfe der Messdaten aus dem Kurzmessprogramm nur noch im Detail angepasst wird. Dadurch können Streuungen in den Messergebnissen besser ausgeglichen werden.

Nun war zu ermitteln, welcher Koeffizient mit Hilfe der Reifengeometrie und welche Koeffizienten auf der Grundlage des Kurzmessprogramms zu bestimmen sind, um optimale Ergebnisse zu erhalten. Gemäß *Gleichung 4.21* sind folgende Koeffizienten für die Trommelkrümmungskorrektur relevant: c_{F1}, c_{F2}, c_p und c_{pF}. Wie bereits erwähnt, soll auch beim kombinierten Verfahren c_p auf den Wert $c_p = 0{,}46$ festgesetzt werden. Damit bleiben drei Koeffizienten übrig, die ermittelt werden müssen. Wenn von diesen drei Unbekannten ein Koeffizient mit Hilfe der Geometriedaten festgelegt werden soll und zwei Koeffizienten mit dem Kurzmessprogramm bestimmt werden sollen, gibt es insgesamt nur folgende drei mögliche Kombinationen:

1.) c_{F1} nach Gleichung 4.22, c_{F2} und c_{pF} mit Kurzmessprogramm

2.) c_{F2} nach Gleichung 4.23, c_{F1} und c_{pF} mit Kurzmessprogramm

3.) c_{pF} nach Gleichung 4.25, c_{F1} und c_{F2} mit Kurzmessprogramm

Nun galt es, diejenige Kombination herauszufinden, die die besten Ergebnisse zur Krümmungskorrektur hervorbringt. Hierzu wurden, separat für die Reifen 1 bis 6, die Koeffizienten gemäß der oben genannten drei Kombinationen bestimmt. Das heißt, je ein Koeffizient wurde mit Hilfe der Geometriedaten und je zwei Koeffizienten wurden mit Hilfe des Kurzmessprogramms ermittelt. Nachdem nun die jeweiligen Koeffizienten für die drei Kombinationen feststanden, konnten anschließend alle durchgeführten Trommelmessungen, d.h. die Ergebnisse aller Radlast-Luftdruck-Kombinationen von der 1,71-m-Trommel und der 2,0-m-Trommel, auf die Ebene umgerechnet werden. Schließlich wurden die mittleren quadratischen Abweichungen zwischen den umgerechneten Werten und den zugehörigen Messwerten auf der Ebene für die drei Kombinationen getrennt ermittelt. Die Ergebnisse sind in *Tabelle 4.5.1.2/1* zusammengefasst.

Tab. 4.5.1.2/1: Mittlere quadratische Abweichung zwischen den auf die Ebene umgerechneten Werten und den auf der Ebene tatsächlich gemessenen Werten, variiert wurde die Vorgehensweise zur Ermittlung der Koeffizienten.

	Kombination 1: c_{F2} und c_{pF} **aus KMP**	**Kombination 2:** c_{F1} und c_{pF} **aus KMP**	**Kombination 3:** c_{F1} und c_{F2} **aus KMP**
Mittlere quadratische Abweichung	70,8 N/°	72,8 N/°	81,8 N/°
KMP = Kurzmessprogramm			

Gemäß *Tab. 4.5.1.2/1* liefern die Kombinationen 1 und 2 ähnlich gute Ergebnisse. Aufgrund des geringen Vorteils von Kombination 1 wurde schließlich diese Vorgehensweise für die Bestimmung der Koeffizienten in der Umrechnungsformel mit Hilfe des Kurzmessprogramms ausgewählt. Im Folgenden ist der vorgeschlagene Weg nochmals zusammenfassend dargestellt, wobei die Grundlage für die Umrechnung von Trommeldaten auf die ebene Fahrbahn durch die *Gleichungen 4.19* und *4.21* gebildet wird:

Im ersten Schritt werden die Koeffizienten c_{F1} und c_p, wie bereits in *Abschnitt 4.5.1.1* beschrieben, anhand von Geometriedaten berechnet bzw. festgelegt:

$$c_{F1} \quad = \quad -3,41 + 0,0123 \cdot B \qquad\qquad [4.28]$$

$$c_p \quad = \quad 0,46 \qquad\qquad [4.29]$$

mit $\qquad B \quad = \quad$ Reifenbreite in mm (nur als Maßzahl ohne Maßeinheit eingesetzt)

Im zweiten Schritt werden die fehlenden Koeffizienten c_{F2} und c_{pF} anschließend mit Hilfe eines Optimierungsverfahrens (z.B. mit der Optimization-Toolbox von Matlab [Mat1]) auf der Basis des Kurzmessprogramms ermittelt, welches auf der jeweiligen Trommel und der Ebene durchzuführen ist. Dieses Kurzmessprogramm sieht folgende sechs Messpunkte vor:

- 1,5 bar Reifenluftdruck bei 20 %, 60 % und 100 % ETRTO-Last und

- 3,0 bar Reifenluftdruck bei 20 %, 60 % und 120 % ETRTO-Last.

Mit Hilfe der nun feststehenden Koeffizienten lassen sich Cornering-Stiffness-Daten von Trommelmessungen bei beliebigen Luftdrücken und Radlasten auf die ebene Fahrbahn näherungsweise umrechnen. Beispiele hierfür sind in den folgenden *Abb. 4.5.1.2/1* und *4.5.1.2/2* wiedergegeben.

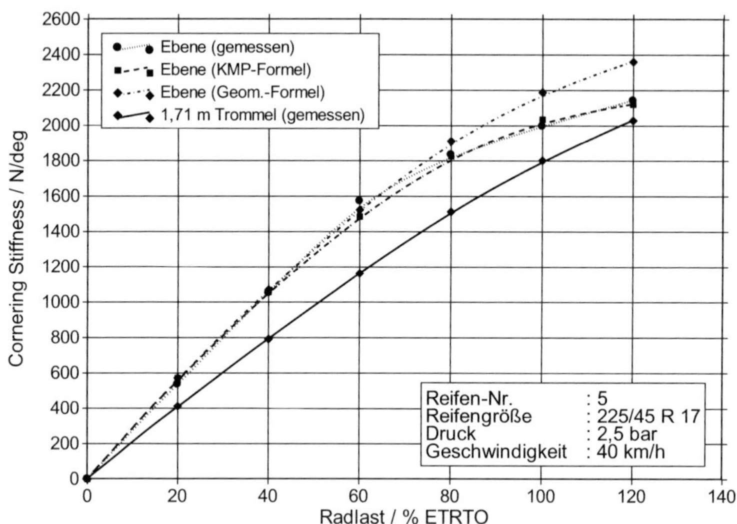

Abb. 4.5.1.2/1:   Cornering Stiffness für Reifen 5 (225/45 R 17), gemessen auf der Ebene, umgerechnet auf die Ebene und gemessen auf der 1,71-m-Trommel, eingestellt war ein Luftdruck von 2,5 bar.

In diesen Diagrammen sind jeweils die Messdaten von der Ebene und von der 1,71-m-Trommel bei 2,5 bar Reifenluftdruck sowie die auf die Ebene umgerechneten Daten dargestellt. Hierbei sind wiederum jeweils die Ergebnisse mit Hilfe des in diesem Kapitel dargestellten kombinierten Verfahrens (mit KMP abgekürzt) und die Ergebnisse der Umrechnung mit Hilfe der Geometriedaten (siehe *Abschnitt 4.5.1.1*) abgebildet.

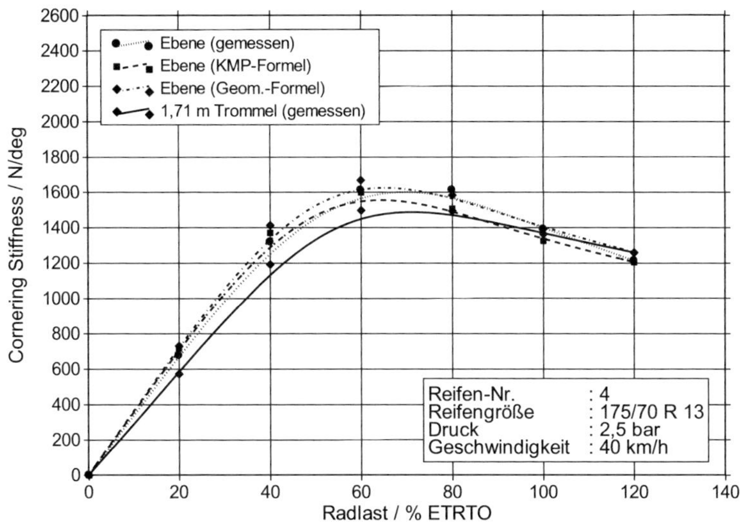

Abb. 4.5.1.2/2: Cornering Stiffness für Reifen 4 (175/70 R 13), gemessen auf der Ebene, umgerechnet auf die Ebene und gemessen auf der 1,71-m-Trommel, eingestellt war ein Luftdruck von 2,5 bar.

Es ist zu erkennen, dass beim großen Reifen 5 (Größe 225/45 R 17) die Cornering-Stiffness-Werte bis etwa 80 % der ETRTO-Radlast mit beiden Verfahren genau von der Trommel auf die Ebene umgerechnet werden können (siehe *Abb. 4.5.1.2/1*). Bei höheren Radlasten bringt allerdings bei diesem Reifen nur das kombinierte Verfahren mit dem Kurzmessprogramm (KMP) gute Ergebnisse.

Bei dem kleinen Reifen 4 (Größe 175/70 R 13) wird eine genaue Umrechnung mit beiden Verfahren erreicht (siehe *Abb. 4.5.1.2/2*). Während das Verfahren mit dem Kurzmessprogramm leichte Vorteile im unteren Radlastbereich zeigt, ist mit dem Verfahren auf der Grundlage der Reifengeometriedaten im oberen Radlastbereich eine etwas genauere Krümmungskorrektur möglich. Insgesamt gesehen sind die Abweichungen beider Umrechnungsverfahren aber als relativ gering zu erachten.

Die Diagramme für die anderen vier Reifen bei 2,5 bar Luftdruck sind im *Anhang A.2.2* abgebildet. In allen Fällen zeigt sich eine gute Krümmungskorrektur durch das Verfahren mit dem Kurzmessprogramm. Bei der Korrektur auf der Grundlage der Reifengeometrie kommt es vereinzelt bei hohen Radlasten zu Abweichungen im Vergleich zu den tatsächlichen Messungen auf der Ebene. Dennoch bringt auch sie, bezogen auf die unkorrigierten Daten der Trommel, insgesamt eine deutliche Verbesserung der Ergebnisse.

4.5.1.3 Zusammenfassende Übersicht

Eine zusammenfassende Übersicht zur Qualität der verschiedenen Umrechnungsverfahren ist in *Tab. 4.5.1.3/1* gegeben. In dieser Tabelle sind die Ergebnisse der sechs Reifen bei allen untersuchten Radlasten und Luftdrücken berücksichtigt, d.h. alle umgerechneten Ergebnisse beider Trommeln werden mit den Ergebnissen der Ebene verglichen.

Tab. 4.5.1.3/1:   Mittlere quadratische Abweichung zwischen den auf die Ebene umgerechneten Cornering-Stiffness-Werten und den tatsächlichen Messwerten von der Ebene; verglichen werden die verschiedenen Verfahren zur Bestimmung der Koeffizienten.

Reifen-Nr.	Reifengröße	Mittlere quadratische Abweichung σ [N/°]		
		Ohne Umrechnung	Koeff. aus Geometriedaten (Abschn. 4.5.1.1)	Koeff. aus KMP (Abschn. 4.5.1.2)
1	195/65 R 15 H	149,7	75,5	67,3
2	225/50 R 16 W	261,8	83,1	81,9
3	165/70 R 13 T	102,7	61,0	49,5
4	175/70 R 13 Q	108,9	47,4	64,9
5	225/45 R 17 Y	257,2	95,9	87,4
6	195/65 R 15 T	156,4	69,8	69,1
Gesamte mittlere Abweichung		184,6 (6,9 %)* (13,7 %)**	73,6 (2,7 %)* (5,4 %)**	70,8 (2,6 %)* (5,2 %)**

*	= %-Angabe bezogen auf den größten Cornering-Stiffness-Wert 2689 N/°
**	= %-Angabe bezogen auf den Cornering-Stiffness-Mittelwert 1352 N/°
KMP	= Kurzmessprogramm

In der Spalte „ohne Umrechnung" ist zum Vergleich eingetragen, welche Abweichungen sich ergeben, wenn keine Korrektur der Trommelmesswerte vorgenommen wird und die Daten der Trommel direkt den Daten der Ebene gegenübergestellt werden. Die mittleren Abweichungen sind in diesem Fall geringer, als man vermuten würde. Hierbei muss aber berücksichtigt werden, dass die Messungen bei sehr geringen Luftdrücken auch in die Daten eingehen und dass bei diesen Messungen der Krümmungseinfluss wenig ausgeprägt war.

Bei den prozentualen Angaben der Abweichungen ist zu beachten, dass als Bezugswert der größte gemessene Cornering-Stiffness-Wert (2689 N/°) bzw. der Mittelwert aller Cornering-Stiffness-Messungen auf der Ebene (1352 N/°) zugrunde gelegt wurde.

Werden die Zahlenwerte der Abweichungen verglichen, die bei Anwendung der Verfahren nach *Abschnitt 4.5.1.1* und *4.5.1.2* bestimmt wurden, ist festzustellen, dass die Vorteile der Vorgehensweise mit dem Kurzmessprogramm im Mittel gering ausfallen. Dies ist allerdings nur der Fall, wenn die beiden Verfahren lediglich auf die Reifen 1 bis 6 angewendet werden. Sobald aber Reifen betrachtet werden, die andere Eigenschaften als die untersuchten Reifen 1 bis 6 haben, ist das Verfahren, das auf dem Kurzmessprogramm basiert, eindeutig im Vorteil (siehe *Abschnitt 4.6*).

4.5.2 Korrekturalgorithmus für die Aligning Stiffness

Um einen geeigneten Korrekturalgorithmus für die Aligning Stiffness herzuleiten, wurde ähnlich vorgegangen wie bei den Auswertungen zur Cornering Stiffness. Als Grundlage für ein Verfahren zur Trommelkrümmungskorrektur diente daher folgender Ansatz, der in *Abschnitt 4.1* hergeleitet wurde:

$$\frac{A_{\alpha E}}{A_{\alpha T}} = \left(1 + e_{A\alpha} \cdot \frac{r_R}{R_T} \right)^{3/2} \qquad [4.30]$$

mit $A_{\alpha E}$ = Aligning Stiffness auf der Ebene

   $A_{\alpha T}$ = Aligning Stiffness auf der Trommel

   $e_{A\alpha}$ = Faktor zum Einfluss der Trommelkrümmung

   r_R = Radius des unbelasteten Reifens

   R_T = Trommelradius

Auch in diesem Fall musste nun herausgefunden werden, in welcher Weise der Faktor $e_{A\alpha}$ vom Reifen, von der Radlast und vom Luftdruck abhängt. Ausgangsbasis für die Beschreibung der Abhängigkeiten war der gleiche aufwändige Ansatz, der auch bei den Untersuchungen zur Cornering Stiffness verwendet wurde:

$$e_{A\alpha} = a_c + a_{F1} \cdot F_Z + a_{F2} \cdot F_Z^2 + a_p \cdot p + a_{p2} \cdot p^2 + a_{pF} \cdot p \cdot F_Z \qquad [4.31]$$

mit a_c = Konstantanteil zur Berechnung des Einflussfaktors

   a_{F1} = Koeffizient zur Berücksichtigung des linearen Radlasteinflusses

   a_{F2} = Koeffizient zur Berücksichtigung des quadratischen Radlasteinflusses

   a_p = Koeffizient zur Berücksichtigung des linearen Luftdruckeinflusses

   a_{p2} = Koeffizient zur Berücksichtigung des quadratischen Luftdruckeinflusses

   a_{pF} = Koeffizient zur Berücksichtigung des kombinierten Luftdruck-Radlast-Einflusses

   F_Z = Radlast

   p = Reifenluftdruck

Auch die *Gleichung 4.31* stellt eine Zahlenwertgleichung dar, d.h. die Gleichung ist nur gültig, wenn

- die Radlast F_Z in (%/100) der ETRTO-Last (d.h. als Dezimalzahl) und

- der Reifenluftdruck p in bar,

jedoch nur als Maßzahl ohne Maßeinheit eingesetzt werden.

Wie bereits bei der Cornering Stiffness in *Abschnitt 4.5.1* beschrieben, wurden nun auf der Grundlage dieser *Gleichung 4.31* die Koeffizienten a_c bis a_{pF}, für die untersuchten sechs Reifen getrennt, mit Hilfe des Matlab-Programms so optimiert, dass die Trommelmessungen möglichst fehlerfrei auf die ebene Fahrbahn umgerechnet werden können. Allerdings wurden bei den Aligning-Stiffness-Auswertungen nicht die Werte bei 20 % ETRTO-Last zur Ermittlung der Koeffizienten herangezogen, da sich die zugehörigen Aligning-Stiffness-Werte bei dieser geringen Radlast auf einem extrem niedrigen Niveau befinden (siehe z.B. *Abb. 4.4/5* bis *4.4/8*). Ansonsten würden sich bereits sehr geringe absolute Schwankungen in der Aligning Stiffness als große relative Fehler bemerkbar machen. Daher wurden insgesamt bessere Ergebnisse erzielt, wenn auf diese Messpunkte bei der Koeffizientenermittlung verzichtet wurde. Als Resultat standen schließlich für die sechs Reifen sechs verschiedene Koeffizienten-sätze fest, mit denen jeweils der Faktor $e_{A\alpha}$ zum Einfluss der Trommelkrümmung bestimmt werden kann. Berechnet man die mittlere quadratische Abweichung σ (Standardabweichung, siehe *Abschnitt 3.5*) [Bei1, Ina1] zwischen den Werten, die aus den Trommeldaten auf die Ebene umgerechnet wurden, und den Messwerten auf der Ebene, ergibt sich $\sigma = 3,9$ Nm/°. Bezieht man diese Abweichung, wieder, analog zu der in der Messtechnik üblichen Vorgehensweise, auf den größten gemessenen Aligning-Stiffness-Wert $A_\alpha = 145$ Nm/°, ergibt sich eine prozentuale Abweichung von 2,7 %. Bei der Beurteilung dieser Werte ist zu beachten, dass der Reifen 2 im Vergleich zu den anderen Reifen sehr starke Rückstellmomentschwankungen aufwies, die das Gesamtergebnis negativ beeinflussten. Berücksichtigt man Reifen 2 bei der Auswertung nicht, reduziert sich die prozentuale Abweichung sogar auf 2,2 %. Wählt man als Bezugswert den Mittelwert aller auf der Ebene gemessenen Aligning-Stiffness-Werte (d.h. aller Reifen, aller Lasten, aller Luftdrücke), so ist $A_\alpha = 56$ Nm/° der relevante Bezugswert. Dieser Wert ist relativ klein und beträgt nur 39 % des größten gemessenen Aligning-Stiffness-Wertes, da die Aligning Stiffness progressiv mit der Radlast ansteigt und so mehr niedrige als hohe Werte auftreten. Bezieht man die Abweichung auf diesen Mittelwert, ergibt sich für die Reifen 1 bis 6 eine größere prozentuale Abweichung von 7,0 %. Berücksichtigt man Reifen 2 aus den genannten Gründen nicht, verbessert sich der Wert auf 5,7 %, wenn als Bezugswert $A_\alpha = 56$ Nm/° beibehalten wird. Insgesamt können die Werte als befriedigendes Ergebnis interpretiert werden, zumal die Reproduzierbarkeit von Aligning-Stiffness-Messungen im Allgemeinen kritischer ist als die von Cornering-Stiffness-Messungen.

Im nächsten Schritt wurde, wieder analog zu den Cornering-Stiffness-Messungen, untersucht, ob sich der Umrechnungsalgorithmus vereinfachen lässt. Hierbei zeigte sich, dass bei der Aligning Stiffness sogar weitergehende Vereinfachungen möglich sind, so dass die Faktoren a_c, a_{F1}, a_{F2} und a_{p2} auf null gesetzt werden konnten [Zit1]. Im Vergleich zum Krümmungseinfluss auf die Cornering Stiffness bedeutet dies, dass der Krümmungseinfluss auf die Aligning Stiffness in einfacherer Weise von der Radlast abhängt. Dies bestätigen die *Abb. 4.5.2.1/1* und *4.5.2.1/2*, auf die später genauer eingegangen wird. An dieser Stelle kann aber bereits vorab darauf hingewiesen werden, dass aus den Abbildungen hervorgeht, dass der Krümmungseinfluss auf die Aligning Stiffness weniger deutlich mit zunehmender Radlast abfällt, als dies bei der Cornering Stiffness der Fall ist. Diese geringere Abhängigkeit lässt sich offensichtlich bei der Aligning Stiffness alleine durch den Faktor a_{pF} ausreichend genau beschreiben, so dass der Umrechnungsalgorithmus deutlich vereinfacht werden kann. Warum sich eine Radlasterhöhung auf den Krümmungseinfluss bei der Aligning Stiffness weniger auswirkt, kann allerdings durch eine einfache Betrachtung nicht geklärt werden. Es lässt sich lediglich festhalten, dass die Radlastabhängigkeit des Krümmungseinflusses auf den Reifennachlauf ursächlich für dieses Verhalten sein muss. Da die Aligning Stiffness A_α und die Cornering Stiffness C_α gemäß *Gleichung 4.9* über den Reifennachlauf n_R miteinander verknüpft sind, kann ein abweichendes Verhalten zwischen A_α und C_α nur an den Eigenschaften von n_R liegen.

Ohne wesentliche Einbußen in der Genauigkeit hinnehmen zu müssen, ergab sich somit:

$$e_{A\alpha} = a_p \cdot p + a_{pF} \cdot p \cdot F_Z \qquad\qquad [4.32]$$

mit a_p = Koeffizient zur Berücksichtigung des linearen Luftdruckeinflusses

a_{pF} = Koeffizient zur Berücksichtigung des kombinierten Luftdruck-Radlast-Einflusses

p = Reifenluftdruck

F_Z = Radlast

Die Gleichung ist gültig, wenn folgende Größen als Maßzahl ohne Maßeinheit eingesetzt werden:

- der Reifenluftdruck p in bar,

- die Radlast F_Z in (%/100) der ETRTO-Last (d.h. als Dezimalzahl).

Bei den anschließenden Auswertungen zeigte sich außerdem, dass auf den Exponent 3/2 in der *Gleichung 4.30* verzichtet werden kann, da trotz dieser Vereinfachung eine genaue Umrechnung erzielt wird. Dies trifft zumindest auf die im Rahmen dieser Arbeit untersuchten Fahrbahnen (Ebene, 2,0-m-Trommel und 1,71-m-Trommel) zu. Mit diesem vereinfachten Ansatz wurde schließlich eine mittlere quadratische Abweichung von σ = 4,4 Nm/° erreicht, was bei einer Bezugsgröße von A_α = 145 Nm/° (maximal gemessener Wert) einer prozentualen Abweichung von 3,0 % entspricht. Bei Bezug auf den Mittelwert aller auf der Ebene gemessenen Aligning-Stiffness-Werte A_α = 56 Nm ergibt sich eine prozentuale Abweichung von 7,9 %.

Wird aus den bereits genannten Gründen Reifen 2 nicht berücksichtigt, ergibt sich eine Abweichung von lediglich 2,6 % (bei Bezug auf 145 Nm/°) bzw. 6,7 % (bei Bezug auf 56 Nm/°). Somit ist bei den untersuchten Reifen auch mit dieser Formel eine ausreichend genaue Umrechnung von Trommelmessungen auf die ebene Fahrbahn möglich. Daher wird im Weiteren von folgendem einfacheren Ansatz ohne

Exponenten ausgegangen, um den Fahrbahnkrümmungseinfluss auf die Aligning Stiffness zu beschreiben:

$$\frac{A_{\alpha E}}{A_{\alpha T}} = 1 + e_{A\alpha} \cdot \frac{r_R}{R_T} \qquad [4.33]$$

mit

$A_{\alpha E}$ = Aligning Stiffness auf der Ebene

$A_{\alpha T}$ = Aligning Stiffness auf der Trommel

$e_{A\alpha}$ = Faktor zum Einfluss der Trommelkrümmung

r_R = Radius des unbelasteten Reifens

R_T = Trommelradius

Die zugehörigen Zahlenwerte der Koeffizienten in *Gleichung 4.32* sind in *Tab. 4.5.2/1* aufgelistet.

Tab. 4.5.2/1:   Koeffizienten für die Umrechnung der Aligning Stiffness, optimiert mit Hilfe der Messdaten von Trommeln und Ebene.

Reifen-Nr.	Reifengröße	a_p	a_{pF}
1	195/65 R 15 91H	0,390	-0,101
2	225/50 R 16 92W	-0,213*	0,532*
3	165/70 R 13 79T	0,501	-0,170
4	175/70 R 13 82Q	0,465	-0,219
5	225/45 R 17 91Y	0,395	-0,068
6	195/65 R 15 91T	0,588	-0,298

* = aufgrund von Messwertschwankungen infolge von ungewöhnlich großen Reifenungleichförmigkeiten war die Optimierung der Koeffizienten bci Reifen 2 nur unbefriedigend möglich.

Nun wäre es auch bei der Aligning Stiffness wünschenswert, wenn die Koeffizienten ohne ein aufwändiges Messprogramm auf Trommel und Ebene zu ermitteln wären. Daher wurden auch hier die zwei verschiedenen Vorgehensweisen für die Bestimmung der Koeffizienten in *Gleichung 4.32* untersucht:

1. Ermittlung der Koeffizienten aus Geometriedaten der Reifen.

2. Ermittlung der Koeffizienten aus einem Kurzmessprogramm auf Trommel und Ebene.

Entsprechend den Auswertungen bei der Cornering Stiffness wurden diese beiden Verfahren auch bei der Aligning Stiffness angewendet.

4.5.2.1 Ermittlung der Koeffizienten aus Reifengeometriedaten

Wie bereits in *Abschnitt 4.5.2* erwähnt, sollte auch bei der Aligning-Stiffness-Korrektur der Ansatz untersucht werden, die Koeffizienten aus *Gleichung 4.32* auf der Grundlage von Geometriedaten des betreffenden Reifens herzuleiten. Bei den Auswertungen zeigte sich, dass es zulässig ist, den Faktor a_p auf den Mittelwert $a_p = 0{,}47$ der in *Tab. 4.5.2/1* genannten Einzelwerte zu setzen. Mit diesem festgesetzten Wert wurden dann die verbleibenden Koeffizienten a_{pF} erneut jeweils reifenindividuell mit Hilfe von Matlab optimiert, um mit dieser neuen Randbedingung möglichst passende Koeffizienten zu erhalten. Diese neuen Koeffizienten sind in *Tab. 4.5.2.1/1* zusammengestellt.

Tab. 4.5.2.1/1:   Koeffizienten für die Umrechnung der Aligning Stiffness, wobei a_p festgelegt und a_{pF} mit Hilfe der Messdaten von Trommeln und Ebene optimiert wurde.

Reifen-Nr.	Reifengröße	a_p	a_{pF}
1	195/65 R 15 91H	0,47	-0,18
2	225/50 R 16 92W	0,47	--*
3	165/70 R 13 79T	0,47	-0,14
4	175/70 R 13 82Q	0,47	-0,22
5	225/45 R 17 91Y	0,47	-0,14
6	195/65 R 15 91T	0,47	-0,19
* = aufgrund von Rückstellmomentschwankungen infolge von Reifenungleichförmigkeiten war eine Optimierung des Koeffizienten a_{pF} bei Reifen 2 nicht möglich.			

Bei Reifen 2 war eine Ermittlung des Koeffizienten a_{pF} mit Hilfe des Optimierungsprogramms aufgrund der bereits erläuterten Rückstellmomentschwankungen allerdings nicht möglich, so dass in diesem Fall kein Wert für a_{pF} angegeben werden kann.

Um eine Bestimmungsgleichung auf der Grundlage von Geometriedaten für den Koeffizienten a_{pF} herleiten zu können, wurde als nächstes eine Korrelationsanalyse mit Hilfe des Programms Excel durchgeführt [Zit1]. Hierbei wurden die Korrelationen zwischen dem Koeffizienten a_{pF} aus *Tab. 4.5.2.1/1* und den Größen bestimmt, die bereits in *Abschnitt 4.5.1.1* im Zusammenhang mit der Cornering Stiffness untersucht wurden. Die beste Korrelation wurde schließlich zwischen a_{pF} und der Reifenseitenwandhöhe H gefunden. Wie bei der Cornering Stiffness (siehe *Abschnitt 4.5.1.1*) erscheint auch hier der Einfluss der Reifenseitenwandhöhe schlüssig, da eine gekrümmte Fahrbahnoberfläche auf eine niedrige Seitenwand eine andere radlastabhängige Wirkung haben wird als auf eine hohe Seitenwand. Warum allerdings bei der Aligning Stiffness, im Gegensatz zur Cornering Stiffness, kein Zusammenhang zwischen Radlast, Trommelkrümmungseinfluss und Reifenbreite gefunden wurde, konnte nicht geklärt werden. Es kann lediglich festgehalten werden, dass der Radlasteinfluss bezüglich der Wirkung der Trommelkrümmung bei der Aligning Stiffness ohnehin geringer ist als bei der Cornering Stiffness und dass die Reifenbreite offensichtlich in dieser Beziehung keine erkennbare Bedeutung hat. Hier könnten ebenso Simulationsrechnungen mit einem geeigneten Reifenmodell die genauen Zusammenhänge aufdecken, was aber, wie bereits erwähnt, den Rahmen der Arbeit sprengen würde.

Im nächsten Schritt war nun analog zu *Abschnitt 4.5.1.1* mit Hilfe des bereits genannten Matlab-Programms eine passende Bestimmungsgleichung herzuleiten. Dabei wurde folgendes Ergebnis ermittelt:

$$a_p = 0,47 \tag{4.34}$$

$$a_{pF} = 0,1 - 2,35 \cdot 10^{-3} \cdot H \tag{4.35}$$

mit $\qquad$ H = Reifenseitenwandhöhe in mm (nur als Maßzahl ohne Maßeinheit einzusetzen)

Mit Hilfe dieser Bestimmungsgleichungen erhält man für die Reifen 1 bis 6 die in *Tab. 4.5.2.1/2* aufgelisteten Zahlenwerte für die Koeffizienten a_p und a_{pF}.

Die Genauigkeit dieses Verfahrens wurde überprüft, indem die Aligning-Stiffness-Werte aller Messungen, die mit diesen sechs Reifen auf beiden Trommeln durchgeführt wurden, mit Hilfe dieser Koeffizienten auf die ebene Fahrbahn umgerechnet und mit den tatsächlich auf der Ebene gemessenen Werten verglichen wurden. Hierbei wurde eine mittlere quadratische Abweichung von 4,5 Nm/° bestimmt, was einem Wert von 3,1 % entspricht, wenn der größte gemessene Aligning-Stiffness-Wert

$A_\alpha = 145$ Nm/° als Bezugsgröße zugrunde gelegt wird. Bei Bezug auf den Mittelwert aller Messungen auf der Ebene $A_\alpha = 56$ Nm/° ergibt sich eine größere Abweichung von 8,0 %.

Tab. 4.5.2.1/2: Koeffizienten für die Umrechnung der Aligning Stiffness, ermittelt auf der Grundlage der Reifengeometriedaten.

Reifen-Nr.	Reifengröße	a_p	a_{pF}
1	195/65 R 15 91H	0,47	-0,198
2	225/50 R 16 92W	0,47	-0,164
3	165/70 R 13 79T	0,47	-0,171
4	175/70 R 13 82Q	0,47	-0,188
5	225/45 R 17 91Y	0,47	-0,138
6	195/65 R 15 91T	0,47	-0,198

Es kann somit festgehalten werden, dass auch bei der Aligning Stiffness die Umrechnung der Trommelwerte auf die Ebene mit zufriedenstellender Genauigkeit erfolgt, wenn die ermittelte Formel auf die Messdaten der untersuchten sechs Reifen angewendet wird. Die Übertragbarkeit dieses Verfahrens auf beliebige andere Reifen wird in *Abschnitt 4.6* überprüft. Im Folgenden soll auch hier die Wirkung unterschiedlicher Radlasten und Luftdrücke auf den Trommelkrümmungseinfluss bei Aligning-Stiffness-Messungen mit Hilfe der Darstellung

$$\frac{A_{\alpha E}}{A_{\alpha T}} = f\left(F_Z\right) \qquad\qquad [4.36]$$

gezeigt werden, wobei

$A_{\alpha E}$ = Aligning Stiffness auf der Ebene

$A_{\alpha T}$ = Aligning Stiffness auf der Trommel

F_Z = Radlast in % der ETRTO-Last

In *Abb. 4.5.2.1/1* ist das Aligning-Stiffness-Verhältnis gemäß *Gleichung 4.36* in Abhängigkeit von der Radlast für den großen Reifen 5 der Dimension 225/45 R 17 wiedergegeben, variiert wurde der Reifenluftdruck.

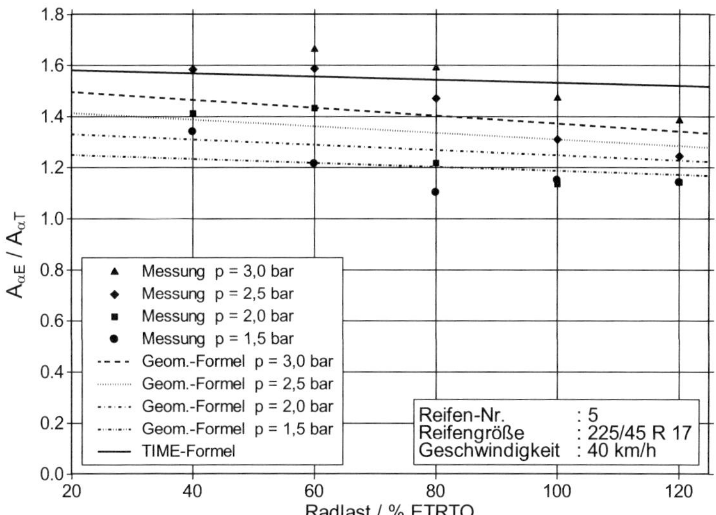

Abb. 4.5.2.1/1: Aligning-Stiffness-Verhältnis $A_{\alpha E}$ / $A_{\alpha T}$, ermittelt aus den Werten von Ebene und 1,71-m-Trommel in Abhängigkeit von der Radlast für Reifen 5 (225/45 R 17).

Eingetragen sind die aus den Messungen ermittelten Daten als Punkte und die mit Hilfe der *Umrechnungsgleichungen 4.32* bis *4.35* berechneten Kurvenverläufe (gestrichelte Kurven). Die Messpunkte streuen deutlich, es ist aber klar erkennbar, dass die Kurven im Vergleich zu den Cornering-Stiffness-Daten in *Abb. 4.5.1.1/1* auf einem höheren Niveau liegen. Dies kann auch direkt aus *Gleichung 4.9* abgeleitet werden, mit der die Abhängigkeit der Aligning Stiffness von der Cornering Stiffness und dem Reifennachlauf beschrieben wird. Da beide Größen, die Cornering Stiffness und der Reifennachlauf, von der unterschiedlichen Latschlänge auf Trommel und Ebene beeinflusst werden, ist der Einfluss der Fahrbahnkrümmung auf die Aligning Stiffness besonders groß.

Da also ein enger Zusammenhang zwischen der Cornering Stiffness und der Aligning Stiffness besteht, ist es außerdem plausibel, dass der Trommelkrümmungseinfluss auch bei der Aligning Stiffness mit zunehmender Radlast und mit fallendem Luftdruck abnimmt. Im Gegensatz zur Cornering Stiffness wird aber das nach *Gleichung 4.36* ermittelte Verhältnis bei keinem der untersuchten Reifen kleiner als eins.

Dies bedeutet, dass die Aligning-Stiffness-Werte auf der Ebene immer größer sind als die Werte auf der Trommel.

Auch in *Abb. 4.5.2.1/1* ist zum Vergleich der Kurvenverlauf eingetragen, der sich aufgrund der Korrekturformel ergibt, die im Rahmen des TIME-Projektes aufgestellt wurde (durchgezogene Linie, siehe auch *Abschnitt 1.1.2*). Gemäß dieser Formel besteht folgender Zusammenhang zwischen der Aligning Stiffness auf der Ebene und der Aligning Stiffness auf der Trommel [Aug1, Gna3]:

$$\frac{A_{\alpha E}}{A_{\alpha T}} = \left(0,953 + 0,025 \cdot F_Z - 0,879 \cdot \frac{r_R}{R_T} \right)^{-1} \qquad [4.37]$$

mit

$A_{\alpha E}$ = Aligning Stiffness auf der Ebene

$A_{\alpha T}$ = Aligning Stiffness auf der Trommel

F_Z = Radlast in (%/100) der ETRTO-Last (d.h. als Dezimalzahl)

r_R = Radius des unbelasteten Reifens

R_T = Trommelradius

Man erkennt in *Abb. 4.5.2.1/1*, dass die oben genannte *Gleichung 4.37* zu einem tendenzmäßig ähnlichen Radlasteinfluss führt wie die *Gleichungen 4.32* bis *4.35*. Allerdings ist die Kurve gemäß *Formel 4.37* auf einem höheren Niveau. Da die Streuung der Ergebnisse im TIME-Projekt aufgrund des Einsatzes verschiedener Prüfstände unterschiedlicher Prüfstandsbetreiber gerade bei den Aligning-Stiffness-Werten deutlich größer war als bei den vorliegenden Untersuchungen, musste allerdings auch mit derartigen Abweichungen gerechnet werden. Wie bereits erwähnt, lag genau hier der entscheidende Vorteil der im Rahmen der vorliegenden Arbeit durchgeführten Messungen, da alle zu vergleichenden Ergebnisse mit der gleichen Radaufhängung ermittelt werden konnten.

Ein weiteres Merkmal der Formel aus dem TIME-Projekt ist, dass die Wirkung des Reifenluftdruckes auf den Trommelkrümmungseinfluss nicht in der Gleichung berücksichtigt wird und damit folglich auch nicht dargestellt werden kann.

Abb. 4.5.2.1/2 zeigt den Einfluss der Trommelkrümmung auf das Aligning-Stiffness-Verhältnis der Ergebnisse von der Ebene zu den Ergebnissen der 1,71-m-Trommel für den kleinen Reifen 4 (175/70 R 13).

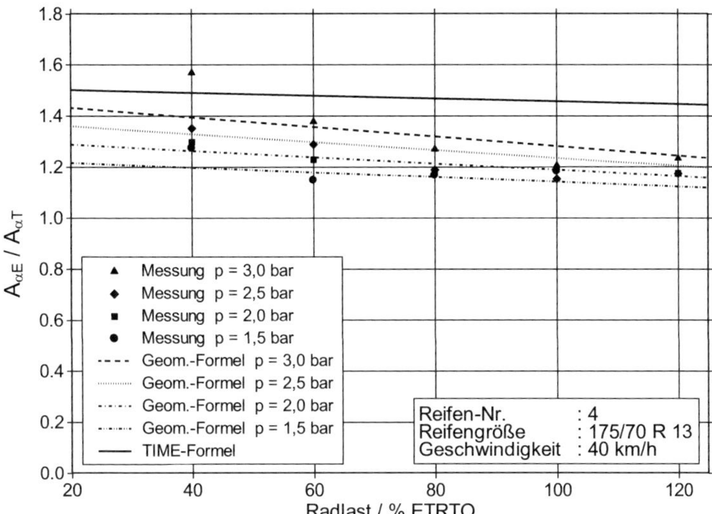

Abb. 4.5.2.1/2: Aligning-Stiffness-Verhältnis $A_{\alpha E}$ / $A_{\alpha T}$, ermittelt aus den Werten von Ebene und 1,71-m-Trommel in Abhängigkeit von der Radlast für Reifen 4 (175/70 R 13).

Das Verhalten ist prinzipiell ähnlich wie zuvor, allerdings liegen die Werte bei diesem Reifen, wie bei der Cornering Stiffness auch, auf einem leicht niedrigeren Niveau.

Des Weiteren spreizen die Kurven bei Luftdruckvariation etwas geringer auf, was so ebenfalls bei der Cornering Stiffness zu beobachten war. Die Spreizung der Messpunkte infolge der Luftdruckvarianten wird durch die Kurven, die ja nur aufgrund von Geometricdaten ermittelt wurden, zwar nicht optimal wiedergegeben, dennoch ist gegenüber der Umrechnungsformel aus dem TIME-Projekt ein Fortschritt zu erkennen. Diese Formel liefert nämlich im Mittel zu hohe Werte, wobei der Luftdruckeinfluss, wie bereits erwähnt, überhaupt nicht berücksichtigt wird.

In *Anhang A.3.1* sind die Aligning-Stiffness-Verhältnisse für alle untersuchten Reifen wiedergegeben. Auch für die restlichen Reifen liegen die Kurven, die mit der Formel aus den Geometriedaten ermittelt wurden, auf einem höheren Niveau als die Kurven zum Cornering-Stiffness-Verhältnis.

Auffällig ist des Weiteren, dass sich die Aligning-Stiffness-Verhältnisse der einzelnen Reifen untereinander weniger unterscheiden als die Cornering-Stiffness-Verhältnisse. So liegen die Kurven der Aligning-Stiffness-Verhältnisse der kleinen Reifen und die der großen Reifen dicht beieinander. In allen Fällen liegt jeweils die Kurve aus dem TIME-Projekt zu hoch, so dass eine Krümmungskorrektur mit der zugehörigen Formel insbesondere bei niedrigen Luftdrücken zu stark ausfällt.

In *Abb. 4.5.2.1/3* ist dargestellt, wie sich die Abweichungen zwischen dem berechneten und dem realem Krümmungseinfluss auf den Verlauf der Aligning-Stiffness-Kurven auswirken.

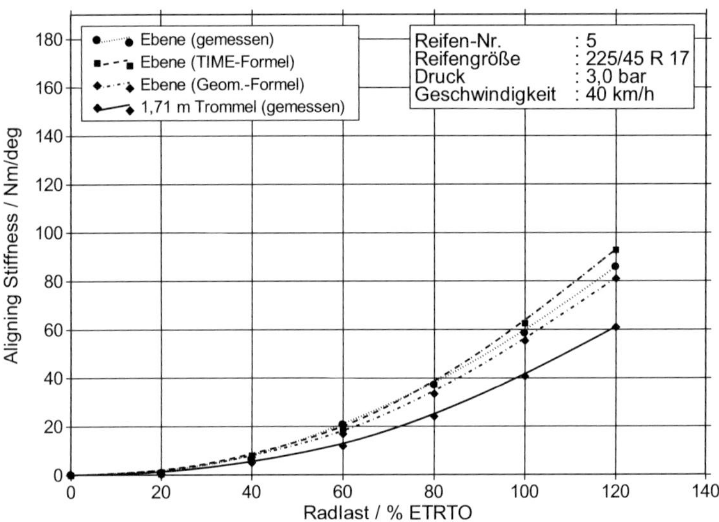

Abb. 4.5.2.1/3:   Aligning Stiffness für Reifen 5 (225/45 R 17), gemessen auf der Ebene, umgerechnet auf die Ebene und gemessen auf der 1,71-m-Trommel, eingestellt war ein Luftdruck von 3,0 bar.

Eingetragen ist am Beispiel des Reifens 5 jeweils der Aligning-Stiffness-Verlauf in Abhängigkeit von der Radlast für 3,0 bar Reifenluftdruck

- gemessen auf der Ebene,

- umgerechnet von der 1,71-m-Trommel auf die Ebene mit Hilfe der Umrechnungsformel aus dem TIME-Projekt,

- umgerechnet von der 1,71-m-Trommel auf die Ebene mit Hilfe der Formel auf Grundlage der Reifen-Geometriedaten und

- gemessen auf 1,71-m-Trommel.

Man erkennt eine gute Übereinstimmung zwischen der, auf der Grundlage von Geometriedaten, umgerechneten Kurve und der auf der Ebene gemessenen Kurve. Die Formel aus dem TIME-Projekt erzeugt bei diesen Randbedingungen ebenfalls eine geeignete Umrechnung auf die Ebene, der Krümmungseinfluss wird lediglich bei hohen Radlasten etwas zu stark korrigiert.

In *Abb. 4.5.2.1/4* ist die entsprechende Darstellung für den gleichen Reifen mit 1,5 bar Luftdruck zu sehen.

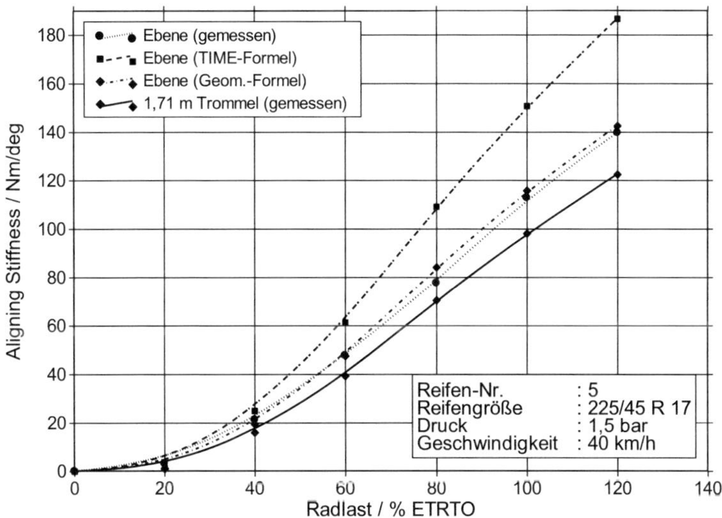

Abb. 4.5.2.1/4: Aligning-Stiffness für Reifen 5 (225/45 R 17), gemessen auf der Ebene, umgerechnet auf die Ebene und gemessen auf der 1,71-m-Trommel, eingestellt war ein Luftdruck von 1,5 bar.

Auch in diesem Fall ist über den gesamten Bereich eine gute Übereinstimmung zwischen der gemessenen und der mit der Geometrie-Formel umgerechneten Aligning-Stiffness-Kurve zu erkennen. Die Umrechnung mit der Formel aus dem TIME-Projekt liefert dagegen insbesondere bei großen Radlasten zu hohe Werte. Hierbei ist allerdings auch zu beachten, dass die in diesem Fall vorliegende Kombination aus hoher Radlast und niedrigem Luftdruck keinen typischen Betriebsbereich eines Reifens widerspiegelt.

In *Abb. 4.5.2.1/5* und *4.5.2.1/6* sind die entsprechenden Diagramme für den kleinen Reifen 4 der Größe 175/70 R 13 dargestellt.

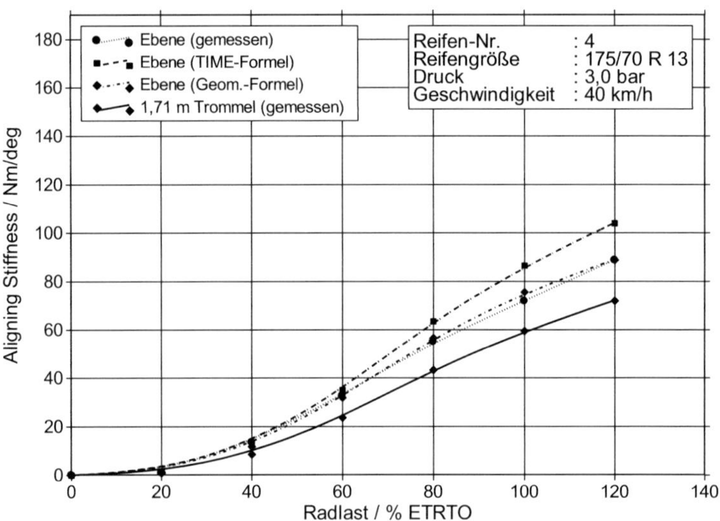

Abb. 4.5.2.1/5:   Aligning-Stiffness für Reifen 4 (175/70 R 13), gemessen auf der Ebene, umgerechnet auf die Ebene und gemessen auf der 1,71-m-Trommel, eingestellt war ein Luftdruck von 3,0 bar.

Es ergeben sich ähnliche Verhältnisse wie beim großen Reifen. Bei beiden Luftdrücken bringen die neuen *Gleichungen 4.32* bis *4.35* in Verbindung mit den Reifengeometriedaten gute Ergebnisse. Die Umrechnung mit der Formel aus dem TIME-Projekt korrigiert den Krümmungseinfluss besonders beim niedrigen Luftdruck wieder zu stark.

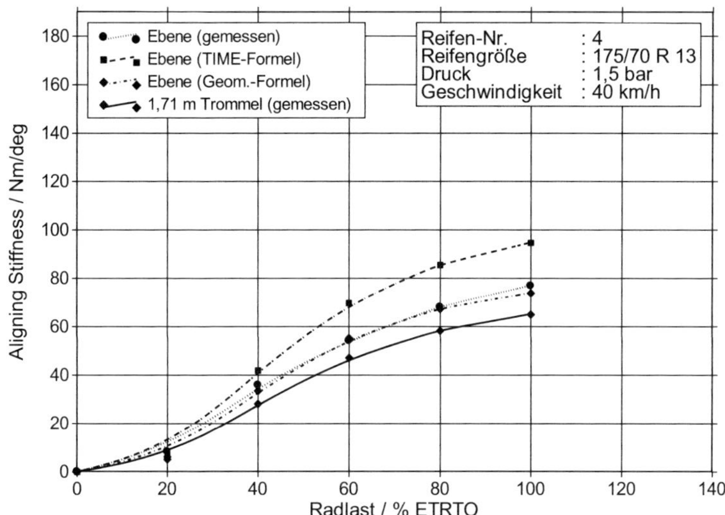

Abb. 4.5.2.1/6:   Aligning-Stiffness für Reifen 4 (175/70 R 13), gemessen auf der Ebene, umgerechnet auf die Ebene und gemessen auf der 1,71-m-Trommel, eingestellt war ein Luftdruck von 1,5 bar.

4.5.2.2 Ermittlung der Koeffizienten aus dem Kurzmessprogramm

Auch bei der Aligning Stiffness wurde zusätzlich das zweites Verfahren untersucht, bei dem die Koeffizienten der *Gleichung 4.32* mit Hilfe eines kurzen Messprogramms auf der Trommel und der Ebene ermittelt werden sollen. Hierbei war nun zu prüfen, ob mit dem Kurzmessprogramm, das zur Ermittlung des Krümmungseinflusses auf die Cornering Stiffness festgelegt wurde (siehe *Abschnitt 4.5.1.2*), auch bei der Aligning Stiffness gute Ergebnisse erzielt werden können. Da die Messpunkte mit 20 % ETRTO-Last, wie bereits in *Abschnitt 4.5.2* erläutert, für Aligning-Stiffness-Auswertungen ungeeignet sind, stehen somit allerdings lediglich vier der ursprünglich sechs Punkte für die Koeffizienten-Ermittlung zur Verfügung, d.h. die Kombination 1,5 bar Luftdruck mit 60 % und 100 % Last sowie 3,0 bar Luftdruck mit 60 % und 120 % Last.

Aufgrund der Streuung der Messwerte ergab sich wie bei der Cornering Stiffness auch hier das Problem, dass die beiden Koeffizienten a_p und a_{pF} der *Gleichung 4.32* mit Hilfe dieser vier Punkte nicht derart optimiert werden konnten, dass sich für alle Radlast-Luftdruck-Kombinationen genaue Ergebnisse bei der Umrechnung von Trommeldaten auf die Ebene ergaben [Zit1]. Als günstig erwies sich daher, den Koeffizienten a_p entsprechend dem Verfahren „Ermittlung der Koeffizienten aus Reifengeometriedaten" (siehe *Abschnitt 4.5.2.1*) auf den mittleren Wert $a_p = 0,47$ festzusetzen. Damit war nur der verbleibende Koeffizient a_{pF} mit Hilfe des Matlab-Programms so zu optimieren, dass die Umrechnungsformel für die Messpunkte des Kurzmessprogramms die bestmöglichen Ergebnisse hervorbringt.

Im Folgenden ist die genaue Vorgehensweise zur Ermittlung der Koeffizienten nochmals übersichtlich zusammengefasst, wobei die *Gleichungen 4.32* und *4.33* die Grundlage für die Umrechnung von Trommeldaten auf die ebene Fahrbahn bilden.

Im ersten Schritt wird der Koeffizienten a_p festgesetzt:

$$a_p = 0,47 \qquad\qquad [4.38]$$

Anschließend wird der noch unbekannte Koeffizient a_{pF} mit Hilfe eines Optimierungsverfahrens (z.B. mit der Optimization-Toolbox von Matlab [Mat1]) auf der Basis des Kurzmessprogramms ermittelt, welches auf der jeweiligen Trommel und der Ebene durchzuführen ist. Dieses Kurzmessprogramm sieht für die Ermittlung des Krümmungseinflusses auf die Aligning Stiffness folgende vier Messpunkte vor:

- 1,5 bar Reifenluftdruck bei 60 % und 100 % ETRTO-Last und
- 3,0 bar Reifenluftdruck bei 60 % und 120 % ETRTO-Last.

Mit Hilfe der nun feststehenden Koeffizienten lassen sich Aligning-Stiffness-Daten von Trommelmessungen mit beliebigen Luftdrücken und Radlasten näherungsweise auf die ebene Fahrbahn umrechnen. Beispiele hierfür sind in den folgenden *Abb. 4.5.2.2/1* und *4.5.2.2/2* wiedergegeben. Analog zu den bereits vorgestellten Cornering-Stiffness-Ergebnissen sind in diesen Diagrammen jeweils die Messdaten von der Ebene und der 1,71-m-Trommel bei 2,5 bar Reifenluftdruck sowie die auf die Ebene umgerechneten Daten dargestellt. Hierbei sind wiederum jeweils die Ergebnisse der Umrechnung mit Hilfe der Geometriedaten und die Ergebnisse mit Hilfe des in diesem Kapitel dargestellten Verfahrens (auf der Grundlage des Kurzmessprogramms KMP) abgebildet.

In *Abb. 4.5.2.2/1* ist zu erkennen, dass bei den Aligning-Stiffness-Werten des großen Reifens 5 sowohl das Verfahren auf der Grundlage der Geometriedaten als auch das Verfahren mit dem Kurzmessprogramm gute Ergebnisse hervorbringen. Die Ausgleichskurven beider Verfahren liegen praktisch aufeinander. Lediglich im Bereich mittlerer Radlasten kommt es zu geringen Abweichungen zwischen den auf der Ebene gemessenen Kurven und den umgerechneten Kurven.

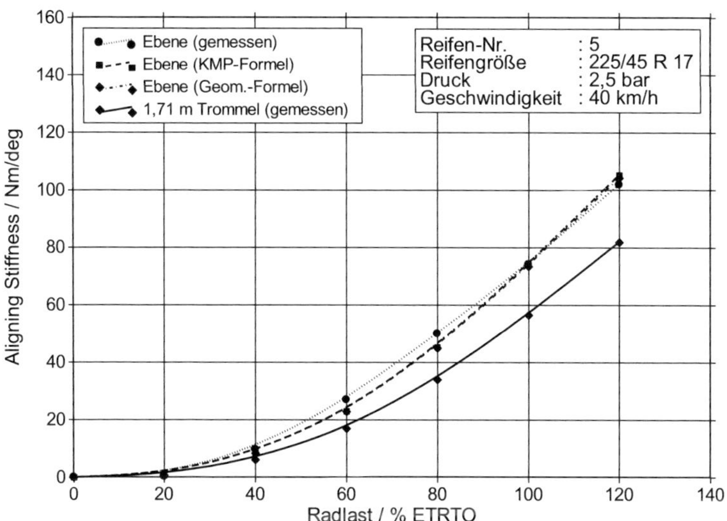

Abb. 4.5.2.2/1: Aligning-Stiffness für Reifen 5 (225/45 R 17), gemessen auf der Ebene, umgerechnet auf die Ebene und gemessen auf der 1,71-m-Trommel, eingestellt war ein Luftdruck von 2,5 bar.

Auch beim Reifen der kleinen Größe 175/70 R 13 werden mit beiden Umrechnungsverfahren gute Ergebnisse erzielt (siehe *Abb. 4.5.2.2/2*). Die Ausgleichskurven beider Verfahren liegen hier ebenfalls praktisch aufeinander. Es sind zwischen den auf der Ebene gemessenen und den umgerechneten Kurven nur bei 100 % Radlast kleine Differenzen zu erkennen.

Im *Anhang A.3.2* sind auch die Aligning-Stiffness-Kurven der anderen vier Reifen für 2,5 bar Luftdruck dargestellt. Fast in allen Fällen ist eine gute Übereinstimmung der auf der Ebene gemessenen und der umgerechneten Kurven festzustellen. Es kommt nur bei Reifen 2 zu merklichen Abweichungen, die aber wahrscheinlich auf die bereits beschriebenen Ungleichförmigkeiten dieses Reifens zurückzuführen sind. Die Krümmungskorrektur durch das Verfahren mit dem Kurzmessprogramm und die Korrektur auf der Grundlage der Reifengeometrie bringen fast bei allen Reifen nahezu identische Ergebnisse. Lediglich bei Reifen 2 und bei Reifen 3 sind minimale Vorteile bei dem Verfahren mit dem Kurzmessprogramm auszumachen.

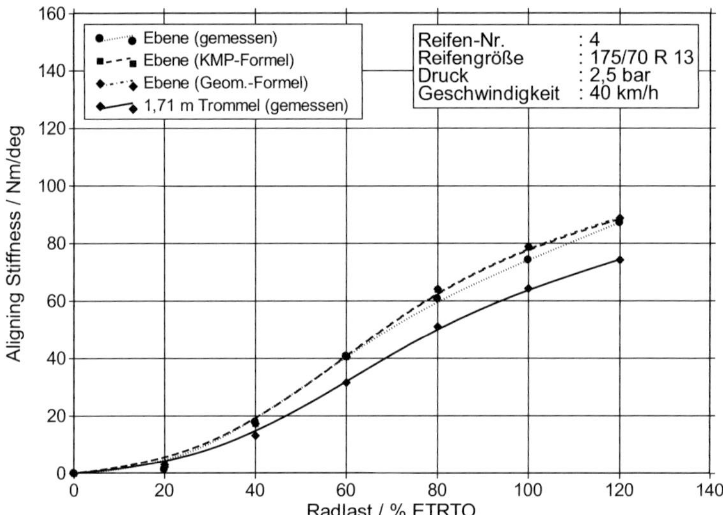

Abb. 4.5.2.2/2:   Aligning-Stiffness für Reifen 4 (175/70 R 13), gemessen auf der Ebene, umgerechnet auf die Ebene und gemessen auf der 1,71-m-Trommel, eingestellt war ein Luftdruck von 2,5 bar.

4.5.2.3 Zusammenfassende Übersicht

Eine zusammenfassende Übersicht zur Qualität der Umrechnung bei den untersuchten sechs Reifen ist in *Tab. 4.5.2.3/1* gegeben. In der Spalte „ohne Umrechnung" ist zum Vergleich angegeben, welche Abweichungen sich ergeben, wenn keine Korrektur der Trommelmesswerte vorgenommen wird und die Daten der Trommel direkt mit den Daten der Ebene verglichen werden.

Tab. 4.5.2.3/1:   Mittlere quadratische Abweichung zwischen den auf die Ebene umgerechneten Aligning-Stiffness-Werten und den tatsächlichen Messwerten auf der Ebene; verglichen werden die verschiedenen Verfahren zur Bestimmung der Koeffizienten.

Reifen-Nr.	Reifengröße	Mittlere quadratische Abweichung σ [Nm/°]		
		Ohne Umrechnung	Koeff. aus Geometriedaten *(Abschn. 4.5.2.1)*	Koeff. aus KMP *(Abschn. 4.5.2.2)*
1	195/65 R 15 H	12,09	3,82	3,68
2	225/50 R 16 W	16,17	6,68	5,51
3	165/70 R 13 T	8,86	2,00	1,87
4	175/70 R 13 Q	9,21	2,58	2,47
5	225/45 R 17 Y	15,27	4,77	4,74
6	195/65 R 15 T	17,13	4,54	4,60
Gesamte mittlere Abweichung		**13,86** **(9,6 %)*** **(24,8 %)****	**4,52** **(3,1 %)*** **(8,1 %)****	**4,21** **(2,9 %)*** **(7,5 %)****

*   = %-Angabe bezogen auf größten Aligning-Stiffness-Wert 145 Nm/°
**   = %-Angabe bezogen auf den Aligning-Stiffness-Mittelwert 56 Nm/°
KMP = Kurzmessprogramm

Bei den prozentualen Angaben der Abweichungen ist zu beachten, dass als Bezugswert der größte gemessene Aligning-Stiffness-Wert (145 Nm/°) bzw. der Mittelwert aller Aligning-Stiffness-Messungen auf der Ebene (56 Nm/°) zugrunde gelegt wurde. Die prozentuale Abweichung in der Spalte „ohne Umrechnung" erscheint, zumindest bei Bezug auf den größten gemessenen Wert, relativ gering. Allerdings muss hier berücksichtigt werden, dass in die Berechnung auch diejenigen Werte eingeflossen sind, die bei den geringen Luftdrücken ermittelt wurden. Bei diesen niedrigen Luftdrücken war der Krümmungseinfluss auf die Aligning Stiffness verhältnismäßig klein.

Werden die Abweichungen gegenübergestellt, die bei Anwendung der Verfahren nach den *Abschnitten 4.5.2.1* und *4.5.2.2* (Koeffizienten aus Geometriedaten und Koeffizienten aus Kurzmessprogramm) bestimmt wurden, ist festzustellen, dass, ähnlich wie bei der Cornering Stiffness, keines der beiden Verfahren deutliche Vorteile aufweist. Dies trifft zu, solange sich die Anwendung auf die Reifen 1 bis 6 beschränkt. Aber auch hier gilt, dass das Verfahren, das auf dem Kurzmessprogramm basiert, klar im Vorteil ist, sobald Reifen betrachtet werden, die sich von den bisher untersuchten Reifen deutlich unterscheiden (siehe *Abschnitt 4.6*).

4.6   Überprüfung der aufgestellten Korrekturalgorithmen

4.6.1   Durchführung des zusätzlichen Messprogramms

Wie bereits in *Abschnitt 4.5* erwähnt, ist nicht gewährleistet, dass die auf der Grundlage von sechs Reifen hergeleiteten Korrekturalgorithmen auf beliebige andere Reifen übertragen werden können. Daher sollte gemäß *Abschnitt 4.2.1* überprüft werden, ob die Umrechnungsformeln auch auf Reifen anwendbar sind, die außerhalb des untersuchten Spektrums liegen.

Aus diesem Grund wurde mit drei weiteren Reifen, die in *Tab. 4.2.1/3* aufgelistet sind, ein zusätzliches, weniger aufwändiges Messprogramm auf der 1,71-m-Trommel und der Flachbahn bei einer Geschwindigkeit von 40 km/h gefahren.

Das Zusatzprogramm bestand zum einen aus dem Kurzmessprogramm mit sechs Messpunkten, das gefahren werden musste, um die Koeffizienten für die Trommelkrümmungskorrektur der Verfahren gemäß den *Abschnitten 4.5.1.2* und *4.5.2.2* ermitteln zu können:

- 1,5 bar Reifenluftdruck bei 20, 60 und 100 % ETRTO-Last und

- 3,0 bar Reifenluftdruck bei 20, 60 und 120 % ETRTO-Last.

Zum anderen wurden im Rahmen des Zusatzprogramms jeweils sechs weitere Messungen mit den Reifen durchgeführt. Diese Messungen dienten nicht zur Ermittlung der Krümmungskorrekturformel, sondern sie wurden lediglich genutzt, um die Genauigkeit der Umrechnungsalgorithmen bei anderen Randbedingungen (anderer Luftdruck, andere Lasten) vergleichen zu können:

- 2,5 bar Reifenluftdruck bei 20, 40, 60, 80, 100 und 120 % ETRTO-Last

Im Folgenden werden die Ergebnisse getrennt für die Cornering und Aligning Stiffness dargestellt.

4.6.2   Überprüfung der Cornering-Stiffness-Korrektur

Wie bereits erwähnt, erfolgte die Überprüfung der beiden Korrekturverfahren zur Cornering Stiffness mit Hilfe der Messungen, die bei 2,5 bar Luftdruck durchgeführt wurden. Hierzu wurden die Messergebnisse von der 1,71-m-Trommel mit Hilfe der *Gleichung 4.19* auf die ebene Fahrbahn umgerechnet. Die Koeffizienten c_{FI} bis c_{pF}, die für die Bestimmung des Faktors $e_{C\alpha}$ in dieser Gleichung bekannt sein müssen, wurden zunächst mit Hilfe der reifengeometrischen Daten und anschließend auch mit den Messergebnissen aus dem Kurzmessprogramm bestimmt.

4.6.2.1 Korrekturalgorithmus mit Koeffizienten aus Reifengeometriedaten

Bei der Anwendung des Verfahrens auf der Grundlage von Reifengeometriedaten ist vorgesehen, die Koeffizienten für den Faktor $e_{C\alpha}$ durch Einsetzen von Reifenabmessungen in die *Gleichungen 4.22* bis *4.25* zu berechnen. Für die Reifen 7, 8 und 9 ergeben sich hierbei die in *Tab. 4.6.2.1/1* aufgelisteten Werte, die für die Umrechnung der Cornering Stiffness wiederum in *Gleichung 4.21* eingesetzt werden müssen.

Tab. 4.6.2.1/1: Koeffizienten für die Umrechnung der Cornering Stiffness, ermittelt auf der Grundlage der Reifengeometriedaten.

Reifen-Nr.	Reifengröße	c_{F1}	c_{F2}	c_p	c_{pF}
7	215/45 R 18 89W	-0,765	-0,10	0,46	0,107
8	205/55 R 16 91T M+S	-0,888	0,20	0,46	-0,068
9	205/55 R 16 91H RSC	-0,888	0,20	0,46	-0,068

Mit den Messwerten und mit den umgerechneten Werten lassen sich nun in den *Abb. 4.6.2.1/1* bis *4.6.2.1/3* folgende Cornering-Stiffness-Verläufe darstellen:

- Messwerte von der ebenen Fahrbahn,
- von der 1,71-m-Trommel auf die Ebene umgerechnete Werte, wobei die Umrechnungsformel mit Hilfe der Reifengeometriedaten bestimmt wurde, und
- Messwerte von der 1,71-m-Trommel.

Den Abbildungen kann entnommen werden, dass die Umrechnung der Kennlinien von der Trommel auf die Ebene für den Reifen 215/45 R 18 mit zufrieden stellender Genauigkeit möglich ist, dass sich aber mit dem Winterreifen und dem Runflat-Reifen (RSC Runflat System Component) der Größe 205/55 R 16 insbesondere bei den hohen Radlasten keine befriedigenden Ergebnisse erzielen lassen.

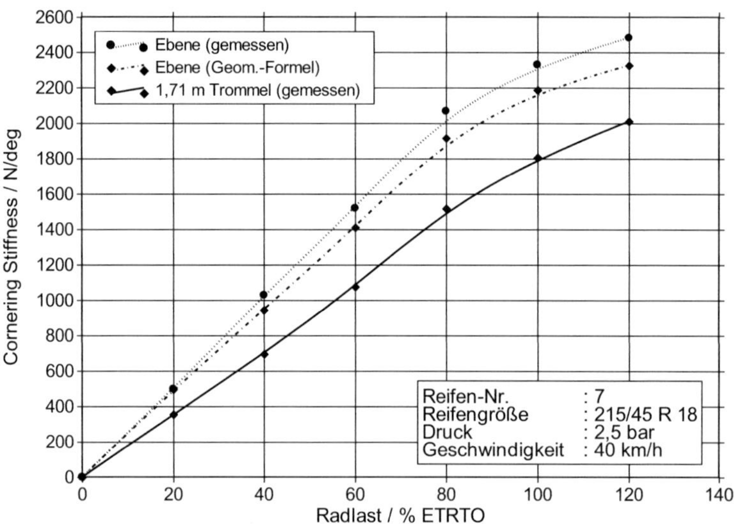

Abb. 4.6.2.1/1: Cornering Stiffness für Reifen 7 (215/45 R 18), gemessen auf der Ebene, umgerechnet auf die Ebene (Formel aus Geometriedaten) und gemessen auf der 1,71-m-Trommel.

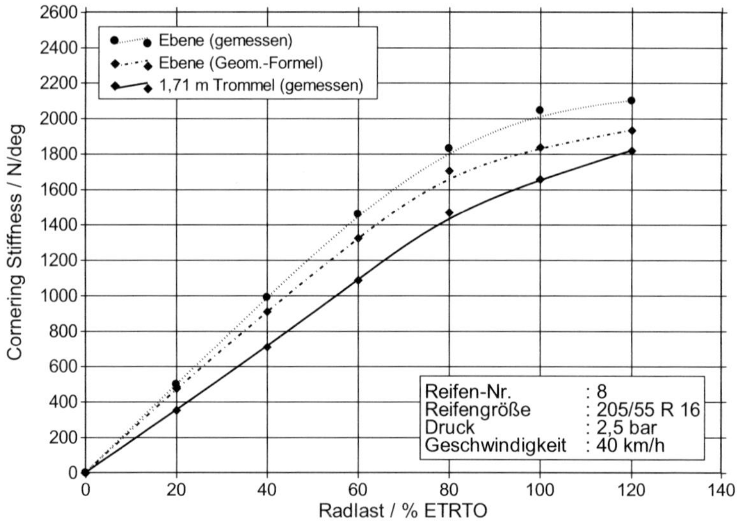

Abb. 4.6.2.1/2: Cornering Stiffness für Reifen 8 (205/55 R 16 M+S), gemessen auf der Ebene, umgerechnet auf die Ebene (Formel aus Geometriedaten) und gemessen auf der 1,71-m-Trommel.

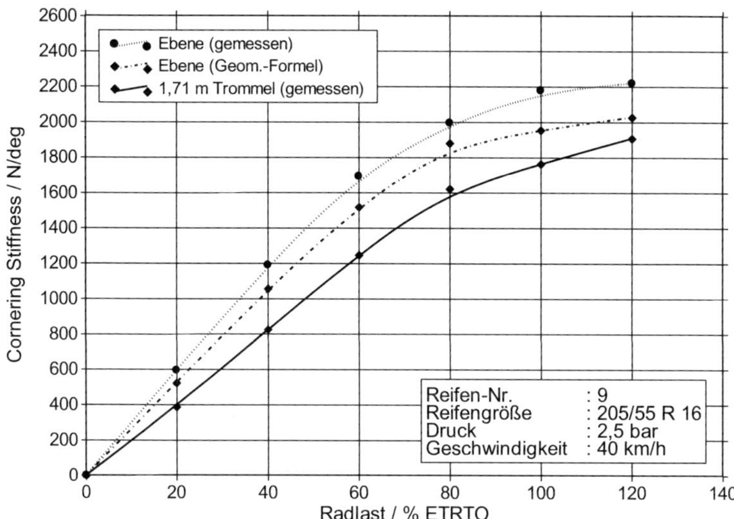

Abb. 4.6.2.1/3: Cornering Stiffness für Reifen 9 (205/55 R 16 RSC), gemessen auf der Ebene, umgerechnet auf die Ebene (Formel aus Geometriedaten) und gemessen auf der 1,71-m-Trommel.

Als eine denkbare Ursache für dieses ungünstige Ergebnis kommen die schlechten Kraftschlussbedingungen zwischen Reifen und Stahlfahrbahn in Frage, die bereits in *Abschnitt 4.3.1* angesprochen wurden. Durch die niedrigen Reibwerte war der lineare Bereich der Seitenkraft-Schräglaufwinkel-Kurven sehr eingeschränkt, so dass sich hier Ungenauigkeiten ergeben könnten, wenn Reibwertschwankungen bzw. -unterschiede zwischen Trommel und Ebene vorliegen.

Möglicherweise ist aber auch die Übertragbarkeit der Umrechnungsformel, die mit Hilfe der Geometriedaten bestimmt wird, auf beliebige andere Reifen nicht gewährleistet, wenn die Eigenschaften dieser Reifen außerhalb des untersuchten Spektrums liegen. Speziell für diese Fälle bietet es sich an, die Umrechnungsformel mit Hilfe des Kurzmessprogramms zu ermitteln, deren Gültigkeitsbereich im folgenden Kapitel überprüft wird.

4.6.2.2 Korrekturalgorithmus mit Koeffizienten aus dem Kurzmessprogramm

Bei dem Verfahren, das auf die Daten des Kurzmessprogramms zurückgreift und das in *Abschnitt 4.5.1.2* beschriebenen ist, wurden zunächst die Koeffizienten c_{F1} und c_p gemäß *Gleichung 4.28* und *4.29* bestimmt. Anschließend wurden die beiden noch unbekannten Koeffizienten c_{F2} und c_{pF} durch das Optimierungsprogramm auf der Grundlage der sechs Messpunkte, die auf der Trommel und der Ebene gemessen wurden, ermittelt. Somit lagen schließlich die in *Tab. 4.6.2.2/1* aufgelisteten Koeffizienten fest, die für die Trommelkrümmungskorrektur bekannt sein müssen.

Tab. 4.6.2.2/1:   Koeffizienten für die Umrechnung der Cornering Stiffness, ermittelt auf der Grundlage des Kurzmessprogramms.

Reifen-Nr.	Reifengröße	c_{F1}	c_{F2}	c_p	c_{pF}
7	215/45 R 18 89W	-0,765	-0,004	0,46	0,093
8	205/55 R 16 91T M+S	-0,888	0,25	0,46	0,002
9	205/55 R 16 91H RSC	-0,888	0,45	0,46	-0,065

Damit waren alle Daten verfügbar, um für die Reifen 7, 8 und 9 folgende Cornering-Stiffness-Verläufe in den *Abb. 4.6.2.2/1* bis *4.6.2.2/3* darzustellen:

- Messwerte von der ebenen Fahrbahn,
- von der 1,71-m-Trommel auf die Ebene umgerechnete Werte, wobei die Koeffizienten der Umrechnungsformel mit Hilfe des Kurzmessprogramms KMP bestimmt wurden, und
- Messwerte von der 1,71-m-Trommel.

Alle Abbildungen zeigen eine gute bis sehr gute Übereinstimmung zwischen den Cornering-Stiffness-Werten, die von der 1,71-m-Trommel auf die Ebene (auf der Grundlage des Kurzmessprogramms) umgerechnet wurden, und den auf der Ebene gemessenen Werten. Während bei 80 % ETRTO-Last die Abweichungen zwischen den umgerechneten und den auf der Ebene gemessenen Werten zwischen 1 % (Reifen 9) und 6 % (Reifen 7) liegen, weisen die auf der Trommel gemessenen, unkorrigierten Daten wesentlich größere Abweichungen auf, die zwischen 19 % (Reifen 9) und 27 % (Reifen 7) betragen (jeweils bezogen auf den gemessenen Wert auf der Ebene).

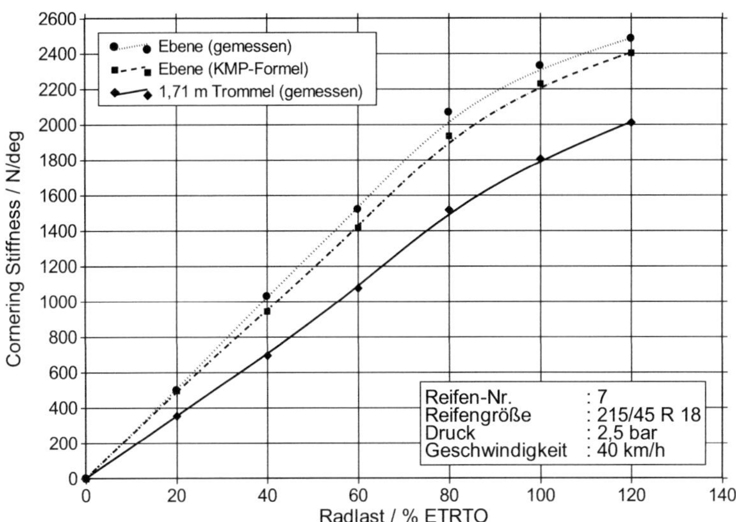

Abb. 4.6.2.2/1: Cornering Stiffness für Reifen 7 (215/45 R 18), gemessen auf der Ebene, umgerechnet auf die Ebene (Formel aus Kurzmessprogramm KMP) und gemessen auf der 1,71-m-Trommel.

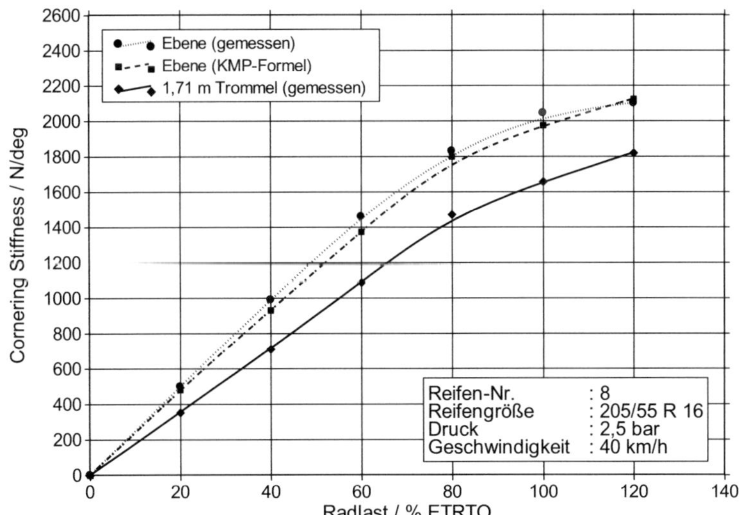

Abb. 4.6.2.2/2: Cornering Stiffness für Reifen 8 (205/55 R 16 M+S), gemessen auf der Ebene, umgerechnet auf die Ebene (Formel aus Kurzmessprogramm KMP) und gemessen auf der 1,71-m-Trommel.

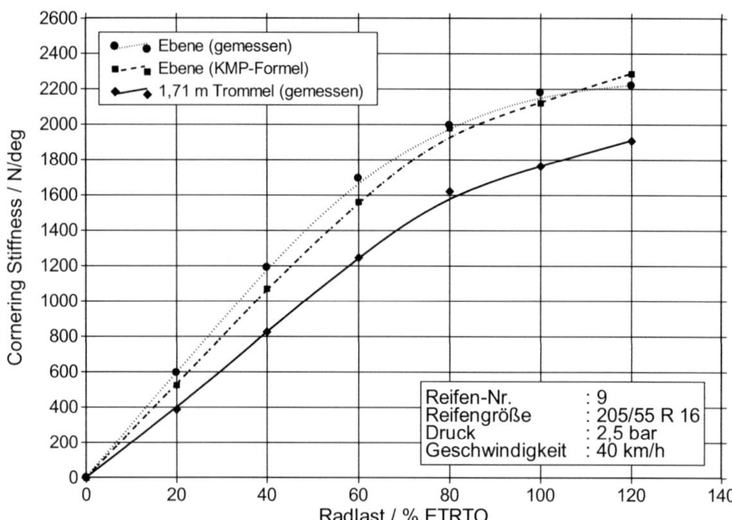

Abb. 4.6.2.2/3: Cornering Stiffness für Reifen 9 (205/55 R 16 RSC), gemessen auf der Ebene, umgerechnet auf die Ebene (Formel aus Kurzmessprogramm KMP) und gemessen auf der 1,71-m-Trommel.

Bei der geringeren 40 % ETRTO-Last erhöhen sich die Abweichungen zwischen den umgerechneten und den auf der Ebene gemessenen Daten auf Werte zwischen 6 % (Reifen 8) und 11 % (Reifen 9), während die Abweichungen der auf der Trommel gemessenen, unkorrigierten Werte hier sogar zwischen 28 % (Reifen 8) und 32 % (Reifen 7) liegen.

Damit kann davon ausgegangen werden, dass das vorgeschlagene Kurzmessprogramm mit sechs Parametervarianten, die mit dem betreffenden Reifen auf der Trommel und der Ebene gemessen werden müssen, gut geeignet ist, um den Fahrbahnkrümmungseinfluss auf die Cornering Stiffness bei beliebigen Radlast-Luftdruck-Kombinationen zu beschreiben.

4.6.3   Überprüfung der Aligning-Stiffness-Korrektur

Wie bei der Cornering Stiffness sollte auch bei der Aligning Stiffness die Übertragbarkeit der Korrekturalgorithmen auf andere Reifen überprüft werden. Hierzu wurden die gleichen zusätzlichen Messungen verwendet, die bereits im Zusammenhang mit der Cornering Stiffness beschrieben wurden. Grundlage für die Krümmungskorrektur bei der Aligning Stiffness bildet die *Gleichung 4.33*, in die der Faktor $e_{A\alpha}$ eingeht, der wiederum von den Koeffizienten a_p und a_{pF} abhängt. Diese Koeffizienten wurden, wie bei der Cornering Stiffness, zunächst mit Hilfe der reifengeometrischen Daten und anschließend auch mit den Messergebnissen aus dem Kurzmessprogramm bestimmt.

4.6.3.1 Korrekturalgorithmus mit Koeffizienten aus Reifengeometriedaten

Bei der Anwendung des Verfahrens auf der Grundlage von Reifengeometriedaten ist vorgesehen, die Koeffizienten für den Faktor $e_{A\alpha}$ gemäß *Gleichung 4.32* durch Einsetzen von Reifenabmessungen in die *Gleichungen 4.34* und *4.35* zu berechnen. Für die Reifen 7, 8 und 9 ergeben sich hierbei die in *Tab. 4.6.3.1/1* aufgelisteten Werte.

Tab. 4.6.3.1/1:   Koeffizienten für die Umrechnung der Aligning Stiffness, ermittelt auf der Grundlage der Reifengeometriedaten.

Reifen-Nr.	Reifengröße	a_p	a_{pF}
7	215/45 R 18 89W	0,47	-0,127
8	205/55 R 16 91T M+S	0,47	-0,165
9	205/55 R 16 91H RSC	0,47	-0,165

Damit lassen sich nun in den *Abb. 4.6.3.1/1* bis *4.6.3.1/3* folgende Aligning-Stiffness-Verläufe darstellen:

- Messwerte von der ebenen Fahrbahn,
- von der 1,71-m-Trommel auf die Ebene umgerechnete Werte, wobei die Umrechnungsformel mit Hilfe der Reifengeometriedaten bestimmt wurde, und
- Messwerte von der 1,71-m-Trommel.

Vergleicht man die von der Trommel auf die Ebene umgerechneten Aligning-Stiffness-Werte mit den tatsächlichen Messwerten auf der Ebene, stellt man fest, dass lediglich für den Reifen 215/45 R 18 bis zu mittleren Radlasten befriedigende Ergebnisse erzielt wurden.

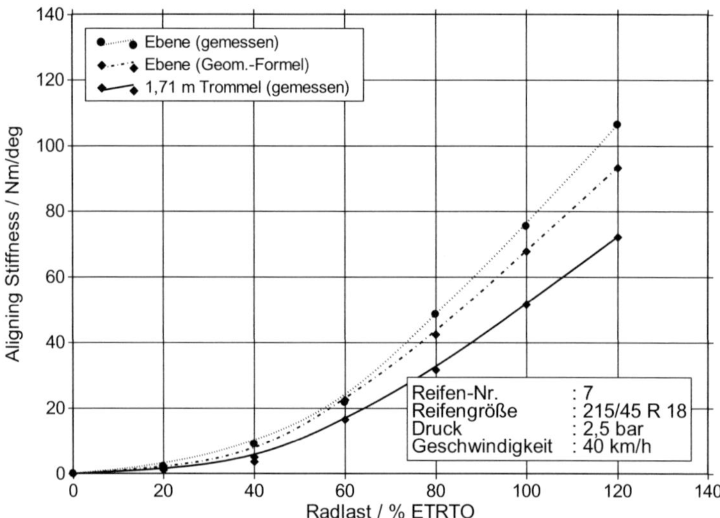

Abb. 4.6.3.1/1:   Aligning Stiffness für Reifen 7 (215/45 R 18), gemessen auf der Ebene, umgerechnet auf die Ebene (Formel aus Geometriedaten) und gemessen auf der 1,71-m-Trommel.

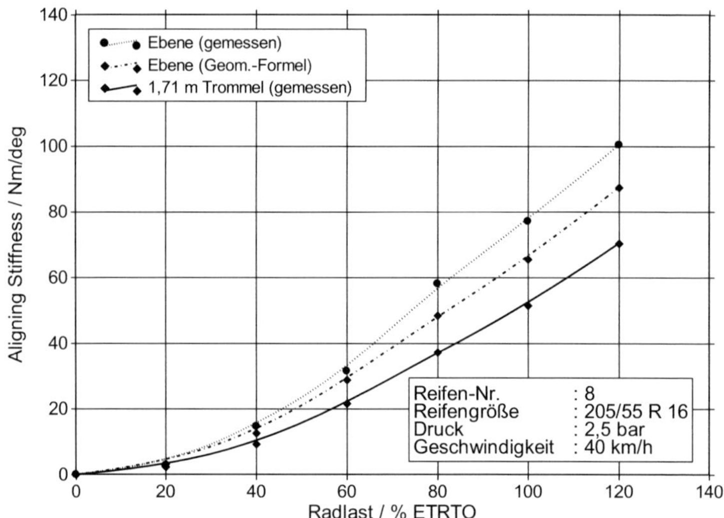

Abb. 4.6.3.1/2:   Aligning Stiffness für Reifen 8 (205/55 R 16 M+S), gemessen auf der Ebene, umgerechnet auf die Ebene (Formel aus Geometriedaten) und gemessen auf der 1,71-m-Trommel.

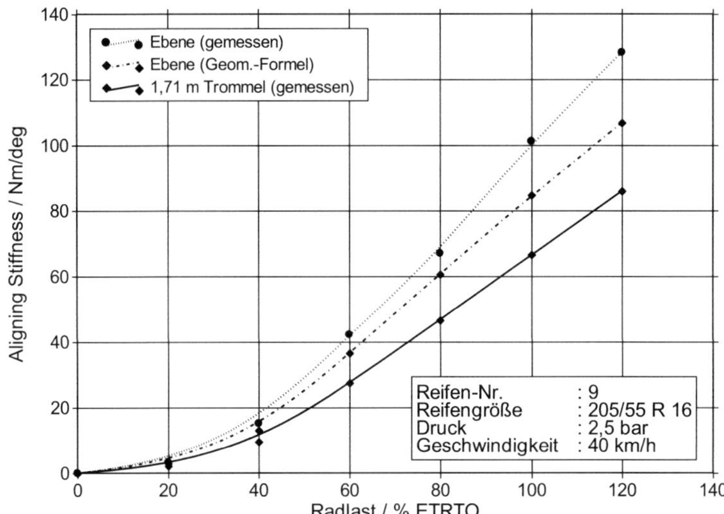

Abb. 4.6.3.1/3:   Aligning Stiffness für Reifen 9 (205/55 R 16 RSC), gemessen auf der Ebene, umgerechnet auf die Ebene (Formel aus Geometriedaten) und gemessen auf der 1,71-m-Trommel.

Bei dem Winterreifen und dem Runflat-Reifen wurden durch die Krümmungskorrektur deutlich zu kleine Werte berechnet. Auch hier könnten sich die schlechten Kraftschlussbedingungen zwischen Reifen und Stahlfahrbahn ungünstig ausgewirkt haben, wie es bereits in *Abschnitt 4.6.2.1* angesprochen wurde. Möglicherweise ist aber auch die Übertragbarkeit der Umrechnungsformel, die mit Hilfe der Geometriedaten festgelegt wird, auf beliebige andere Reifen nicht gewährleistet.

Daher wurde auch bei der Aligning Stiffness geprüft, ob die Umrechnungsformel auf der Grundlage des Kurzmessprogramms einen größeren Gültigkeitsbereich aufweist und somit bessere Ergebnisse hervorbringt.

4.6.3.2 Korrekturalgorithmus mit Koeffizienten aus dem Kurzmessprogramm

Um die Umrechnungsformel, wie in *Abschnitt 4.5.2.2* beschrieben, auf der Grundlage der Ergebnisse des Kurzmessprogramms bestimmen zu können, wurde zunächst der

Koeffizient a_p auf den Wert $a_p = 0,47$ festgelegt. Anschließend wurde der noch unbekannte Koeffizient a_{pF} durch das Optimierungsprogramm auf der Grundlage der vier Messpunkte bei unterschiedlichen Radlast-Luftdruck-Kombinationen ermittelt, wobei diese Daten jeweils als Ergebnis von Messungen auf der Trommel und der Ebene vorlagen.

Die zwei Messwerte des Kurzprogramms bei 20 % ETRTO Last fanden hierbei aus den in *Abschnitt 4.5.2* genannten Gründen keine Berücksichtigung. Damit standen schließlich die in *Tab. 4.6.3.2/1* aufgelisteten Koeffizienten fest.

Tab. 4.6.3.2/1:   Koeffizienten für die Umrechnung der Aligning Stiffness, ermittelt auf der Grundlage des Kurzmessprogramms.

Reifen-Nr.	Reifengröße	a_p	a_{pF}
7	215/45 R 18 89W	0,47	0,045
8	205/55 R 16 91T M+S	0,47	0,003
9	205/55 R 16 91H RSC	0,47	0,112

Somit konnten nun in den *Abb. 4.6.3.2/1* bis *4.6.3.2/3* die folgenden Aligning-Stiffness-Verläufe der Reifen 7, 8 und 9 dargestellt werden:

- Messwerte von der ebenen Fahrbahn,
- von der 1,71-m-Trommel auf die Ebene umgerechnete Werte, wobei die Koeffizienten der Umrechnungsformel mit Hilfe des Kurzmessprogramms KMP bestimmt wurden, und
- Messwerte von der 1,71-m-Trommel.

Alle Abbildungen zeigen im mittleren und hohen Radlastbereich eine gute bis sehr gute Übereinstimmung zwischen den Aligning-Stiffness-Werten, die von der 1,71-m-Trommel auf die Ebene (auf der Grundlage des Kurzmessprogramms) umgerechnet wurden, und den auf der Ebene gemessenen Werten. Während bei 80 % ETRTO-Last die Abweichungen zwischen den umgerechneten und den auf der Ebene gemessenen Werten zwischen 2 % (Reifen 7) und 8 % (Reifen 8) liegen, weisen die auf der Trommel gemessenen, unkorrigierten Daten wesentlich größere Abweichungen auf, die zwischen 30 % (Reifen 9) und 36 % (Reifen 8) betragen (jeweils bezogen auf den gemessenen Wert auf der Ebene).

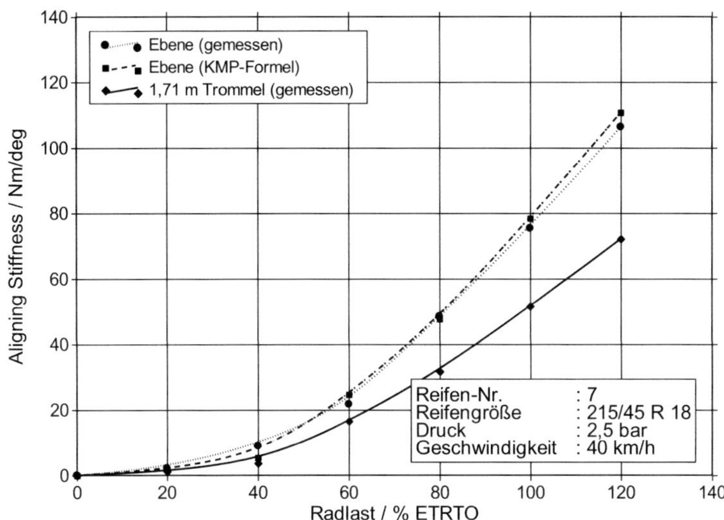

Abb. 4.6.3.2/1:   Aligning Stiffness für Reifen 7 (215/45 R 18), gemessen auf der Ebene, umgerechnet auf die Ebene (Formel aus Kurzmessprogramm KMP) und gemessen auf der 1,71-m-Trommel.

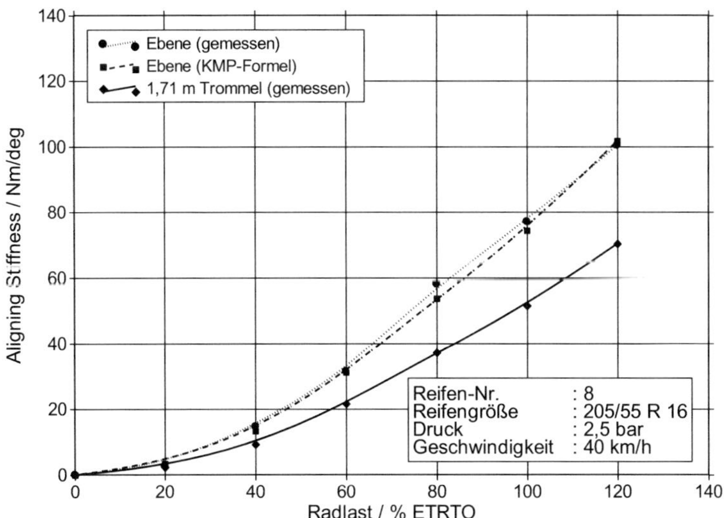

Abb. 4.6.3.2/2:   Aligning Stiffness für Reifen 8 (205/55 R 16 M+S), gemessen auf der Ebene, umgerechnet auf die Ebene (Formel aus Kurzmessprogramm KMP) und gemessen auf der 1,71-m-Trommel.

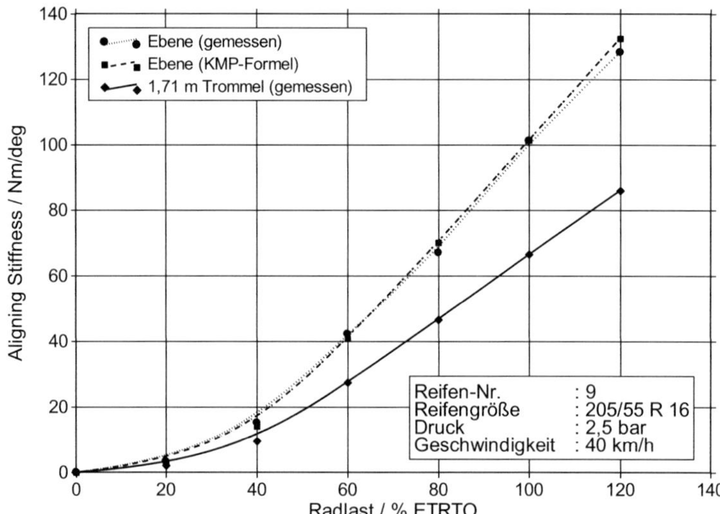

Abb. 4.6.3.2/3:   Aligning Stiffness für Reifen 9 (205/55 R 16 RSC), gemessen auf der Ebene, umgerechnet auf die Ebene (Formel aus Kurzmessprogramm KMP) und gemessen auf der 1,71-m-Trommel.

Bei der niedrigeren 40 % ETRTO-Last liegen die Aligning-Stiffness-Werte aufgrund der progressiven Radlastabhängigkeit auf einem sehr niedriges Niveau, so dass die Bezugswerte sehr niedrige Werte annehmen. Dadurch erhöhen sich die prozentualen Abweichungen zwischen den umgerechneten und den auf der Ebene gemessenen Daten auf Werte zwischen 7 % (Reifen 9) und 40 % (Reifen 7), während die Abweichungen der auf der Trommel gemessenen, unkorrigierten Werte sogar zwischen 37 % (Reifen 9) und 59 % (Reifen 7) liegen. Die Abweichung von 40 % bei den umgerechneten Werten von Reifen 7 stellt zwar prozentual gesehen einen großen Wert dar, absolut gesehen handelt es sich aber um einen kleinen Differenzwert, nämlich um 3,4 Nm/°. Diese Abweichung könnte auf eine in diesem Bereich nicht optimale Umrechnungsformel zurückzuführen sein, es wäre aber auch denkbar dass eine Messwert-Schwankung ursächlich ist. Es fällt nämlich auf, dass in *Abb. 4.6.3.2/1* der auf der Trommel bei 40 % ETRTO-Last gemessene Aligning-Stiffness-Wert sehr niedrig ist. Da dieser Messpunkt die Ausgangsbasis für die Korrektur darstellt, befindet sich der korrigierte Wert natürlich auch auf einem zu niedrigen Niveau, wodurch es zu einer deutlichen Abweichung des umgerechneten Wertes kommt. Abschließend kann aber festgestellt werden, dass sich diese Abweichung in der Praxis nicht drastisch auswirken wird, da bei dieser niedrigen Radlast die gesamten Rückstellmoment-Schräglaufwinkel-Kurven auf einem sehr niedrigen Niveau liegen und damit für z.B. Elastokinematik-Untersuchungen weniger relevant sind.

Damit kann davon ausgegangen werden, dass die vorgeschlagenen vier Parametervarianten, deren Ergebnisse auf der Trommel und der Ebene bekannt sein müssen, geeignet sind, um den Fahrbahnkrümmungseinfluss auf die Aligning Stiffness bei beliebigen Radlast-Luftdruck-Kombinationen beschreiben zu können.

4.7　Fazit zur Anwendbarkeit der aufgestellten Korrekturalgorithmen

Um Cornering-Stiffness- und Aligning-Stiffness-Messdaten von der Trommel auf die Ebene übertragen zu können, wurde jeweils eine Formel aufgestellt, in der durch einen Faktor $e_{C\alpha}$ bzw. $e_{A\alpha}$ das reifenspezifische Verhalten abhängig von der Radlast und vom Reifenluftdruck beschrieben wird. Die Bestimmungsgleichungen für diese beiden Faktoren $e_{C\alpha}$ und $e_{A\alpha}$ weisen reifenabhängige Koeffizienten auf, zu deren Ermittlung zwei Verfahren vorgeschlagen wurden.

Beim ersten Verfahren werden die Koeffizienten mit Hilfe von Reifengeometriedaten berechnet. Die Gegenüberstellung der auf der Ebene gemessenen Kennlinien und der auf die Ebene umgerechneten Kennlinien zeigte insgesamt eine gute Übereinstimmung, solange die Formeln auf die sechs untersuchten Reifen angewendet wurden.

Beim zweiten Verfahren werden die Koeffizienten auf der Grundlage eines kurzen Messprogramms auf Trommel und Ebene bestimmt. Die Anwendung der auf diese Weise ermittelten Umrechnungsformeln brachte ebenfalls gute Ergebnisse. Es zeigten sich keine bedeutenden Vorteile gegenüber dem ersten Verfahren, solange sich die Betrachtung auf die sechs untersuchten Reifen beschränkte.

Um die Übertragbarkeit der Formeln auf andere Reifen zu überprüfen, die sich deutlich von den sechs untersuchten Reifen unterscheiden, wurden zusätzlich drei weitere Reifen gemessen. Bei diesen Reifen zeigte die Umrechnung, bei der die Koeffizienten mit Hilfe von Reifengeometriedaten ermittelt werden, überwiegend keine befriedigenden Ergebnisse. Die Umrechnungsformeln, bei denen die Koeffizienten auf der Grundlage des Kurzmessprogramms bestimmt werden, brachten dagegen für diese Reifen sowohl bei den Cornering-Stiffness- als auch bei den Aligning-Stiffness-Messdaten gute bis sehr gute Ergebnisse.

Somit kann die Anwendung der Formeln, die mit Hilfe der Geometriedaten bestimmt werden, gegenwärtig nur bei solchen Reifen empfohlen werden, die ähnliche Eigenschaften wie die sechs Reifen haben, die zur Herleitung dieses Verfahrens verwendet wurden.

In allen anderen Fällen sollte mit den betreffenden Reifen ein kurzes Messprogramm sowohl auf der Trommel als auch auf der Ebene durchgeführt werden [Unr1]. Bei diesem Kurzmessprogramm sind jeweils sechs Messpunkte ausreichend, um den radlast- und luftdruckabhängigen Trommelkrümmungseinfluss auf die Cornering Stiffness und Aligning Stiffness genau beschreiben zu können.

5 Zusammenfassung und Ausblick

5.1 Zusammenfassung

Ziel der vorliegenden Arbeit war es, mit Hilfe von Prüfstandsmessungen Algorithmen aufzustellen, um Rollwiderstandsmessergebnisse sowie Cornering-Stiffness- und Aligning-Stiffness-Werte, die auf Außentrommelprüfständen ermittelt wurden, auf die ebene Fahrbahn „umrechnen" zu können. Um die erforderlichen Messungen zu ermöglichen, wurde hierfür zunächst ein vorhandener Reifenprüfstand weiter ausgebaut. Durch diese Prüfstandserweiterung sollte es möglich sein, die geplanten Reifenmessungen mit der gleichen Radaufhängung auf verschieden gekrümmten Fahrbahnen durchzuführen, damit Differenzen zwischen den Messergebnissen möglichst nur durch den Einsatz der unterschiedlichen Fahrbahnen verursacht werden. Wären dagegen verschiedene Radaufhängungen verwendet worden, hätten sich Unterschiede in den Messsystemen oder in anderen Prüfstandskomponenten den Krümmungseinflüssen überlagert, so dass es folglich zu Fehlinterpretationen der Ergebnisse gekommen wäre.

Daher wurde für die Radaufhängung ein neues 6-Komponenten-Messsystem entwickelt, um einerseits Rollwiderstandsmessungen, andererseits aber auch Cornering-Stiffness- und Aligning-Stiffness-Untersuchungen zu ermöglichen. Des Weiteren wurden Systeme installiert, um die hierfür erforderlichen Schräglaufwinkel kontinuierlich verstellen und messen zu können.

Auf Seiten der Prüffahrbahnen wurden die vorhandenen Außentrommeln mit 1,71 m und 2,0 m Durchmesser um die ebene Fahrbahn ergänzt, so dass somit ein Prüfstand mit drei unterschiedlich gekrümmten Oberflächen zur Verfügung stand. Die Ebene wurde hierbei durch ein Stahlband realisiert, welches um die beiden Trommeln gespannt und im Bereich der Reifenaufstandsfläche durch ein neu entwickeltes Flächenlager unterstützt wird.

Vor der Durchführung des Messprogramms wurden zunächst die Vorgänge in der Kontaktfläche zwischen Reifen und Fahrbahn mit Hilfe einfach nachvollziehbarer Modellvorstellungen analysiert. Dadurch konnten Ansätze für die Trommelkrümmungskorrektur bei Rollwiderstandsmessungen sowie Cornering-Stiffness- und Aligning-Stiffness-Untersuchungen aufgestellt werden. Schließlich wurden sechs Reifen verschiedener Größe und Bauart hinsichtlich der relevanten Eigenschaften untersucht, indem Messungen bei unterschiedlichen Betriebsbedingungen auf den drei unterschiedlich gekrümmten Fahrbahnen durchgeführt wurden.

Bei den *Rollwiderstandsmessungen* zeigte sich hierbei, dass der Reifenrollwiderstand auf Außentrommeln größer ist als auf der Ebene, wie es auch bereits in den Normen DIN ISO 8767, ISO 18164 und ISO 28580 [Din1, Iso1, Iso2] beschrieben ist. Dieses Verhalten wird durch die größere Reifendeformation verursacht, die bei nach außen gekrümmten Fahrbahnoberflächen auftritt. Neu konnte festgestellt werden, dass der Trommelkrümmungseinfluss bei großen Radlasten, relativ betrachtet, geringer ist als bei kleinen Radlasten und dass bei niedrigen Reifenluftdrücken ebenfalls ein kleinerer Krümmungseinfluss zu beobachten ist. Bei den Messungen zeigte sich außerdem eine Korrelation zwischen dem Höhen-Breiten-Verhältnis der Reifen und dem Krümmungseinfluss. Es wurde ermittelt, dass Niederquerschnittsreifen auf eine Fahrbahnkrümmung mit einer geringeren Rollwiderstandszunahme reagieren als Reifen mit großen Höhen-Breiten-Verhältnissen. Aus diesen Erkenntnissen konnte eine Korrekturgleichung aufgestellt werden, die auf der Gleichung in DIN ISO 8767, ISO 18164 und ISO 28580 aufbaut, die aber um einen Term erweitert wurde. Durch diesen Term werden die ermittelten Ergebnisse berücksichtigt, dass der Krümmungseinfluss von der eingestellten Radlast, vom Luftdruck und vom Höhen-Breiten-Verhältnis der Reifen abhängt. Die Auswertung der Messdaten zeigte schließlich, dass durch die neue Korrekturgleichung deutlich bessere Ergebnisse erzielt werden als mit der einfachen Formel gemäß DIN bzw. ISO.

Zur Überprüfung der neuen Gleichung zur Krümmungskorrektur wurden anschließend drei weitere Reifen gemessen, die sich von den sechs ursprünglich untersuchten Reifen deutlich unterschieden. Auch diese zusätzlichen Messungen bestätigten, dass mit der neuen Gleichung genauere Korrekturen erzielt werden können als bisher.

Die Auswertungen zur Cornering Stiffness und Aligning Stiffness zeigten, wie zu erwarten war, dass die Reifen auf der ebenen Fahrbahn größere *Cornering-Stiffness-Werte* hervorbringen als auf den Außentrommeln, zumindest im Bereich kleiner bis mittlerer Radlasten. Dies ist darauf zurückzuführen, dass der Reifenlatsch auf der Ebene länger ist als auf der Trommel, so dass in diesem Fall die Gummielemente in der Aufstandsfläche bei gleichem Schräglaufwinkel weiter ausgelenkt werden. Mit zunehmender Radlast wird der Krümmungseinfluss aber kleiner, so dass sich die Cornering-Stiffness-Werte auf der Trommel den höheren Werten der Ebene annähern. Bei

sehr großen Radlasten kam es dann sogar teilweise zu einer Umkehrung der Verhältnisse, d.h. die Cornering-Stiffness-Werte der Ebene können in diesen extremen
Betriebsbereichen sogar unter denen der Trommel liegen.

Des Weiteren wurde festgestellt, dass sich eine Verminderung des Reifenluftdrucks
auf den Krümmungseinfluss ähnlich auswirkt, wie eine Erhöhung der Radlast, d.h. das
Verhältnis der Cornering-Stiffness-Werte der Ebene zu den Werten auf einer Trommel wird mit abnehmendem Luftdruck kleiner.

Der Krümmungseinfluss auf die Aligning Stiffness zeigte ein vergleichbares Verhalten. Auch hier näherten sich die *Aligning-Stiffness-Werte* der Trommeln den Werten der Ebene mit zunehmender Radlast und abnehmendem Luftdruck an. Der Krümmungseinfluss war aber in diesem Fall insgesamt größer und die Werte der Ebene
lagen stets über den Werten der Trommeln.

Mit Hilfe der Ergebnisse wurden schließlich Formeln aufgestellt, um die Corne-
ring-Stiffness- und Aligning-Stiffness-Werte von Trommelmessungen auf die Ebene
übertragen zu können. Um die reifenabhängigen Koeffizienten dieser Formeln zu
bestimmen, wurden zwei Verfahren hergeleitet. Beim ersten Verfahren werden diese
Koeffizienten auf der Grundlage reifengeometrischer Daten, wie z.B. Reifenbreite und
Seitenwandhöhe, ermittelt. Beim zweiten Verfahren ist dagegen die Durchführung
eines kurzen Messprogramms mit sechs unterschiedlichen Radlast-Luftdruck-Kombinationen auf der Trommel und der Ebene erforderlich, um mit den Ergebnissen die
Koeffizienten bestimmen zu können. Beide Verfahren lieferten Umrechnungsformeln,
mit denen die Trommelmessungen ausreichend genau auf die ebene Fahrbahn umgerechnet werden können, solange sich die Betrachtungen auf die sechs untersuchten
Reifen beschränkten.

Um zu überprüfen, ob dieses Verfahren auch auf beliebige andere Reifen anwendbar ist, wurden drei weitere Reifen, wie schon bei den Rollwiderstandsmessungen
praktiziert, in einem Zusatzmessprogramm untersucht. Hierbei stellte sich heraus, dass
die Umrechnungsformeln, bei denen die Koeffizienten auf der Grundlage reifengeometrischer Daten ermittelt wurden, bei diesen drei Reifen bestenfalls zu befriedigenden Ergebnissen führen. Dagegen lieferte das Verfahren, bei dem die Ergebnisse eines
kurzen Messprogramms auf der Trommel und der Ebene verwendet wurden, sowohl
bei den Cornering-Stiffness- als auch bei den Aligning-Stiffness-Messungen gute bis
sehr gute Ergebnisse. Daher kann abschließend empfohlen werden, zumindest bei solchen Reifen, die sich deutlich von den hier untersuchten sechs Reifen unterscheiden,

ein kurzes Messprogramm auf der Trommel und der Ebene durchzuführen. Nur dann kann eine genaue Umrechnung der Cornering-Stiffness- und Aligning-Stiffness-Werte von einer auf die andere Fahrbahnkrümmung gewährleistet werden.

5.2   Ausblick

Im Rahmen der Arbeit wurden an dem beschriebenen Flachbahn-Außentrommel-Prüfstand das erste Mal in größerem Umfang vergleichende Messungen auf den Außentrommeln und auf der ebenen Fahrbahn durchgeführt. Hierbei konnten neue Erkenntnisse zum Oberflächenkrümmungseinfluss auf die Reifeneigenschaften gewonnen werden, es wurde aber auch festgestellt, inwieweit Optimierungspotenzial besteht und welche ergänzenden Messungen wünschenswert wären, um weitere Ergebnisse zu erlangen.

In diesem Zusammenhang ist zunächst anzumerken, dass die Installation einer Klimaanlage die Vergleichbarkeit der Ergebnisse aller Reifenmessungen verbessern würde. Bei konstanten Umgebungsbedingungen könnten diejenigen Ergebnisschwankungen unterbunden werden, die aufgrund unterschiedlicher Umgebungstemperatur auftreten.

Des Weiteren besteht bei den Flachbahnmessungen zum Rollwiderstand Optimierungspotenzial. Die Korrektur des Einflusses des Schmierwasserkeils (*siehe Abschnitt 3.3.4*), der die Voraussetzung für ein tragfähiges Gleitlager darstellt, könnte wahrscheinlich genauer erfolgen, wenn die Messstellen zur Erfassung der Schmierfilmdicken (gleichbedeutend mit den Stahlbandhöhen) vor und hinter dem Reifen näher an den Latsch herangeführt werden könnten. Daher sollten für weitere Messungen noch kleinere Abstandssensoren eingesetzt werden.

Bezüglich einer Erweiterung des Messprogramms wäre es interessant, auch die Wechselwirkungen zwischen Radlast und Luftdruck im Hinblick auf den Rollwiderstand zu untersuchen. Hierzu wäre es erforderlich, beide Parameter gleichzeitig zu variieren. Bei den betreffenden Rollwiderstandsmessungen würde dies allerdings einen sehr hohen Zeitaufwand bedeuten, da die Versuche jeweils bis zum Temperaturgleichgewicht durchgeführt werden müssen.

Um eine Erhöhung der Genauigkeit der Korrekturformel zu erreichen, mit der der Rollwiderstand von der Trommel auf die Ebene umgerechnet werden kann, sollte des Weiteren untersucht werden, ob zur Bestimmung des Faktors e_{FR} (Einflussfaktor der

Trommelkrümmung bei Rollwiderstandsmessungen) zusätzlich zur Reifengeometrie auch die Gummieigenschaften des betreffenden Reifens beachtet werden sollten. Dies könnte erreicht werden, indem die Formel zur Bestimmung des Einflussfaktors e_{FR} in geeigneter Weise um den Verlustfaktor $\tan \delta$ oder um den Verlustmodul G'' des Laufstreifenmaterials erweitert wird. Damit stände ein erster Ansatz zur Verfügung, um zu berücksichtigen, dass Reifen mit verschiedenen Gummimischungen wahrscheinlich unterschiedlich auf die Fahrbahnkrümmung reagieren (*siehe Abschnitt 3.5.1*).

Bei den Untersuchungen zur Cornering und Aligning Stiffness wurde bisher, wie bei den Rollwiderstandsmessungen, eine reine Stahloberfläche als Fahrbahn eingesetzt. Bei den Messungen wurde allerdings festgestellt, dass die linearen Bereiche der Seitenkraft-Schräglaufwinkel- und Rückstellmoment-Schräglaufwinkel-Kurven, bedingt durch die geringen Reibwerte zwischen Reifen und Stahlfahrbahn, sehr klein waren (*siehe Abschnitt 4.3.1*). Cornering-Stiffness- und Aligning-Stiffness-Daten könnten aber einfacher und auch genauer ermittelt werden, wenn bei zukünftigen Messungen eine Safety-Walk-Beschichtung der Fahrbahnen vorgenommen wird, um den Reibwert zu erhöhen und damit den linearen Bereich der Messkurven zu vergrößern. Hierbei ist allerdings zu beachten, dass die Trommelbeschichtung immer dann zu entfernen ist, wenn das Stahlband montiert wird. In diesem Fall werden die Trommeln zur Führung und Umlenkung des Bandes verwendet, so dass es durch eine vorhandene Trommelbeschichtung zu einer Beschädigung der Innenseite des Stahlbandes kommen würde.

Allgemein wäre es natürlich wünschenswert, eine weit größere Anzahl von Reifen als bisher hinsichtlich des Rollwiderstandes sowie der Cornering und Aligning Stiffness zu untersuchen, um statistisch besser abgesicherte Erkenntnisse über den Fahrbahnkrümmungseinfluss auf die Reifeneigenschaften zu erlangen.

A   Anhang

A.1   Ergebnisse der Rollwiderstandsmessungen

A.1.1   Rollwiderstandsverhältnis

In den folgenden vier Abbildungen sind für die untersuchten sechs Reifen jeweils die Verhältnisse der Rollwiderstände auf der Ebene zu den Rollwiderständen auf der 1,71-m-Trommel eingetragen. Variiert wurde entweder die Radlast oder der Reifenluftdruck.

- Die mit Einzelpunkten dargestellten Werte wurden basierend auf den Messergebnissen von Ebene und Trommel bestimmt.

- Die abgebildeten Kurven wurden mit den *Gleichungen 3.33* und *3.39* (Formel auf Grundlage der Höhen-Breiten-Verhältnisse der Reifen) ermittelt.

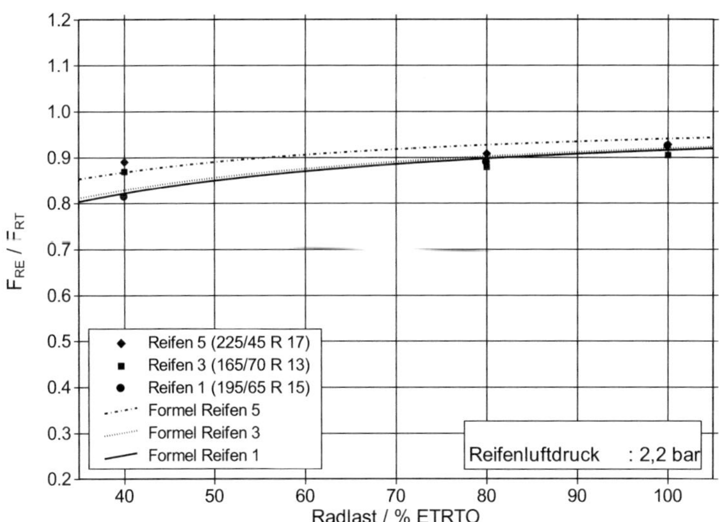

Abb. A.1.1/1:   Verhältnis der Rollwiderstände F_{RE} / F_{RT}, ermittelt aus Messungen auf der Ebene und der 1,71-m-Trommel in Abhängigkeit von der Radlast. Zusätzlich sind berechnete Näherungskurven eingetragen.

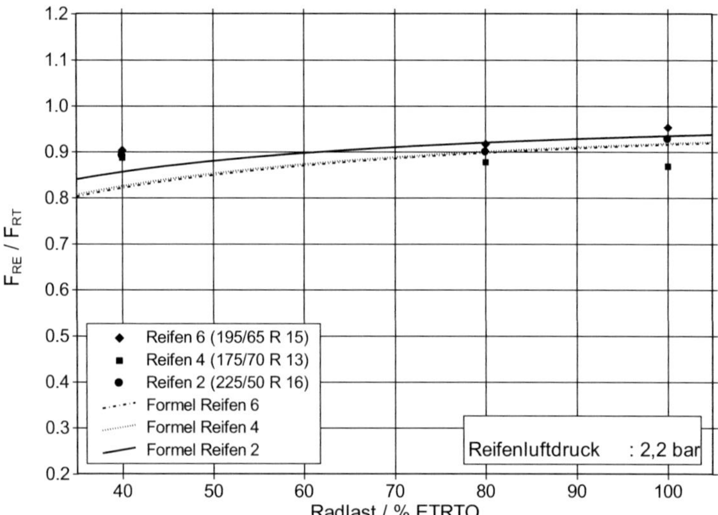

Abb. A.1.1/2:   Verhältnis der Rollwiderstände F_{RE} / F_{RT}, ermittelt aus Messungen auf der Ebene und der 1,71-m-Trommel in Abhängigkeit von der Radlast. Zusätzlich sind berechnete Näherungskurven eingetragen.

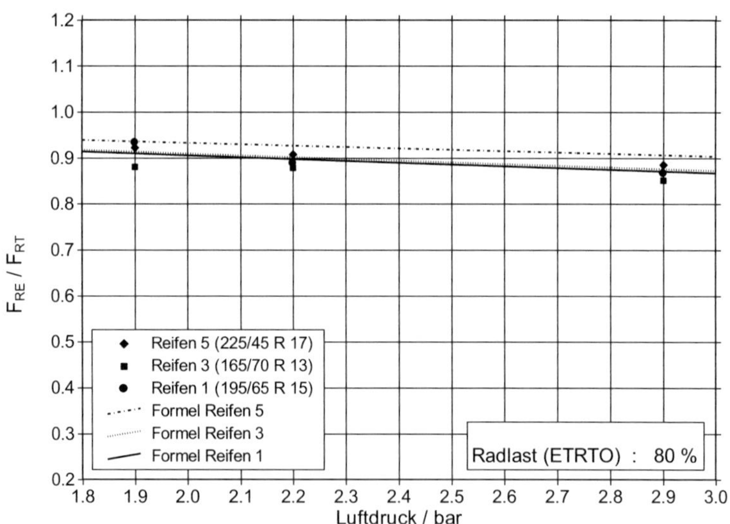

Abb. A.1.1/3:   Verhältnis der Rollwiderstände F_{RE} / F_{RT}, ermittelt aus Messungen auf der Ebene und der 1,71-m-Trommel in Abhängigkeit vom Luftdruck. Zusätzlich sind berechnete Näherungskurven eingetragen.

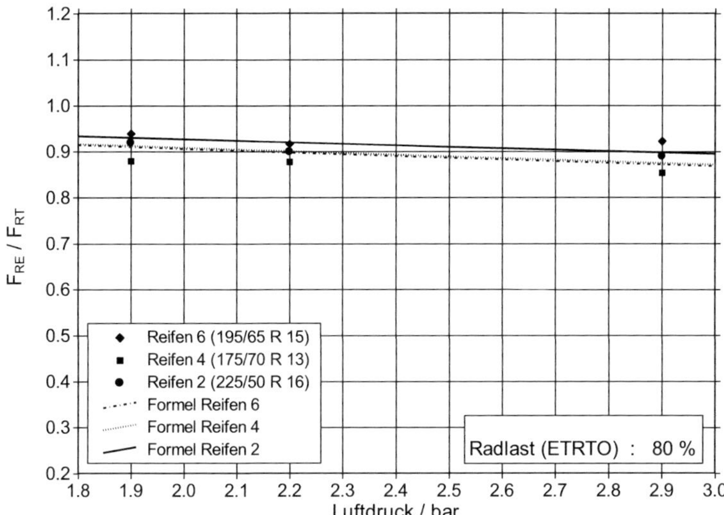

Abb. A.1.1/4:   Verhältnis der Rollwiderstände F_{RE} / F_{RT}, ermittelt aus Messungen auf der Ebene und der 1,71-m-Trommel in Abhängigkeit vom Luftdruck. Zusätzlich sind berechnete Näherungskurven eingetragen.

A.1.2 Rollwiderstände in Abhängigkeit von der Geschwindigkeit

In den folgenden Abbildungen sind jeweils die Rollwiderstands-Verläufe in Abhängigkeit von der Geschwindigkeit bei 2,2 bar Reifenluftdruck eingetragen.

- Die durchgezogenen Kurven stellen jeweils die Messung auf der 1,71-m-Trommel dar.

- Die strichpunktierten Kurven wurden ermittelt, indem die Messungen von der 1,71-m-Trommel mit den Gleichungen aus *Abschnitt 3.5.1* (Formel auf Grundlage des Höhen-Breiten-Verhältnisses der Reifen HBV) auf die Ebene umgerechnet wurden.

- Die gestrichelten Kurven geben die nach DIN ISO 8767, ISO 18164 bzw. ISO 28580 [Din1, Iso1, Iso2] ermittelten Kurvenverläufe an.

- Die gepunkteten Kurven stellen die Messung auf der Ebene dar.

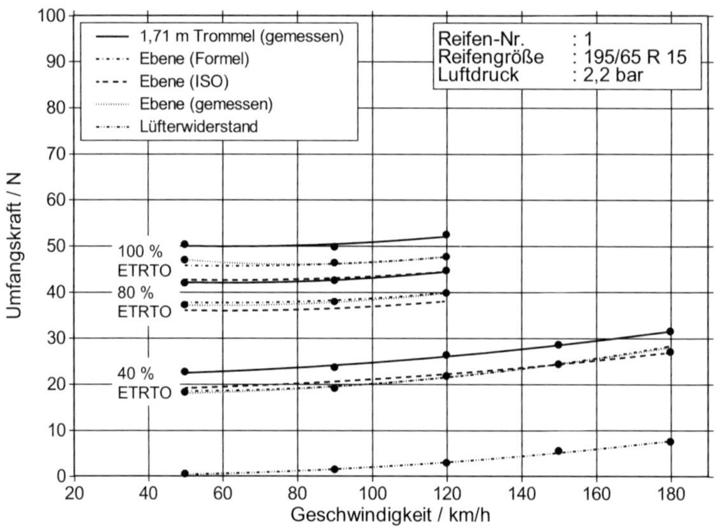

Abb. A.1.2/1:   Rollwiderstand gemessen auf der 1,71-m-Trommel und der Ebene sowie umgerechnet von der Trommel auf die Ebene für Reifen 1 (195/65 R 15), variiert wurde die Radlast.

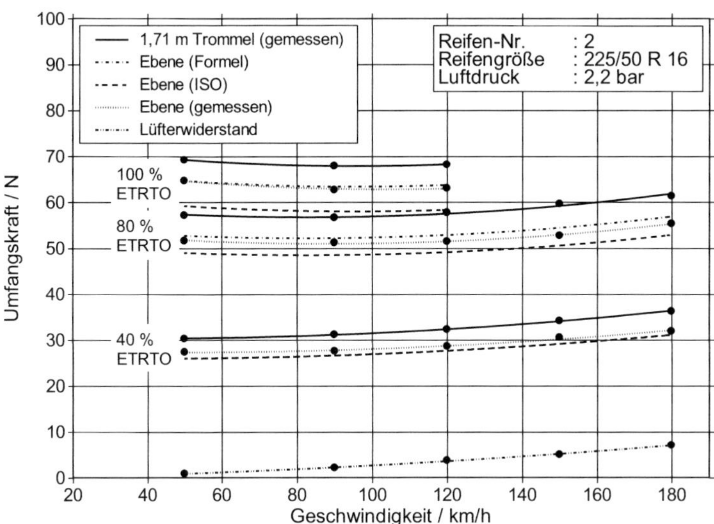

Abb. A.1.2/2:   Rollwiderstand gemessen auf der 1,71-m-Trommel und der Ebene sowie umgerechnet von der Trommel auf die Ebene für Reifen 2 (225/50 R 16), variiert wurde die Radlast.

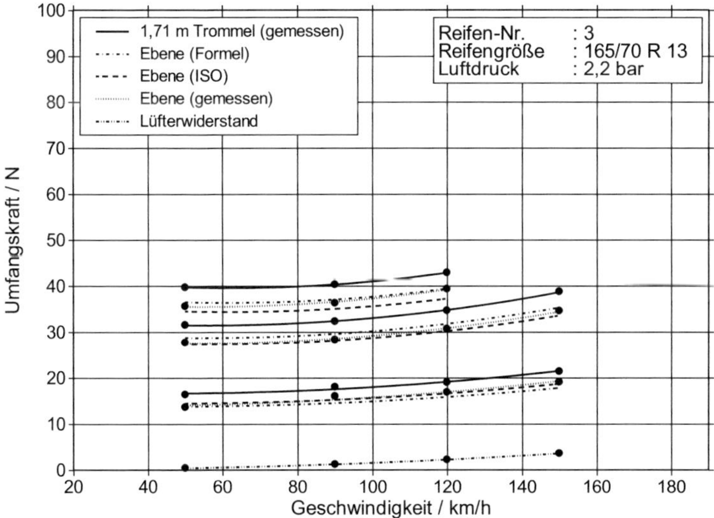

Abb. A.1.2/3:   Rollwiderstand gemessen auf der 1,71-m-Trommel und der Ebene sowie umgerechnet von der Trommel auf die Ebene für Reifen 3 (165/70 R 13), variiert wurde die Radlast.

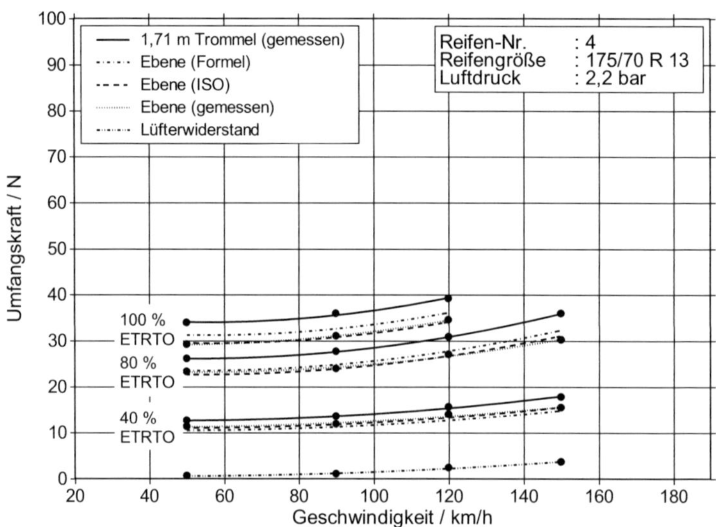

Abb. A.1.2/4:   Rollwiderstand gemessen auf der 1,71-m-Trommel und der Ebene sowie umgerechnet von der Trommel auf die Ebene für Reifen 4 (175/70 R 13), variiert wurde die Radlast.

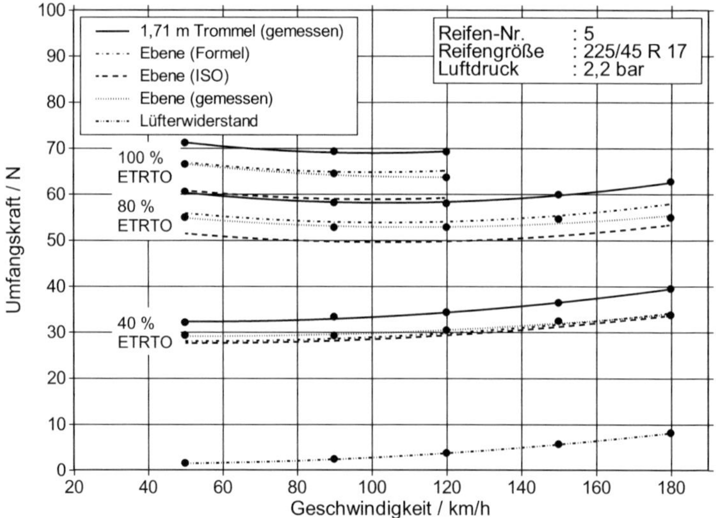

Abb. A.1.2/5:   Rollwiderstand gemessen auf der 1,71-m-Trommel und der Ebene sowie umgerechnet von der Trommel auf die Ebene für Reifen 5 (225/45 R 17), variiert wurde die Radlast.

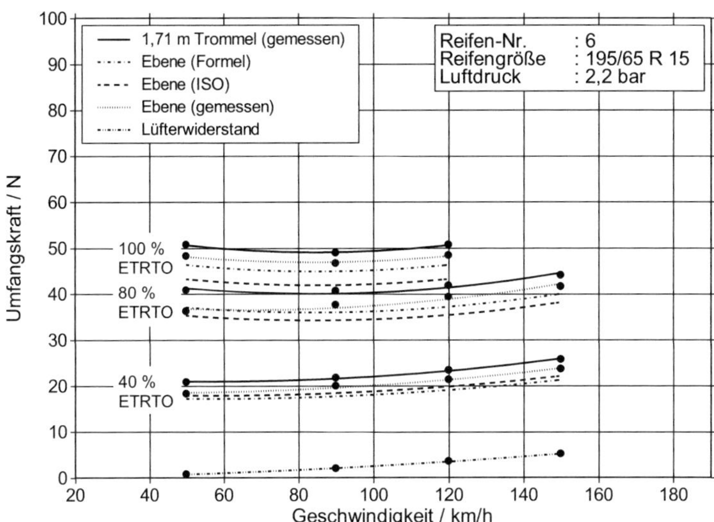

Abb. A.1.2/6:   Rollwiderstand gemessen auf der 1,71-m-Trommel und der Ebene sowie umgerechnet von der Trommel auf die Ebene für Reifen 6 (195/65 R 15), variiert wurde die Radlast.

A.2   Ergebnisse der Cornering-Stiffness-Untersuchungen

A.2.1   Cornering-Stiffness-Verhältnis

In den folgenden Abbildungen sind jeweils die Verhältnisse von den auf der Ebene ermittelten Cornering-Stiffness-Werten zu den auf der 1,71-m-Trommel ermittelten Werten eingetragen.

- Die mit Einzelpunkten dargestellten Werte wurden basierend auf den Messergebnissen auf Ebene und Trommel berechnet.

- Die gestrichelten Kurven wurden mit den *Gleichungen 4.19* und *4.21* bis *4.25* (Formel auf Grundlage von Reifengeometriedaten) ermittelt.

- Die durchgezogene Gerade wurde mit *Gleichung 4.27* (Formel aus TIME-Projekt) bestimmt.

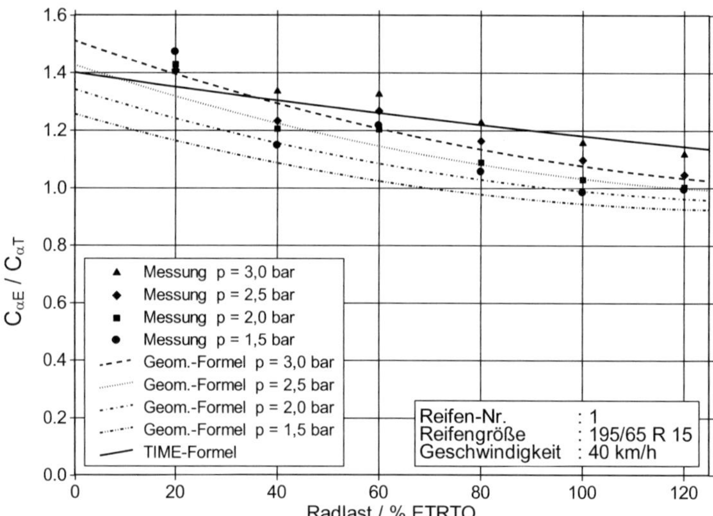

Abb. A.2.1/1:   Cornering-Stiffness-Verhältnis $C_{\alpha E}$ / $C_{\alpha T}$ ermittelt aus den Werten von Ebene und 1,71-m-Trommel in Abhängigkeit von der Radlast für Reifen 1 (195/65 R 15).

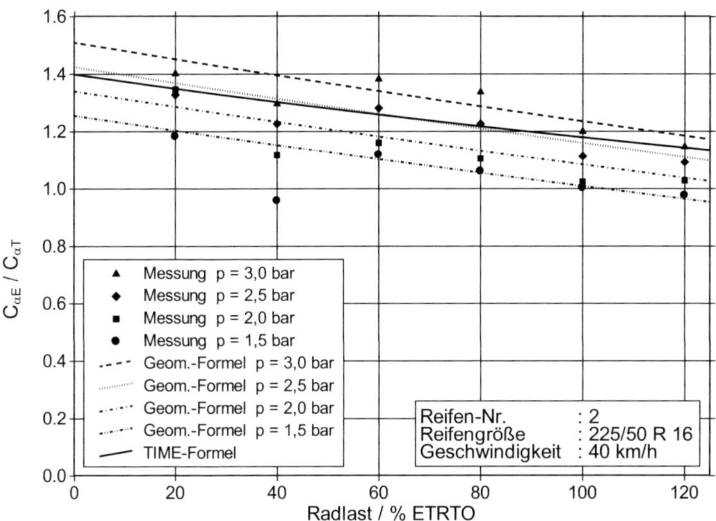

Abb. A.2.1/2: Cornering-Stiffness-Verhältnis $C_{\alpha E}$ / $C_{\alpha T}$ ermittelt aus den Werten von Ebene und 1,71-m-Trommel in Abhängigkeit von der Radlast für Reifen 2 (225/50 R 16).

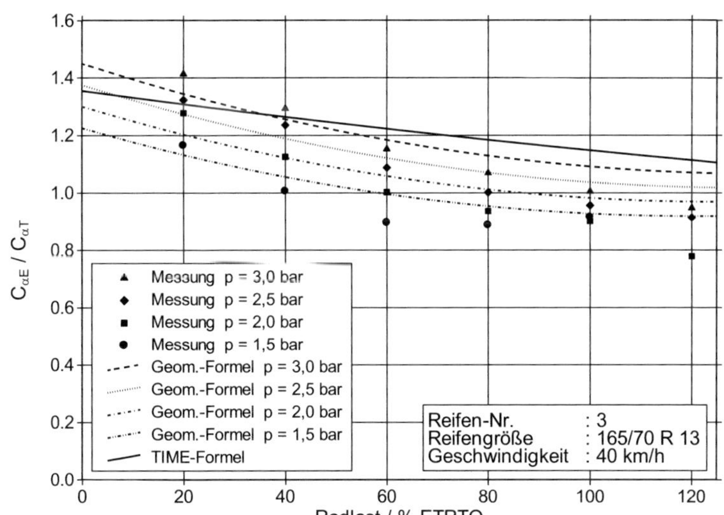

Abb. A.2.1/3: Cornering-Stiffness-Verhältnis $C_{\alpha E}$ / $C_{\alpha T}$ ermittelt aus den Werten von Ebene und 1,71-m-Trommel in Abhängigkeit von der Radlast für Reifen 3 (165/70 R 13).

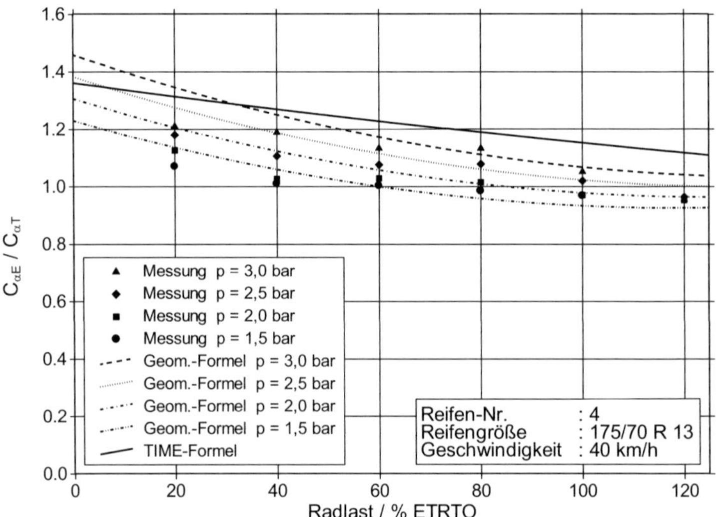

Abb. A.2.1/4:   Cornering-Stiffness-Verhältnis $C_{\alpha E}$ / $C_{\alpha T}$ ermittelt aus den Werten von Ebene und 1,71-m-Trommel in Abhängigkeit von der Radlast für Reifen 4 (175/70 R 13).

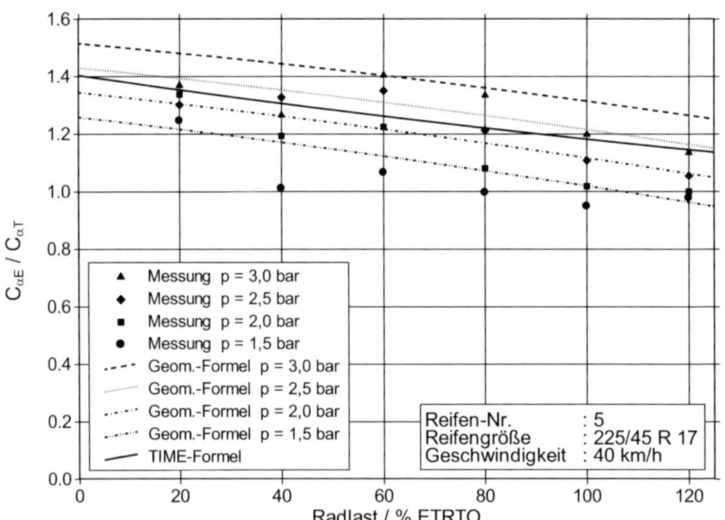

Abb. A.2.1/5:   Cornering-Stiffness-Verhältnis $C_{\alpha E}$ / $C_{\alpha T}$ ermittelt aus den Werten von Ebene und 1,71-m-Trommel in Abhängigkeit von der Radlast für Reifen 5 (225/45 R 17).

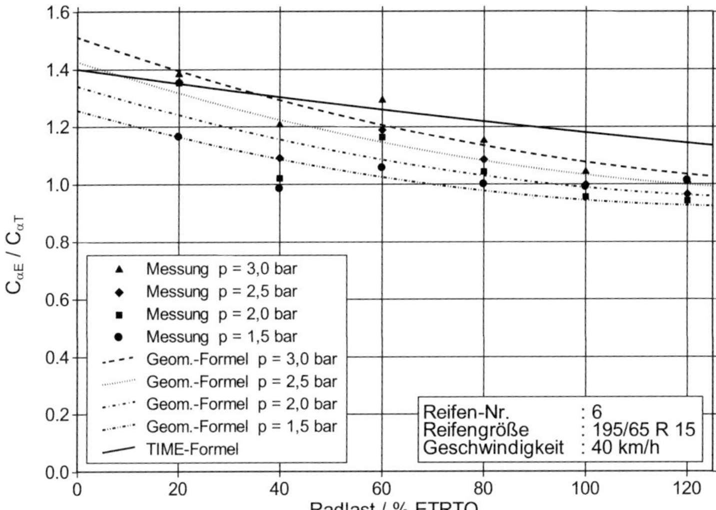

Abb. A.2.1/6:   Cornering-Stiffness-Verhältnis $C_{\alpha E}$ / $C_{\alpha T}$ ermittelt aus den Werten von Ebene und 1,71-m-Trommel in Abhängigkeit von der Radlast für Reifen 6 (195/65 R 15).

A.2.2 Cornering Stiffness in Abhängigkeit von der Radlast

In den folgenden Abbildungen sind jeweils die Cornering-Stiffness-Verläufe in Abhängigkeit von der Radlast bei 2,5 bar Reifenluftdruck eingetragen.

- Die gepunkteten Kurven stellen die Messung auf der Ebene dar.

- Die gestrichelten Kurven wurden ermittelt, indem die Messungen von der 1,71-m-Trommel mit den Gleichungen aus *Abschnitt 4.5.1.2* (Formel auf Grundlage des Kurzmessprogramms KMP) auf die Ebene umgerechnet wurden.

- Die strichpunktierten Kurven wurden ermittelt, indem die Messungen von der 1,71-m-Trommel mit den Gleichungen aus *Abschnitt 4.5.1.1* (Formel auf Grundlage von Reifengeometriedaten) auf die Ebene umgerechnet wurden.

- Die durchgezogenen Kurven stellen jeweils die Messung auf der 1,71-m-Trommel dar.

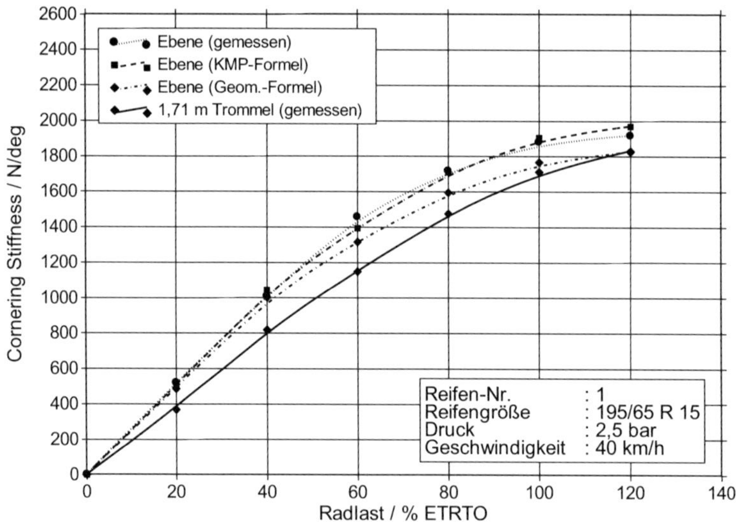

Abb. A.2.2/1:　Cornering Stiffness in Abhängigkeit von der Radlast, gemessen auf der Ebene und der 1,71-m-Trommel, sowie umgerechnet von der Trommel auf die Ebene für Reifen 1 (195/65 R 15).

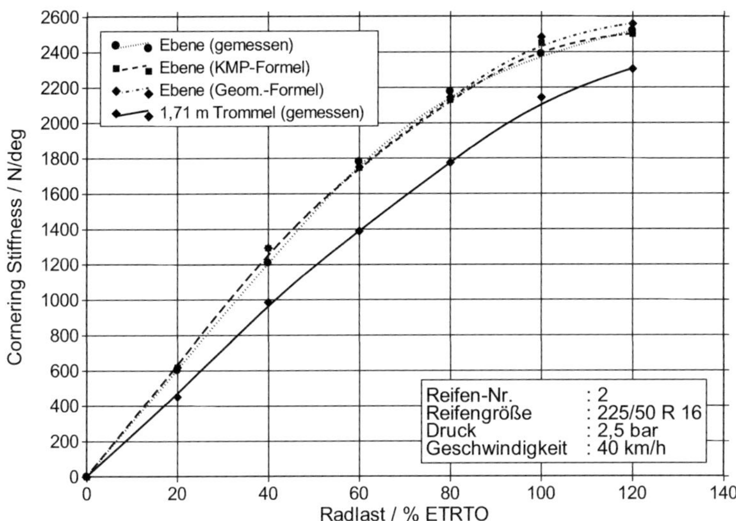

Abb. A.2.2/2: Cornering Stiffness in Abhängigkeit von der Radlast, gemessen auf der Ebene und der 1,71-m-Trommel, sowie umgerechnet von der Trommel auf die Ebene für Reifen 2 (225/50 R 16).

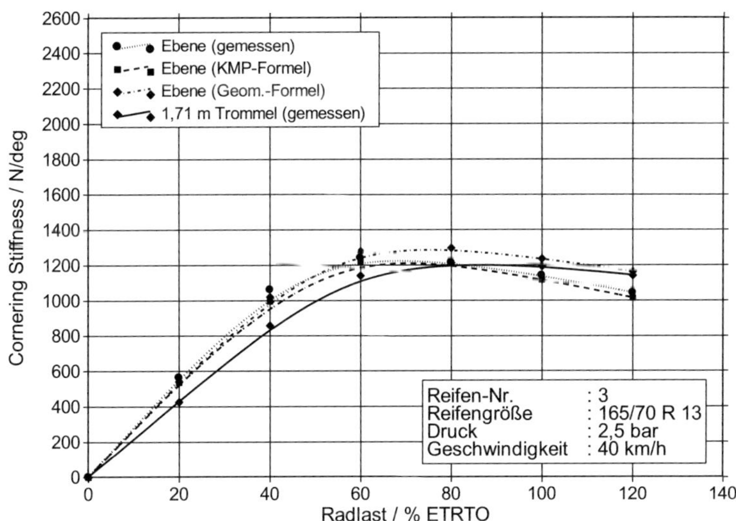

Abb. A.2.2/3: Cornering Stiffness in Abhängigkeit von der Radlast, gemessen auf der Ebene und der 1,71-m-Trommel, sowie umgerechnet von der Trommel auf die Ebene für Reifen 3 (165/70 R 13).

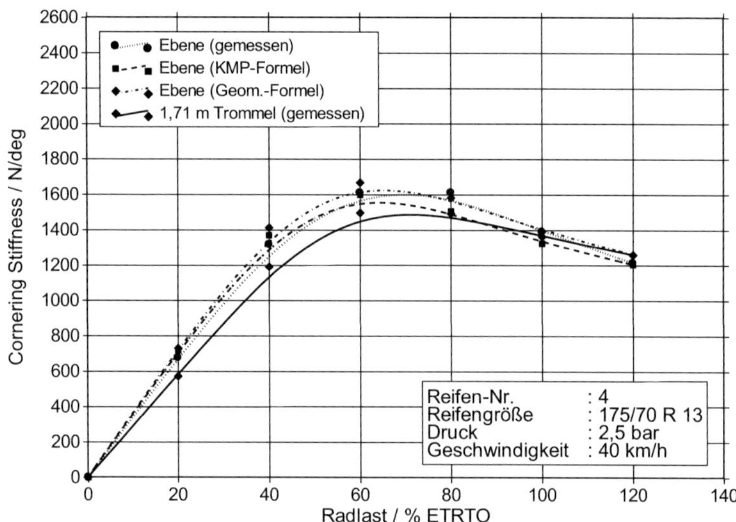

Abb. A.2.2/4:   Cornering Stiffness in Abhängigkeit von der Radlast, gemessen auf der Ebene und der 1,71-m-Trommel, sowie umgerechnet von der Trommel auf die Ebene für Reifen 4 (175/70 R 13).

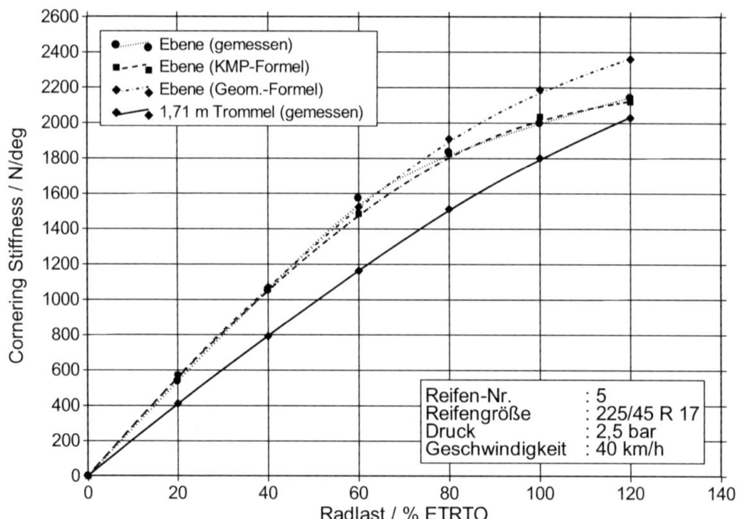

Abb. A.2.2/5:   Cornering Stiffness in Abhängigkeit von der Radlast, gemessen auf der Ebene und der 1,71-m-Trommel, sowie umgerechnet von der Trommel auf die Ebene für Reifen 5 (225/45 R 17).

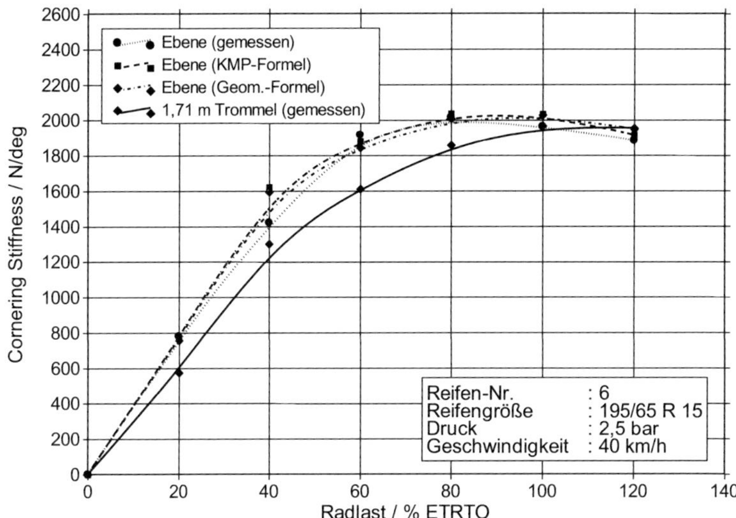

Abb. A.2.2/6:   Cornering Stiffness in Abhängigkeit von der Radlast, gemessen auf der Ebene und der 1,71-m-Trommel, sowie umgerechnet von der Trommel auf die Ebene für Reifen 6 (195/65 R 15).

A.3   Ergebnisse der Aligning-Stiffness-Untersuchungen

A.3.1   Aligning-Stiffness-Verhältnis

In den folgenden Abbildungen sind jeweils die Verhältnisse von den auf der Ebene ermittelten Aligning-Stiffness-Werten zu den auf der 1,71-m-Trommel ermittelten Werten eingetragen.

- Die mit Einzelpunkten dargestellten Werte wurden basierend auf den Messergebnissen auf Ebene und Trommel berechnet.

- Die gestrichelten Kurven wurden mit den *Gleichungen 4.32* bis *4.35* (Formel auf Grundlage von Reifengeometriedaten) ermittelt.

- Die durchgezogene Gerade wurde mit *Gleichung 4.37* (Formel aus TIME-Projekt) bestimmt.

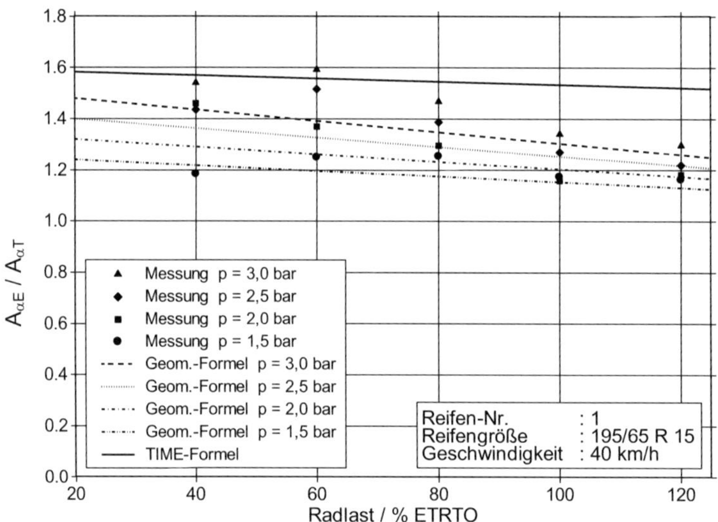

Abb. A.3.1/1:   Aligning-Stiffness-Verhältnis $A_{\alpha E}$ / $A_{\alpha T}$ ermittelt aus den Werten von Ebene und 1,71-m-Trommel in Abhängigkeit von der Radlast für Reifen 1 (195/65 R 15).

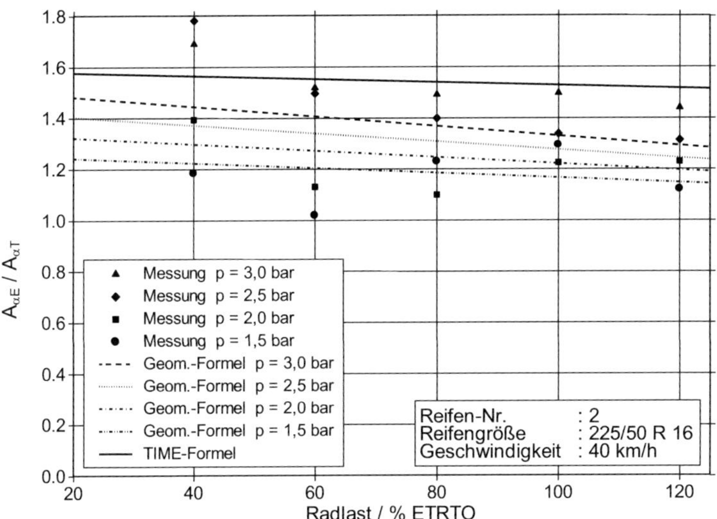

Abb. A.3.1/2: Aligning-Stiffness-Verhältnis $A_{\alpha E}$ / $A_{\alpha T}$ ermittelt aus den Werten von Ebene und 1,71-m-Trommel in Abhängigkeit von der Radlast für Reifen 2 (225/50 R 16).

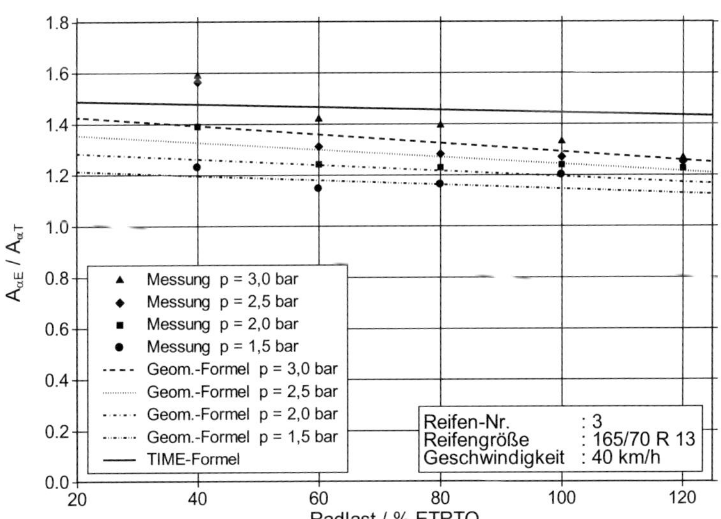

Abb. A.3.1/3: Aligning-Stiffness-Verhältnis $A_{\alpha E}$ / $A_{\alpha T}$ ermittelt aus den Werten von Ebene und 1,71-m-Trommel in Abhängigkeit von der Radlast für Reifen 3 (165/70 R 13).

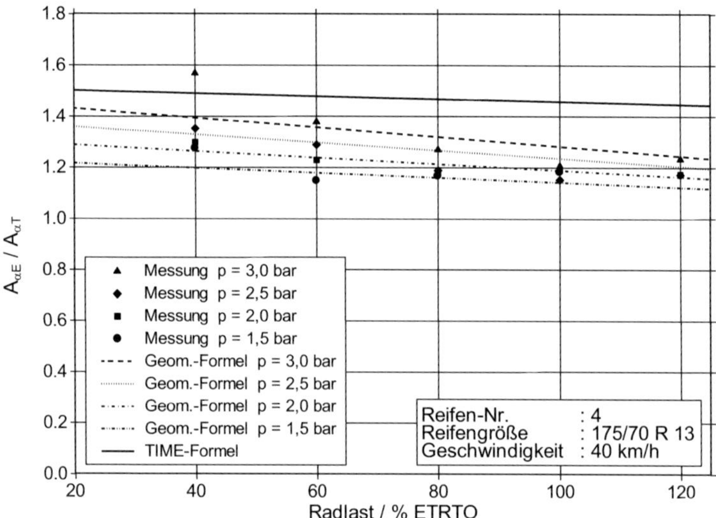

Abb. A.3.1/4:   Aligning-Stiffness-Verhältnis $A_{\alpha E}$ / $A_{\alpha T}$ ermittelt aus den Werten von Ebene und 1,71-m-Trommel in Abhängigkeit von der Radlast für Reifen 4 (175/70 R 13).

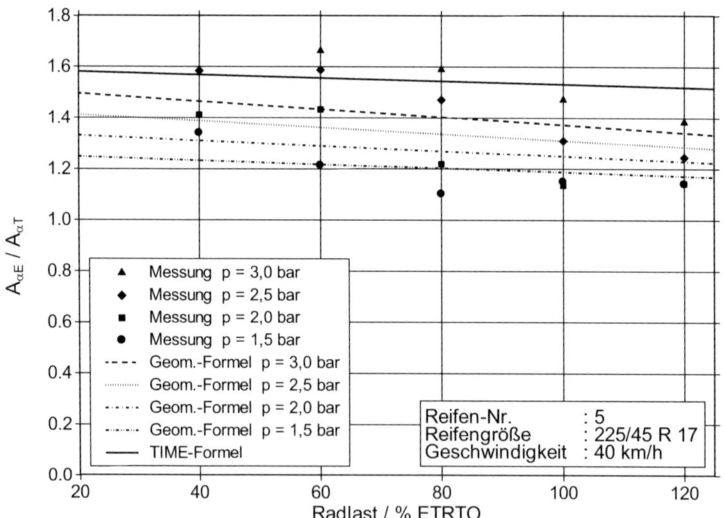

Abb. A.3.1/5:   Aligning-Stiffness-Verhältnis $A_{\alpha E}$ / $A_{\alpha T}$ ermittelt aus den Werten von Ebene und 1,71-m-Trommel in Abhängigkeit von der Radlast für Reifen 5 (225/45 R 17).

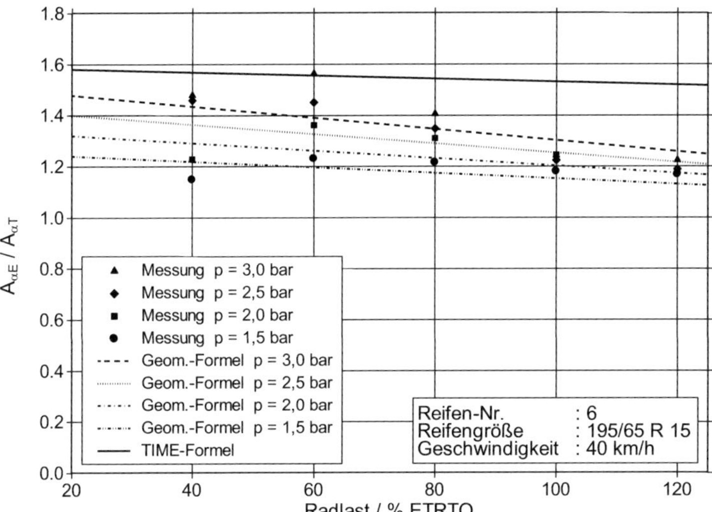

Abb. A.3.1/6: Aligning-Stiffness-Verhältnis $A_{\alpha E}$ / $A_{\alpha T}$ ermittelt aus den Werten von Ebene und 1,71-m-Trommel in Abhängigkeit von der Radlast für Reifen 6 (195/65 R 15).

A.3.2   Aligning Stiffness in Abhängigkeit von der Radlast

In den folgenden Abbildungen sind jeweils die Aligning-Stiffness-Verläufe in Abhängigkeit von der Radlast bei 2,5 bar Reifenluftdruck eingetragen.

- Die gepunkteten Kurven stellen die Messung auf der Ebene dar.

- Die gestrichelten Kurven wurden ermittelt, indem die Messungen von der 1,71-m-Trommel mit den Gleichungen aus *Abschnitt 4.5.2.2* (Formel auf Grundlage des Kurzmessprogramms KMP) auf die Ebene umgerechnet wurden.

- Die strichpunktierten Kurven wurden ermittelt, indem die Messungen von der 1,71-m-Trommel mit den Gleichungen aus *Abschnitt 4.5.2.1* (Formel auf Grundlage von Reifengeometriedaten) auf die Ebene umgerechnet wurden.

- Die durchgezogenen Geraden stellen jeweils die Messung auf der 1,71-m-Trommel dar.

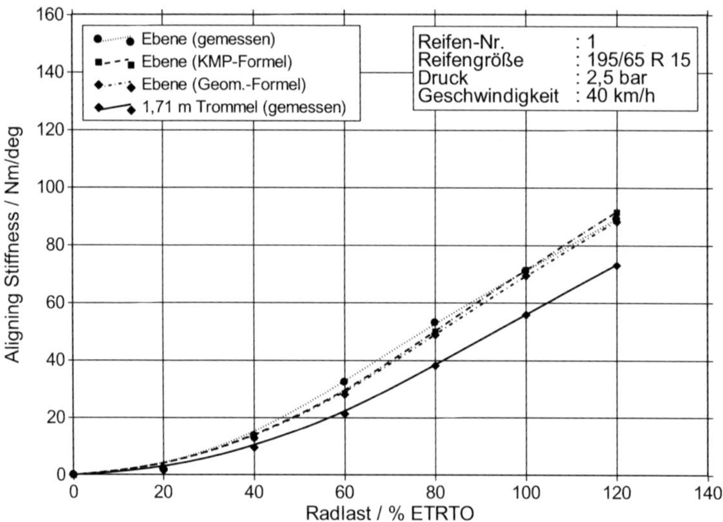

Abb. A.3.2/1:   Aligning Stiffness in Abhängigkeit von der Radlast, gemessen auf der Ebene und der 1,71-m-Trommel, sowie umgerechnet von der Trommel auf die Ebene für Reifen 1 (195/65 R 15).

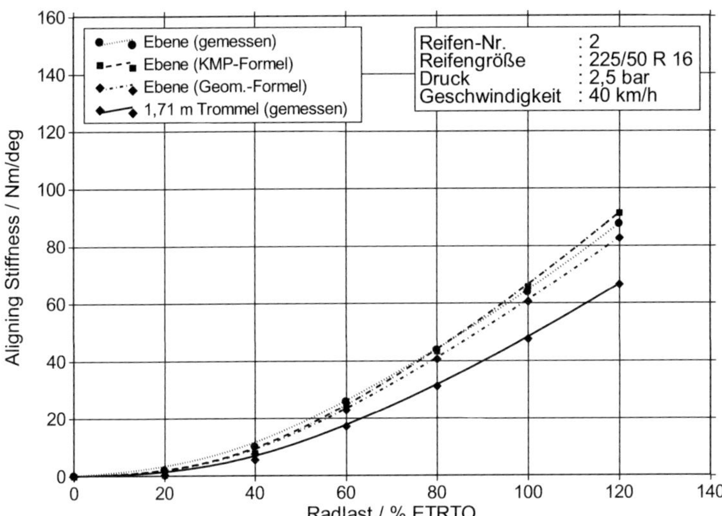

Abb. A.3.2/2: Aligning Stiffness in Abhängigkeit von der Radlast, gemessen auf der Ebene und der 1,71-m-Trommel, sowie umgerechnet von der Trommel auf die Ebene für Reifen 2 (225/50 R 16).

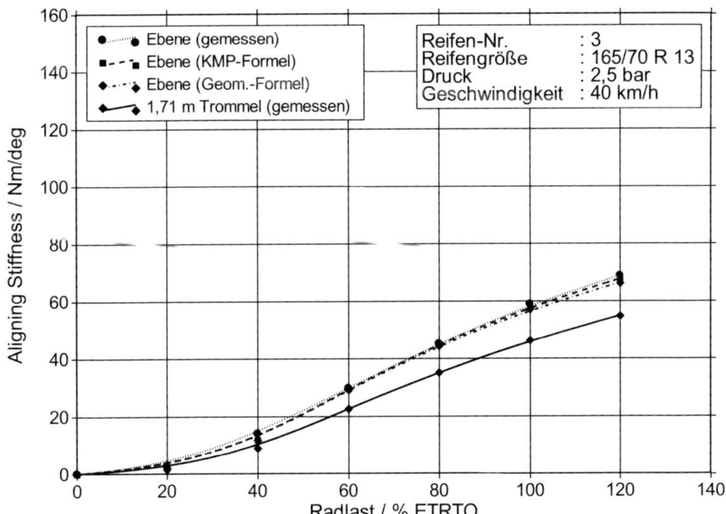

Abb. A.3.2/3: Aligning Stiffness in Abhängigkeit von der Radlast, gemessen auf der Ebene und der 1,71-m-Trommel, sowie umgerechnet von der Trommel auf die Ebene für Reifen 3 (165/70 R 13).

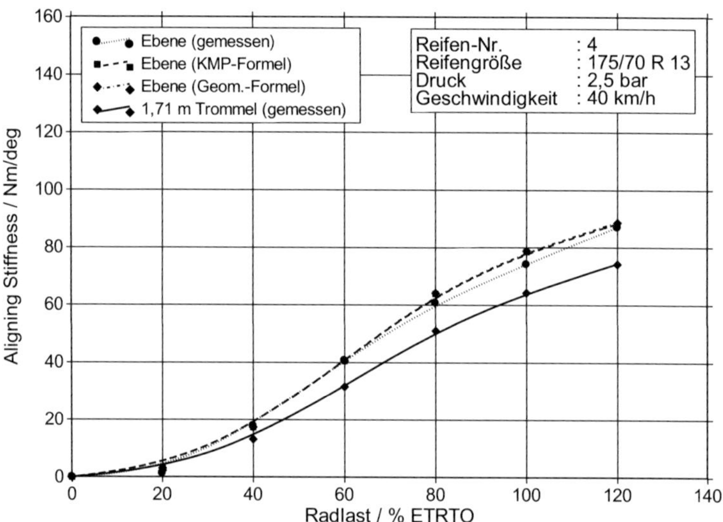

Abb. A.3.2/4:   Aligning Stiffness in Abhängigkeit von der Radlast, gemessen auf der Ebene und der 1,71-m-Trommel, sowie umgerechnet von der Trommel auf die Ebene für Reifen 4 (175/70 R 13).

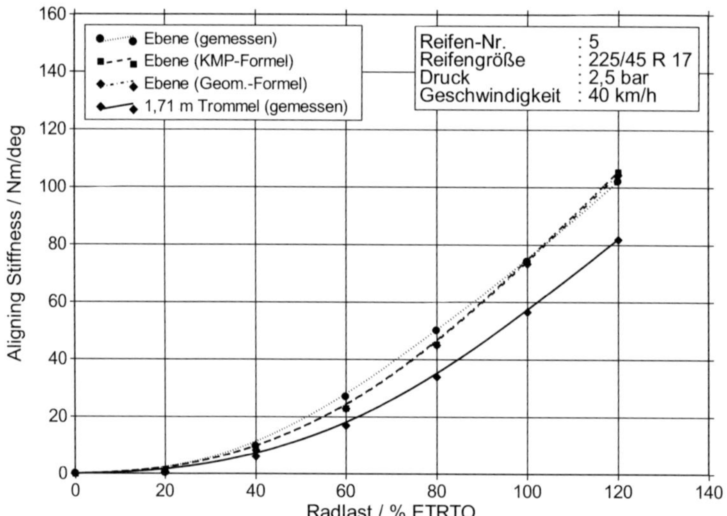

Abb. A.3.2/5:   Aligning Stiffness in Abhängigkeit von der Radlast, gemessen auf der Ebene und der 1,71-m-Trommel, sowie umgerechnet von der Trommel auf die Ebene für Reifen 5 (225/45 R 17).

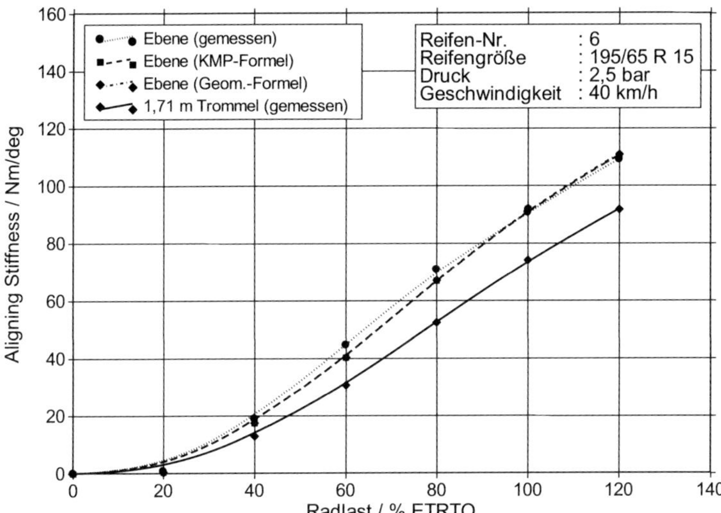

Abb. A.3.2/6:   Aligning Stiffness in Abhängigkeit von der Radlast, gemessen auf der Ebene und der 1,71-m-Trommel, sowie umgerechnet von der Trommel auf die Ebene für Reifen 6 (195/65 R 15).

B Formelzeichen

a_c	Koeffizient zur Berechnung des Einflussfaktors (A_α-Messungen)
a_{F1}	Koeffizient zur Berechnung des Einflussfaktors (A_α-Messungen)
a_{F2}	Koeffizient zur Berechnung des Einflussfaktors (A_α-Messungen)
a_p	Koeffizient zur Berechnung des Einflussfaktors (A_α-Messungen)
a_{p2}	Koeffizient zur Berechnung des Einflussfaktors (A_α-Messungen)
a_{pF}	Koeffizient zur Berechnung des Einflussfaktors (A_α-Messungen)
a_R	Abstand Radachse – Fahrbahn
A_L	Aufstandsfläche (Latschfläche)
A_V	Verlustarbeit
A_{VE}	Verlustarbeit auf der Ebene
A_{VT}	Verlustarbeit auf der Trommel
A_α	Aligning Stiffness
$A_{\alpha E}$	Aligning Stiffness auf der Ebene
$A_{\alpha E,gem}$	Aligning-Stiffness-Wert auf der Ebene ohne Bandschräglaufkorrektur
$A_{\alpha T}$	Aligning Stiffness auf der Trommel
b_B	Koeffizient zur Berechnung des Einflussfaktors (Rollwiderstand)
b_c	Koeffizient zur Berechnung des Einflussfaktors (Rollwiderstand)
b_F	Koeffizient zur Berechnung des Einflussfaktors (Rollwiderstand)
b_p	Koeffizient zur Berechnung des Einflussfaktors (Rollwiderstand)
b_{pF}	Koeffizient zur Berechnung des Einflussfaktors (Rollwiderstand)
b_{RB}	Faktor zum Zusammenhang Reifen-Lauffl ächenradius und Reifenbreite
B	Reifenbreite
c_B	Federkonstante des Messbolzens
c_c	Koeffizient zur Berechnung des Einflussfaktors (C_α-Messungen)
c_{F1}	Koeffizient zur Berechnung des Einflussfaktors (C_α-Messungen)
c_{F2}	Koeffizient zur Berechnung des Einflussfaktors (C_α-Messungen)
c_p	Koeffizient zur Berechnung des Einflussfaktors (C_α-Messungen)
c_{p2}	Koeffizient zur Berechnung des Einflussfaktors (C_α-Messungen)
c_{pF}	Koeffizient zur Berechnung des Einflussfaktors (C_α-Messungen)
C_R	Rollwiderstandsbeiwert

C_α	Cornering Stiffness
$C_{\alpha E}$	Cornering Stiffness auf der Ebene
$C_{\alpha E,gem}$	Cornering-Stiffness-Wert auf der Ebene ohne Bandschräglaufkorrektur
$C_{\alpha T}$	Cornering Stiffness auf der Trommel
$e_{A\alpha}$	Einflussfaktor der Trommelkrümmung bei Aligning-Stiffness-Daten
$e_{C\alpha}$	Einflussfaktor der Trommelkrümmung bei Cornering-Stiffness-Daten
e_{FR}	Einflussfaktor der Trommelkrümmung bei Rollwiderstandsmessungen
E	Elastizitätsmodul
f	Einfederung
f_E	Einfederung auf der Ebene
f_T	Einfederung auf der Trommel
f_{Tid}	Theoretische Einfederung auf der Trommel unter idealisierten Annahmen
F_L	Luftwiderstand
$F_{Lü}$	Lüfterwiderstand
F_N	Normalkraft
F_R	Rollwiderstand
$\overline{F}_{R,pFz}$	Mittelwert des Rollwiderstands, gemittelt über alle Radlasten und Reifenluftdrücke
F_{RE}	Rollwiderstand auf der Ebene
$\overline{F}_{RE,1-6}$	Mittelwert des Rollwiderstands auf der Ebene, gemittelt über die Reifen 1 bis 6
$\overline{F}_{RE,pFz}$	Mittelwert des Rollwiderstands auf der Ebene, gemittelt über alle Radlasten und Reifenluftdrücke
$\hat{F}_{RE}$	Rollwiderstand auf der Ebene, umgerechnet von der Trommel
F_{RT}	Rollwiderstand auf einer Trommel
$\overline{F}_{RT,1-6}$	Mittelwert des Rollwiderstands auf der Trommel, gemittelt über die Reifen 1 bis 6
$\overline{F}_{RT,pFz}$	Mittelwert des Rollwiderstands auf der Trommel, gemittelt über alle Radlasten und Reifenluftdrücke
$F_{R1,71}$	Rollwiderstand auf einer Trommel mit Außendurchmesser 1,71 m
$F_{R2,00}$	Rollwiderstand auf einer Trommel mit Außendurchmesser 2,0 m
F_W	(Wirksamer) Walkwiderstand

F_X	Kraft in X-Richtung, Umfangskraft
F_{Xroh}	Rohdaten-Signal für die Umfangskraft
F_Y	Kraft in Y-Richtung, Seitenkraft
F_{Yroh}	Rohdaten-Signal für die Seitenkraft
F_Z	Kraft in Z-Richtung, Radlast
F_{Zroh}	Rohdaten-Signal für die Radlast
G'	Speichermodul der Gummimischung
G''	Verlustmodul der Gummimischung
HBV	Höhen-Breiten-Verhältnis des Reifens
H	Reifenseitenwandhöhe
i	Anzahl
k	Fahrbahnoberflächenkrümmung (Trommelkrümmung)
k_D	Dämpfungskonstante eines Gummielements
K_T	Korrekturfaktor zum Temperatureinfluss
k_{TK}	Konstanter Anteil zur Temperaturkorrektur
k_{TR}	Rollwiderstandsabhängiger Anteil zur Temperaturkorrektur
k_{TV}	Geschwindigkeitsabhängiger Anteil zur Temperaturkorrektur
l_B	Länge des Messbolzens
L_B	Latschbreite
L_L	Latschlänge
L_{LE}	Latschlänge auf der Ebene
L_{LT}	Latschlänge auf der Trommel
L_S	Länge des Schmierkeils
m_N	Masse der Radnabe
M_b	Biegemoment
$M_{Lü}$	Lüftermoment
M_X	Moment um X-Achse, Kippmoment
M_{Xroh}	Rohdaten-Signal für das Kippmoment
M_Y	Moment um Y-Achse, Antriebsmoment
M_{Yroh}	Rohdaten-Signal für das Antriebsmoment
M_Z	Moment um Z-Achse, Rückstellmoment
M_{Zroh}	Rohdaten-Signal für das Rückstellmoment
n_R	Reifennachlauf
p	Reifenluftdruck
q_c	Geschwindigkeitsunabhängiger Faktor (Ausgleichskurven)

q_F	Exponent zur Beschreibung des Radlasteinflusses (Ausgleichskurven)
q_P	Exponent zur Beschreibung des Luftdruckeinflusses (Ausgleichskurven)
q_{v1}	Faktor zum linearen Geschwindigkeitseinfluss (Ausgleichskurven)
q_{v2}	Faktor zum quadratischen Geschwindigkeitseinfluss (Ausgleichskurven)
Q_c	Geschwindigkeitsunabhängiger Faktor (Ausgleichskurven)
Q_{v1}	Faktor zum linearen Geschwindigkeitseinfluss (Ausgleichskurven)
Q_{v2}	Faktor zum quadratischen Geschwindigkeitseinfluss (Ausgleichskurven)
r_B	Radius des Messbolzens
r_{dyn}	Dynamischer Reifenrollradius
r_R	Radius des unbelasteten Rades
r_{xy}	Korrelationskoeffizient
R_T	Radius der Trommel
s_h	Schmierspalthöhe
t	Zeit
t_E	Kontaktzeit auf der Ebene
t_T	Kontaktzeit auf der Trommel
T_R	Reifentemperatur
T_U	Umgebungstemperatur
U_{FXo}	Spannungssignal des Messbolzens (oben) in X-Richtung
U_{FXu}	Spannungssignal des Messbolzens (unten) in X-Richtung
U_{FYl}	Spannungssignal der Messfeder (links) in Y-Richtung
U_{FYo}	Spannungssignal des Messbolzens (oben) in Y-Richtung
U_{FYr}	Spannungssignal der Messfeder (rechts) in Y-Richtung
U_{FYu}	Spannungssignal des Messbolzens (unten) in Y-Richtung
U_{FZl}	Spannungssignal des Messaufnehmers (links) in Z-Richtung
U_{FZr}	Spannungssignal des Messaufnehmers (rechts) in Z-Richtung
U_{MYn}	Spannungssignal der Drehmomentmessnabe um die Y-Achse
v	Fahrgeschwindigkeit
$\dot{V}_S$	Schmierwasservolumenstrom
$\dot{z}$	Vertikalgeschwindigkeit (Einfedergeschwindigkeit)
$\dot{z}_E$	Vertikalgeschwindigkeit auf der Ebene
$\dot{z}_{Emax}$	Maximale Vertikalgeschwindigkeit auf der Ebene
$\dot{z}_T$	Vertikalgeschwindigkeit auf der Trommel
$\dot{z}_{Tmax}$	Maximale Vertikalgeschwindigkeit auf der Trommel

ΔC_α	Abweichung der Cornering Stiffness
Δf	Differenz der Einfederungen auf Trommel und Ebene
ΔF_{Xh}	Kraft in X-Richtung durch Änderung der Schmierspalthöhe
ΔF_{Xv}	Kraft in X-Richtung durch Positionierungsfehler
Δh	Änderung der Schmierspalthöhe (Stahlbandhöhendifferenz)
Δx_v	Versatz in x-Richtung
α	Schräglaufwinkel
α_0	Schräglaufwinkel bei $F_Y = 0$ bzw. $M_Z = 0$
α_{mess}	An der Radaufhängung gemessener Schräglaufwinkel
$\alpha_{St,ges}$	Gesamter Schräglaufwinkel des Stahlbands
$\alpha_{St,q}$	Schräglaufwinkel des Stahlbandes durch Quergeschwindigkeit
$\alpha_{St,s}$	Schräglaufwinkel des Stahlbandes durch schrägen Lauf
δ	Verlustwinkel der Gummimischung
ε	Dehnung
η	Effektive dynamische Viskosität
κ	Zusammenfassender Faktor
κ_f	Faktor für die Form der Latschfläche
ν_e	Eigenfrequenz des Messsystems
ν_F	Eckfrequenz des Messsignal-Filters
θ_R	Kontaktwinkel am Reifen
θ_T	Kontaktwinkel an der Trommel
σ	Mittlere quadratische Abweichung (Standardabweichung)
τ	Schubspannung
ω_R	Winkelgeschwindigkeit des schlupffreien Rades

C   Literaturverzeichnis

[Amm1]   Ammon, D.
Modellbildung und Systementwicklung in der Fahrzeugdynamik,
B.G. Teubner, Stuttgart 1997

[Asm1]   ASM GmbH
WS Positionssensoren, Produktkatalog KAT-WS-D-99

[Aug1]   Augustin, M.; Unrau, H.-J.
EC Research Project TIME: Final Report of Workpackage 2,
Institut für Maschinenkonstruktionslehre und Kraftfahrzeugbau,
Universität Karlsruhe 1997, unveröffentlichter Forschungsbericht

[Aug2]   Augustin, M.
Entwicklung einer Mess-, Steuer- und Regel-Einrichtung für einen
Reifenprüfstand zur Durchführung realer Messprozeduren in Echtzeit,
Dissertation Universität Karlsruhe, Shaker Verlag, Aachen 2002

[Bei1]   Beitz, W.; Grote, K.-H.
Dubbel, Taschenbuch für den Maschinenbau, 19. Auflage,
Springer-Verlag, Berlin, Heidelberg, New York, 1997

[Bek1]   Bekker, M. G.; Semonin, E. V.
A Note on Tire Rolling Resistance Due to Test Wheel Curvature,
Tire Science and Technology, Vol. 5, No. 2, Philadelphia, May 1977

[Ber1]   Bertrand, J.; Clarke, C.; Hensel, M.
New Additives for silica filled compounds,
India Rubber Expo 2005, 3rd international exhibition,
conference Mumbai, India 2005

[Bog1]   Bogdan, L.
Results of Energy-Loss Measurements on Passenger Car Tire Operating in
the Free-Rolling and Braking/Traction Modes, Calspan Corp. Final Report,
Prepared for U.S. Department of Transportation DOT-HS-805 224,
February 1980

[Brae1]   Braes, H. H.
Der Reifen – Schlüsselkomponente für Fahrdynamik und Lenkverhalten
von Kraftfahrzeugen, 3. Darmstädter Reifenkolloquium, Band 437,
VDI Verlag, Düsseldorf 2000

[Brau1]   Braubach, W.; Engehausen, R.; Sumner, A. J. M.; Trimbach, J.
Polymer Developments to Improve Tyre Life and Fuel Economy,
International Tire Exhibition and Conference,
London Crain Communications 2001

[Bru1]   Brunot, C. A.; Schuring, D. J.
SAE Interlaboratory Test for Rolling Resistance of Passenger Car Tires –
Part I: Data Variation Within and Between Laboratories, SAE
Technical Paper Series 831022, Society of Automotive Engineers 1984

[Burger1]   Burger, A.
Analyse von Rollwiderstandsmessungen auf Außentrommeln und der
ebenen Fahrbahn, Studienarbeit Universität Karlsruhe 2006

[Burges1]   Burgeson, R. N.
Tire Test Variability,
U.S. Department of Commerce, März 1978, PB 298 171

[Burk1]   Burkart, H.
Ein Beitrag zur Rollwiderstandsmessung unter besonderer
Berücksichtigung der Randbedingungen, Automobil-Industrie, Heft 3/83

[Cla1]   Clark, S. K.
Rolling Resistance Forces in Pneumatic Tires, Michigan University,
Prepared for U.S. Department of Transportation DOT-TST-76-74,
January 1976

[Cla2]   Clark, S. K.; Dodge, R. N.
A Handbook for the Rolling Resistance of Pneumatic Tires,
Prepared for U.S. Dept. of Transportation, DOT-TSC-78-1, June 1978

[Cla3]   Clark, S. K.; Schuring, D. J.
Interlaboratory Tests for Tire Rolling Resistance,
SAE Technical Paper Series 780636,
Society of Automotive Engineers 1979

[Cru1]   Crum, W. B.
Road and Dynamometer Tire Power Dissipation,
SAE Technical Paper Series 750955,
Society of Automotive Engineers 1975

[Cru2]   Crum, W. B.; McNall, R. G.
Effects of the Tire Rolling Resistance on Vehicle Fuel Consumption,
Tire Science and Technology, TSTCA, Vol. 3, No. 1, Feb. 1975

[Dar1]   Darnell, I.; Mousseau, R.; Hulbert, G.
Analysis of Tire Force and Moment Response During Side Slip Using an
Efficient Finite Element Model, Tire Science and Technology,
TSTCA, Vol. 30, No. 2, April-June 2002

[Din1]   DIN ISO 8767
Personenkraftwagenreifen, Verfahren zur Messung des Rollwiderstandes,
DIN Deutsches Institut für Normung e.V., Berlin 1995

[Din2]   DIN 70000
Straßenfahrzeuge; Fahrzeugdynamik und Fahrverhalten; Begriffe,
DIN Deutsches Institut für Normung e.V., Berlin 1994

[Ebb1]   Ebbot, T. G.; Hohman, R. L.; Jeusette, J.-P.; Kerchman, V.
Tire Temperature and Rolling Resistance Prediction with Finite Element
Analysis, Tire Science and Technology, TSTCA, Vol. 27, No. 1,
January-March 1999

[Eck1]   Eckel, H.-G.
Rollwiderstand und Verlustleistung von Personenwagenreifen auf
unterschiedlich gekrümmter Fahrbahn,
Dissertation Universität Karlsruhe 1985

[Elh1]   El-Haji, M.
Automatische Auswertung von Messungen am Flachbahn-Außentrommel-
Prüfstand, Diplomarbeit Universität Karlsruhe 2007

[Etr1]   ETRTO
Standards Manual 2006,
The European Tyre and Rim Technical Organisation,
Brussels, Belgium

[Fis1]   Fischlein, H.
Untersuchung des Fahrbahnoberflächeneinflusses auf das
Kraftschlussverhalten von Pkw-Reifen,
Dissertation Universität Karlsruhe 1999,
Fortschritt-Berichte VDI, Reihe 12, Nr. 414, VDI Verlag, Düsseldorf 2000

[Fis2]   Fischlein, H.; Gnadler, R.; Unrau, H.-J.
Der Einfluss der Fahrbahnoberflächenstruktur auf das
Kraftschlussverhalten von Pkw-Reifen bei trockener und nasser Fahrbahn,
ATZ Automobiltechnische Zeitschrift, Heft 10/2001,
Friedr. Vieweg & Sohn Verlagsgesellschaft mbH, Wiesbaden

[Fre1]   Freudenmann, T.
Experimentelle Herleitung eines Verfahrens zur Bestimmung des
Krümmungseinflusses der Prüftrommel bei Rollwiderstandsmessungen,
Diplomarbeit Universität Karlsruhe 2007

[Fre2]   Freudenmann, T.; Unrau, H.-J.; El-Haji, M.
Experimental Determination of the Effect of the Surface Curvature on
Rolling Resistance Measurements, Presented at the annual meeting of
The Tire Society, Akron, Ohio, September 2008

[Frö1]   Fröhlich, J.; Niedermeier, E.; Schwaiger, B.
Elastomerverstärkung durch moderne Füllstoffsysteme für
Hochleistungsreifen, Die Kautschukindustrie:
Elastomere Kompetenz im Fahrzeugbau, Fachtagung Fulda 2005

[Ger1]   Gerspracher, M.; O'Farrell, C. P.
Carbon black and Silica,
Tagungsband Kautschuk-Herbst-Kolloquium, Hannover 2002

[Gip1]   Gipser, M.
DNS-Tire – ein dynamisches, räumliches nichtlineares Reifenmodell,
VDI Berichte Nr. 650, VDI Verlag, Düsseldorf 1987,

[Gla1]   Glaeser, K.-P.; Zöller, M.
Der Rollwiderstand von Reifen auf Fahrbahnen,
3. Symposium Reifen und Fahrwerk in Wien 2005,
Fortschritt-Berichte VDI, Reihe 12, Nr. 603, VDI Verlag, Düsseldorf 2005

[Gle1] Glemming, D. A.; Bowers, P. A.
Tire Testing for Rolling Resistance and Fuel Economy,
Tire Science and Technology, TSTCA, Vol. 2, No. 4, Nov. 1974

[Gna1] Gnadler, R.; Unrau, H.-J.; Fischlein, H.; Frey, M.
Ermittlung von μ-Schlupf-Kurven an Pkw-Reifen, FAT-Schriftenreihe Nr.
119, Forschungsvereinigung Automobiltechnik e.V., Frankfurt 1995

[Gna2] Gnadler, R.; Unrau, H.-J.; Fischlein, H.; Frey, M.
Umfangskraftverhalten von Pkw-Reifen bei unterschiedlichen
Fahrbahnzuständen, ATZ Automobiltechnische Zeitschrift, Heft 9/1998,
Friedr. Vieweg & Sohn Verlagsgesellschaft mbH, Wiesbaden

[Gna3] Gnadler, R.; Unrau, H.-J.
TIME Tyre Measurements, Workpackage 2: Analysis of Parameters
Influence on Tyre F&M Testing, Additional Colloquium to the EAEC
Congress, Barcelona, June/July 1999

[Gna4] Gnadler, R.
Kraftfahrzeugbau I + II, Scriptum zur Vorlesung,
Universität Karlsruhe 2003/04

[Gna5] Gnadler, R.
Fahreigenschaften von Kraftfahrzeugen I + II, Vorlesung,
Universität Karlsruhe 2003/04

[Gna6] Gnadler, R.; Unrau, H.-J.; Frey, M.; Fertig, M.
Grundsatzuntersuchung zum quantitativen Einfluss von Reifenbauform und
-ausführung auf die Fahrstabilität von Kraftfahrzeugen bei extremen
Fahrmanövern, FAT-Schriftenreihe Nr. 192,
Forschungsvereinigung Automobiltechnik e.V., Frankfurt 2005

[Göp1] Göpper, D.
Ermittlung von Cornering-Stiffness-Werten von Fahrzeugreifen auf
Fahrbahnen mit unterschiedlicher Oberflächenkrümmung,
Studienarbeit Universität Karlsruhe 2006

[Gün1] Günter, F.
Experimentelle Untersuchung der Verlustleistung von Pkw-Reifen,
Dissertation Universität Karlsruhe 1994

[Gus1]   Gusakov, I.; Schuring, D. J.; Kunkel, D.
          Rolling Resistance of Truck Tires as Measured under Equilibrium and
          Transient Conditions on Calspan's Tire Research Facility, Dept. of
          Transportation, Final Report No. DOT-TST-78-1, Oct. 1977

[Hei1]   Heinrich, G.; Grave, L.; Stanzel, M.
          Material- und reifenphysikalische Aspekte bei der Kraftschlußoptimierung
          von Nutzfahrzeugreifen, VDI-Tagung: Das sichere Nutzfahrzeug,
          Neu-Ulm 1995, VDI Berichte Nr. 1188, VDI Verlag, Düsseldorf 1995

[Hei2]   Heinrich, G.; Rennar, N.; Dumler, H.
          The Dynamic Glass Transition Temperature as a Criterion for the Wet Skid
          Behaviour of Tread Compounds, Kautschuk Gummi Kunststoffe,
          49. Jahrgang, Nr. 1/1996

[Hei3]   Heinrich, G.
          Struktur, Eigenschaften und Praxisverhalten von Gummi, vom polymeren
          Netzwerk zum dynamisch beanspruchten Reifen – Teil 1,
          Gummi Fasern Kunststoffe, Heft 9/1997

[Hei4]   Heinrich, G.
          Struktur, Eigenschaften und Praxisverhalten von Gummi, vom polymeren
          Netzwerk zum dynamisch beanspruchten Reifen – Teil 2,
          Gummi Fasern Kunststoffe, Heft 10/1997

[Hei5]   Heinrich, G.; Schramm, J.; Müller, A.; Klüppel, M.; Kendziorra, N.;
          Kelbch, S.
          Zum Einfluss der Straßenoberflächen auf das Bremsverhalten von Pkw-
          Reifen beim ABS-nass und ABS-trocken Bremsvorgang,
          4. Darmstädter Reifenkolloquium 2002, Fortschritt-Berichte VDI, Reihe
          12, Nr. 511, VDI Verlag, Düsseldorf 2002

[Hei6]   Heinrich, G.; Klüppel, M.
          Rubber Friction and Tire Traction, VDI Berichte Nr. 2014, VDI Verlag,
          Düsseldorf 2007

[Hei7]   Heinrich, G.; Klüppel, M.
          Rubber Friction, Tread Deformation and Tire Traction,
          Wear – An International Journal on the Science and Technology of
          Friction, Lubrication and Wear, No. 265/2008

[Hus1]   Huston, J. C.
Effect of the Normal Force Dependence of Cornering Stiffness on the
Lateral Stability of Recreational Vehicles,
Final Report, Oct. 1977, PB-274863

[Hüs1]   Hüsemann, T.; Wöhrmann, M.
The Influence of Tire Measurements on Tire Modeling and Simulation of
Driving Dynamics, Congress tire.wheel.tech,
TÜV SÜD Automotive GmbH, München 2008

[Hüs2]   Hüsemann, T.; Wöhrmann, M.
The Impact of Tire Measurement Data on Tire Modeling and Vehicle
Dynamics Analysis,
Presented at the annual meeting of the Tire Society,
Akron, 15./16. September 2008

[Ina1]   INA
Technisches Taschenbuch, INA Wälzlager Schaeffler oHG,
Herzogenaurach, 1998

[Iso1]   ISO 18164
Passenger car, truck, bus and motorcycle tyres –
Methods of measuring rolling resistance,
ISO International standard, First edition 2005-07-01

[Iso2]   ISO 28580
Passenger car, truck and bus tyres –
Methods of measuring rolling resistance –
Single point test and correlation of measurement results,
ISO International standard, First edition 2009-07-01

[Iso3]   ISO 8855
Road vehicles – Vehicle dynamics and road-holding ability - Vocabulary,
ISO International standard, Second edition 2011

[Ive1]   Ivens, J.
Passenger Vehicle Tire Rolling Resistance can be Predicted from a Flat-
Belt Test Rig, SAE Technical Paper Series 890642,
Society of Automotive Engineers 1989

[Jan1]   Janssen, M. L.; Hall, G. L.
           Effect of Ambient Temperature on Radial Tire Rolling Resistance,
           SAE Technical Paper Series 900090,
           Society of Automotive Engineers 1981

[Jen1]   Jenniges, R.
           Improvement of Tire Rolling Loss Measurement to Better Characterize the
           Tire for Vehicle Efficiency Prediction, Congress tire.wheel.tech,
           TÜV SÜD Automotive GmbH, München 2008

[Jur1]   Jurkowska, B.; Jurkowski, B.; Kamrowski, P.; Pesetskii, S. S.;
           Koval, V. N.; Pinchuk, L. S.
           Properties of Fullerene-Containing Natural Rubber, Journal of Applied
           Polymer Science, Vol. 100, Wiley Periodicals, Inc. 2006

[Kash1]   Kashani, M. R.
           Aramid-Short-Fiber Reinforced Rubber as a Tire Tread Composite,
           Journal of Applied Polymer Science, Vol. 113,
           Wiley Periodicals, Inc. 2009

[Kasp1]   Kasprzak, E. M.; Gentz, D.
           The Formula SAE Tire Test Consortium – Tire Testing and Data Handling,
           SAE Technical Papers, No. 2006-01-3606,
           Society of Automotive Engineers 2006

[Kla1]   Klaas, A.; Oosten, J.J.M. v.; Savi, C.; Unrau, H.-J.; Bouhet, O.;
           Colinot, J.P.
           TIME, Tire Measurements – Eine neue Standardprüfprozedur für stationäre
           Reifen-Seitenkraftmessungen, VDI-Tagung: Reifen, Fahrwerk, Fahrbahn,
           Hannover, 1999, VDI Berichte Nr. 1494, VDI Verlag,
           Düsseldorf 1999

[Klo1]   Klockmann, O.; Hasse, A.
           New Structures of Silanes in Silica Filled Tread Compounds,
           Rubber Chem 2006, 5th international conference, München 2006

[Kre1]   Krehan, P.
           Reifenrollwiderstandsmessung auf der Straße, VDI Berichte Nr. 778,
           VDI Verlag, Düsseldorf 1989

[Kre2] Krehan, P.; Körper, W.
Messung des Reifenrollwiderstands auf der Straße,
ATZ Automobiltechnische Zeitschrift 93 (1991)

[Kuh1] Kuhn, W.; Richter, K.-H.
Praktische Methoden zur Bestimmung der Fahrwiderstände von Pkw,
Automobil-Industrie, Heft 5/85

[Lan1] Lang, O. R.; Steinhilper, W.
Gleitlager, Konstruktionsbücher Bd. 31,
Springer-Verlag, Berlin, Heidelberg, New York 1978

[Laz1] Lazic, N. L.; Budinski-Simendic, J.; Petrovic, Z. S.; Plavsic, M. B.
Modification of Dynamic Properties of SBR Rubber Composites with
Silica Fillers, Materials Science Forum Vol. 518,
Trans Tech Publications, Switzerland 2006

[Leh1] Lehmann, P.; Jackson, W. L.
Rollwiderstandsuntersuchungen an Pkw-Reifen,
Gummibereifung 10/1981

[Lei1] Leister, G.
New procedures for tyre characteristic measurements, 2nd International
Colloquium on Tyre Models for Vehicle Dynamics Analysis,
Vehicle System Dynamics Supplement 27, Swets & Zeitlinger 1997

[Lei2] Leister, G.; Runtsch, G.; Widmayer, H.
Ermittlung objektiver Reifeneigenschaften im Entwicklungsprozess mit
einem Reifenmessbus,
ATZ Automobiltechnische Zeitschrift 101 (1999)

[Lin1] Lindsley, N.; Medzorian, J.; Padovan, J.
Experimental Results and Analysis of Aircraft Tire-Test Drum Interaction,
Tire Science and Technology, TSTCA, Vol. 25, No. 1, Philadelphia 1997

[Luc1] Luchini, J. R.
Test Surface Curvature Reduction Factor for Truck Tire Rolling
Resistance,
SAE Technical Paper Series 821264,
Society of Automotive Engineers 1982

[Luc2]   Luchini, J. R.; Peters, J. M.; Athur, R. H.
           Tire Rolling Loss Computation with the Finite Element Method,
           Presented at the twelfth annual meeting of The Tire Society at
           The University of Akron, Ohio, March 23-24, 1993

[Luc3]   Luchini, J. R.; Motil, M. M.; Mars, W. V.
           Tread Depth Effects on Tire Rolling Resistance,
           Tire Science and Technology, TSTCA,
           Vol. 29, No. 3, Philadelphia 2001

[Lug1]   Lugner, P.; Plöchl, M.
           Specifications of the test procedures, Vehicle System Dynamics, Vol. 45,
           Supplement, 21-28, Taylor & Francis 2007

[Mars1]   Mars, W. V.; Luchini, J. R.
           An Analytical Model for the Transient Rolling Resistance Behavior of
           Tires, presented at the seventeenth annual conference of The Tire Society,
           Akron, Ohio, April 28-29, 1998

[Mart1]   Martins, M. A.; Mattoso, L. H. C.
           Short Sisal Fiber-Reinforced Tire Rubber Composites: Dynamic and
           Mechanical Properties, Journal of Applied Polymer Science, Vol. 91,
           Wiley Periodicals, Inc. 2004

[Mat1]   Matlab
           The Language of Technical Computing,
           The MathWorks GmbH, Ismaning, Deutschland

[Mic1]   Michelin Reifenwerke KGaA
           Der Reifen, Rollwiderstand und Kraftstoffersparnis,
           Deutsche Erstauflage, Karlsruhe 2005

[Mun1]   Mundl, R.; Duvernier, M.
           Tire data for TMPT: the point of view of the tire industry,
           Vehicle System Dynamics, Vol. 45, Supplement, 57-68,
           Taylor & Francis 2007

[Nüs1]   Nüssle, M.
           Ermittlung von Reifeneigenschaften im realen Fahrbetrieb,
           Dissertation Universität Karlsruhe, Shaker Verlag, Aachen 2003

[Oos1] Oosten, J.J.M. van; Unrau, H.-J.; Riedel, A.; Bakker, E.
TYDEX Workshop: Standardisation of Data Exchange in Tyre Testing and
Tyre Modeling, 2nd International Colloquium on
Tyre Models for Vehicle Dynamics Analysis,
Vehicle System Dynamics Supplement 27, Swets & Zeitlinger 1997

[Oos2] Oosten, J.J.M. van; Augustin, M.; Gnadler, R.; Unrau, H.-J.
EC Research Project TIME – Tire Measurements, Forces and Moments,
2. Darmstädter Reifenkolloquium, Band 362,
VDI Verlag, Düsseldorf 1998

[Oos3] Oosten, J.J.M. van; Savi, C.; Augustin, M.; Bouhet, O.; Sommer, J.;
Colinot, J.P.
TIME, Tire Measurements, Forces and Moments,
EAEC European Automotive Congress, Barcelona 1999

[Oos4] Oosten, J.J.M. van; Savi, C.; Gnadler, R.; Bouhet, O.; Sommer, J.;
Colinot, J.P.
A New Standard for Steady State Cornering Tyre Testing,
Presented at the annual meeting of the Tire Society, Akron,
25./26. April 2000

[Oos5] Oosten, J.J.M. van; Kuiper, E.; Leister, G.; Bode, D.; Schindler, H.;
Köhne, S.
A new tyre model for TIME measurement data,
Tire Technology Expo 2003

[Pac1] Pacejka, H. B.
Tyre and Vehicles Dynamics, Elsevier Ltd., Oxford, UK 2006

[Pig1] Piguchin, A. M.; Stepanova, L. I.; Shcherbakov, Yu. V.
The relationship between the temperature dependence of the mechanical
loss tangent and the output characteristics of tread rubbers of different
composition, International Polymer Science and Technology, 35,
No. 11, 2008, Smithers Rapra Technology 2009

[Pil1] Pillai, P. S.
Total Tire Energy Loss Comparison by the Whole Tire Hysteresis
and the Rolling Resistance Methods,
Presented at the thirteenth annual meeting of
The Tire Society at The University of Akron, Ohio, March 22-23, 1994

[Plo1] PlotIT
PlotIT for Windows, Version 3.1,
Scientific Programming Enterprises, Haslett, USA

[Rei1] Reichel, D.
Untersuchung zum Einfluss unterschiedlicher Prüftrommeldurchmesser auf
den Rollwiderstand von Fahrzeugreifen,
Studienarbeit Universität Karlsruhe 2004

[Sae1] SAE J1269
Rolling Resistance Measurement Procedure for Passenger Car, Light
Truck, and Highway Truck and Bus Tires,
Society of Automotive Engineers 2006

[Sae2] SAE J2047
Tire Performance Technology,
Society of Automotive Engineers 1998

[Sae3] SAE J2452
Stepwise Coastdown Methodology for Measuring Tire Rolling Resistance,
Society of Automotive Engineers 1999

[Sag1] Sagan, E.
Fahrdynamik-Entwicklung: Die Grenzen von Versuch und Simulation
verwischen, 5. Tag des Fahrwerks, Technische Hochschule Aachen 2006

[Sat1] Sattelmeyer, R.
Studie zur Optimierung von Laufflächenmischungen,
KGK Kautschuk Gummi Kunststoffe, 47. Jahrgang, Nr. 2/94,
Hüthig Verlag 1994

[Schm1] Schmid, A.; Förschl, S.
Vom realen zum virtuellen Reifen – Reifenmodellparametrierung,
ATZ Automobiltechnische Zeitschrift, Heft 3/2009

[Schu1] Schuring, D. J.
The Energy Loss of Tires on Twin Rolls, Drum, and Flat Roadway –
A Uniform Approach, SAE Technical Paper Series 770875,
Society of Automotive Engineers 1977

[Schu2] Schuring, D. J.
The Rolling Loss of Pneumatic Tires,
Rubb. Chem. and Techn. 53 (1980), 3, 600727

[Schu3] Schuring, D.J.; Brunot, C. A.
Interlaboratory Test for Rolling Resistance of Passenger Car Tires – Part II:
Model and Test Matrix Optimization, SAE Technical Paper Series 831026,
Society of Automotive Engineers 1984

[Schu4] Schuring, D.J.; Woehrle, W.J.
Toward an International Standard for Measuring Energy Loss of Tires,
SAE Technical Paper Series 841239,
Society of Automotive Engineers 1985

[Schu5] Schuring, D.J.
Effect of Tire Rolling Loss on Vehicle Fuel Consumption,
Tire Science and Technology, TSTCA, Vol. 22, No. 3, Philadelphia 1994

[Shi1] Shida, Z.; Koishi, T.; Kogure, T.; Kabe, K.
A Rolling Resistance Simulation of Tires Using Static Finite Element
Analysis, Presented at the seventeenth annual conference of
The Tire Society, Akron, Ohio, March 28-29, 1998

[Sho1] Shoop, S.
Electric Vehicle Traction and Rolling Resistance in Winter,
Presented at the sixteenth annual meeting of The Tire Society at
The University of Akron, Ohio, March 18-19, 1997

[Tab1] TableCurve3D
Systat Software GmbH, Erkrath, Deutschland

[Ton1] Ton, M.; Calwell, C.; Reeder, T.
Low Rolling Resistance, Green Seal Report, Washington, März 2003

[Tur1] Turley, J.A.
Engineering Aspects of Tyre Testing, Proc. Instn. Mech. Engrs.
Automobile Division, Vol. 185, 74/71 (1970/1971)

[Ull1] Ullrich, S.; Glaeser, K.-P.; Sander, K.
Der Einfluss der Textur auf Reifen/Fahrbahngeräusch und Rollwiderstand,
Berichte der Bundesanstalt für Straßenwesen, Heft F13, 1995

[Unr1]   Unrau, H.-J.; Gnadler, R.
The Influence of Roadway Surface Curvature on Rolling Resistance and
Cornering Stiffness, Congress tire.wheel.tech,
TÜV SÜD Automotive GmbH, München 2008

[Wei1]   Wei, Y.-T.; Tian, Z.-H.; Du, X. W.
A Finite Element Model for the Rolling Loss Prediction and Fracture
Analysis of Radial Tires, Presented at the seventeenth annual conference of
The Tire Society, Akron, Ohio, April 28-29, 1998

[Wie1]   Wiesel, U.
Analyse von Rollwiderstandsmessungen auf Prüftrommeln mit
unterschiedlichem Außendurchmesser,
Studienarbeit Universität Karlsruhe 2005

[Wil1]   Williams, A. R.
The Influence of Tyre and Road Surface Design on Rolling Resistance,
Tech. Pap. Institute of Petroleum, London 1981

[Yu1]   Yu, H. J.
Tire/Suspension Aligning Moment and Vehicle Pull,
Tire Science and Technology,
TSTCA, Vol. 28, No. 3, July – September 2000

[Zam1]   Zamow, J.
Messung des Reifenverhaltens auf unterschiedlichen Prüfständen,
VDI-Tagung: Reifen, Fahrwerk, Fahrbahn, Hannover, 1995,
VDI Berichte Nr. 1224, VDI Verlag, Düsseldorf 1995

[Zit1]   Zittlau, C.
Ermittlung von Aligning-Stiffness-Werten von Fahrzeugreifen auf
Fahrbahnen mit unterschiedlicher Oberflächenkrümmung.
Studienarbeit Universität Karlsruhe 2006

Karlsruher Schriftenreihe Fahrzeugsystemtechnik (ISSN 1869-6058)

Herausgeber: FAST Institut für Fahrzeugsystemtechnik

Die Bände sind unter www.ksp.kit.edu als PDF frei verfügbar oder als Druckausgabe bestellbar.

Band 1   Urs Wiesel
Hybrides Lenksystem zur Kraftstoffeinsparung im schweren Nutzfahrzeug. 2010
ISBN 978-3-86644-456-0

Band 2   Andreas Huber
Ermittlung von prozessabhängigen Lastkollektiven eines hydrostatischen Fahrantriebsstrangs am Beispiel eines Teleskopladers. 2010
ISBN 978-3-86644-564-2

Band 3   Maurice Bliesener
Optimierung der Betriebsführung mobiler Arbeitsmaschinen. Ansatz für ein Gesamtmaschinenmanagement. 2010
ISBN 978-3-86644-536-9

Band 4   Manuel Boog
Steigerung der Verfügbarkeit mobiler Arbeitsmaschinen durch Betriebslasterfassung und Fehleridentifikation an hydrostatischen Verdrängereinheiten. 2011
ISBN 978-3-86644-600-7

Band 5   Christian Kraft
Gezielte Variation und Analyse des Fahrverhaltens von Kraftfahrzeugen mittels elektrischer Linearaktuatoren im Fahrwerksbereich. 2011
ISBN 978-3-86644-607-6

Band 6   Lars Völker
Untersuchung des Kommunikationsintervalls bei der gekoppelten Simulation. 2011
ISBN 978-3-86644-611-3

Band 7   3. Fachtagung
Hybridantriebe für mobile Arbeitsmaschinen. 17. Februar 2011, Karlsruhe. 2011
ISBN 978-3-86644-599-4

Karlsruher Schriftenreihe Fahrzeugsystemtechnik
(ISSN 1869-6058)

Herausgeber: FAST Institut für Fahrzeugsystemtechnik

Band 16   Hans-Joachim Unrau
**Der Einfluss der Fahrbahnoberflächenkrümmung auf den
Rollwiderstand, die Cornering Stiffness und die Aligning
Stiffness von Pkw-Reifen.** 2013
ISBN 978-3-86644-983-1